高等院校信息技术系列教材

Python语言程序设计

（第3版·微课版）

孙玉胜　曹洁　张志锋　桑永宣◎编著

清華大学出版社
北　京

内容简介

Python是一门简单易学、功能强大的编程语言，它内建了高效的数据结构，丰富的第三方开发库，能够用简单而又高效的方式编程。本书由浅入深、步步引导、循序渐进地阐述了Python语言的基础知识、基本语法。本书以12章的篇幅来介绍Python，包括Python程序设计快速入门，字符串和列表，元组、字典和集合，函数，正则表达式，文件与文件夹操作，面向对象程序设计，模块和包，错误和异常处理，Tkinter图形用户界面设计，数据可视化，数据库编程。

本书可作为高等院校各专业的Python程序设计教材，也可作为软件开发人员的参考资料，还可作为读者自学Python语言的参考书。

图书在版编目(CIP)数据

Python语言程序设计 ：微课版 / 孙玉胜等编著. 3版. -- 北京 ：清华大学出版社，2024. 8. --（高等院校信息技术系列教材）. -- ISBN 978-7-302-67185-5

Ⅰ. TP311.561

中国国家版本馆CIP数据核字第2024EX2313号

责任编辑：白立军　薛　阳
封面设计：何凤霞
责任校对：胡伟民
责任印制：丛怀宇

出版发行：清华大学出版社
网　　址：https://www.tup.com.cn，https://www.wqxuetang.com
地　　址：北京清华大学学研大厦A座　　**邮　　编**：100084
社 总 机：010-83470000　　**邮　　购**：010-62786544
投稿与读者服务：010-62776969，c-service@tup.tsinghua.edu.cn
质量反馈：010-62772015，zhiliang@tup.tsinghua.edu.cn
课件下载：https://www.tup.com.cn，010-83470236
印 装 者：三河市龙大印装有限公司
经　　销：全国新华书店
开　　本：185mm×260mm　　**印　　张**：22.25　　**字　　数**：556千字
版　　次：2019年8月第1版　2024年8月第3版　　**印　　次**：2024年8月第1次印刷
定　　价：69.80元

产品编号：106665-01

前言 Foreword

Python 语法简洁清晰，代码可读性强，编程模式非常符合人类的思维方式，易学易用。对于同样的功能，用 Python 写的代码更简洁。Python 拥有很多面向不同应用的开源扩展库，无论是在数据科学、人工智能、Web 开发还是物联网领域，我们能想到的功能基本上都已经有人替我们开发了，我们只需把想要的程序代码进行组装便可构建个性化的应用。学习 Python 不仅是为了掌握一门编程语言，更是在培养一种解决问题、创造价值的思维方式。正是这种思维方式，让 Python 成为世界各领域中不可或缺的一部分。在 Python 的世界里，每一行代码都是对未知世界的探索，每一个程序都是一次创新的开始。

1. 本书编写特色

内容系统全面：全面介绍 Python 的主流知识。
原理浅显易懂：代码注释详尽、零基础入门。
学习实践结合：每章配有综合实战案例。
配套资源丰富：配有教学课件、数据集和源代码。
提供了大量习题，并提供习题解答。

2. 本书内容组织

第 1 章　Python 程序设计快速入门。讲解安装 Python 软件和运行 Python 程序、安装 Anaconda 软件和运行 Python 程序、Python 关键要素、库的导入与扩展库的安装、Python 在线帮助。

第 2 章　字符串和列表。讲解字符串基础，字符串运算，字符串对象的常用方法，字符串常量，列表，序列类型的常用操作，统计和排序列表中的元素，列表推导式，用于列表的一些常用函数，基于 turtle 库绘图和绘制文本。

第 3 章　元组、字典和集合。讲解元组、字典和集合三种数据类型，序列解包，日期格式和字符串格式相互转化，循环中的 break、continue、pass 和 else。

第4章 函数。讲解定义函数,函数调用,向函数传递实参,通过传引用来传递实参,生成器函数,lambda表达式定义匿名函数,变量的作用域,函数的递归调用,常用内置函数,pyinstaller打包生成可执行文件。

第5章 正则表达式。讲解正则表达式的构成,正则表达式的分组匹配,正则表达式的选择匹配,正则表达式的贪婪匹配与懒惰匹配,正则表达式模块re,正则表达式中的(?:pattern)、(?=pattern)、(?! pattern)、(?<=pattern)和(?<!pattern)。

第6章 文件与文件夹操作。讲解文件的概念,文件读写,文件与文件夹操作,CSV文件的读取和写入。

第7章 面向对象程序设计。讲解编程范式,创建和使用类,类中的属性,类中的方法,类的继承,object类,对象的浅复制和深复制,自定义分类感知器,自定义数据结构。

第8章 模块和包。讲解模块,导入模块时搜索目录的顺序与系统目录的添加,包,自定义二叉树数据结构。

第9章 错误和异常处理。讲解在执行前修改错误,在运行时产生异常。本章主要介绍:程序的错误,异常处理,断言处理,自定义图数据结构。

第10章 Tkinter图形用户界面设计。讲解Tkinter图形用户界面库,Tkinter布局管理器,主窗口,标签和按钮,文本框,消息和对话框,选择组件,菜单与框架,Tkinter的子模块ttk。

第11章 数据可视化。讲解matplotlib绘图流程,绘图属性设置,绘制线形图和散点图,绘制直方图和条形图,绘制饼图、极坐标图和雷达图,绘制箱形图和3D效果图,绘制动画图,图像载入与展示。

第12章 数据库编程。讲解关系数据库,结构化查询语言SQL,SQLite3数据库,Navicat操作MySQL数据库,Python操作MySQL数据库。

3. 本书适用读者

(1) 本科、专科或研究生;

(2) 编程爱好者;

(3) 其他对Python感兴趣的人员。

本书由孙玉胜、曹洁、张志锋,桑永宣编著,参与编写的还有王博、陈明、王晓、高铁梁、薛化建。

在本书的编写和出版过程中得到了郑州轻工业大学、铜陵学院、清华大学出版社的大力支持和帮助,在此表示感谢。同时,在撰写过程中,参考了大量专业书籍和网络资料,在此向这些作者表示感谢。

由于编写时间仓促,编者水平有限,书中难免有缺点和不足,热切期望得到专家和读者的批评指正。如果您遇到任何问题或有宝贵意见,欢迎将其发送邮件至 bailj@tup.tsinghua.edu.cn,期待能够收到您的真诚反馈。

编 者

2024年6月于郑州轻工业大学

目录 Contents

第1章 chapter 1

Python 程序设计快速入门

本章通过一个简单的计算器程序讲述 Python 程序设计快速入门的相关基础知识：安装 Python 软件和运行 Python 程序、安装 Anaconda 软件和运行 Python 程序、Python 关键要素、库的导入与扩展库的安装、Python 在线帮助等。

1.1 安装 Python 软件和运行 Python 程序

Python 是从 ABC 语言发展而来的，是一种解释型、面向对象、动态数据类型的高级程序设计语言。Python 目前有两种版本：Python 2 和 Python 3。Python 3 不向后兼容 Python 2，也就是说使用 Python 3 编写的程序不能在 Python 2 中执行。本书讲述如何使用 Python 3 来进行程序设计。

1.1.1 Python 语言的特点

Python 语言的特点

Python 是从 ABC 语言发展而来的，是一种解释型、面向对象、动态数据类型的高级程序设计语言，具有丰富和强大的库。Python 常被昵称为胶水语言，能够把用其他语言制作的各种模块（尤其是 C/C++）很轻松地连接在一起。Python 语法简洁清晰，强制用空白符作为语句缩进。

Python 语言的特点如下。

1. 语法简洁易学

Python 语法追求简洁和明确，没有多余的符号，易于理解和记忆。例如，通过“缩进”来表示代码块结构，而不是使用花括号，使得代码更易读。Python 的语法规则接近自然语言，使得初学者能够快速理解并编写出有意义的代码。

2. 交互式编程环境

Python 自带的交互式解释器（REPL），允许用户在无须编译的情况下执行单行或多行代码并查看结果，这种即时反馈机制非常适用于学习和测试。

3. 丰富的标准库与第三方库

Python 拥有庞大的标准库和活跃的社区支持,提供了各种功能强大的模块,覆盖网络编程、科学计算、数据分析、机器学习等多个领域,初学者可以直接调用这些库进行开发,而无须从底层开始编写所有功能。

4. 面向对象编程支持

Python 既支持面向过程的编程也支持面向对象的编程,Python 中的数据都是由类所创建的对象。在“面向过程”的语言中,程序是由过程或仅仅是可重用代码的函数构建起来的。在“面向对象”的语言中,程序是由数据和功能组合而成的对象构建起来的。

5. 可移植性

Python 具有很高的可移植性。用解释器作为接口读取和执行代码的最大优势就是可移植性。事实上,任何现有系统(Linux、Windows 和 macOS)安装相应版本的解释器后,Python 代码无须修改就能在其上执行。

6. 可扩展性

Python 可以通过 C/C++ 等语言编写扩展模块,从而实现对底层系统的高效访问或者提升性能瓶颈部分的运行效率。

1.1.2 Python 软件的下载和安装

使用 Python 之前需要先安装 Python 开发环境,目前比较常用的是各种 IDE (Integrated Development Environment,集成开发环境),这些 IDE 集代码编写、解释、调试、运行等多重功能于一身,使用起来非常方便,比较常见的 IDE 有 IDLE、Anaconda、PyCharm 等。其中,IDLE 体积小、安装简单,是学习 Python 编程的基本 IDE。安装 Python 软件以后,IDLE 就自动安装好了。具体安装过程如下。

打开 Python 官网,选中 Downloads 下拉菜单中的 Windows,单击 Windows 打开 Python 软件下载页面,根据自己系统选择 32 位或 64 位以及相应的版本号,本书下载的安装文件是 python-3.7.9-amd64.exe。

双击下载的 python-3.7.9-amd64.exe,打开后,进入 Python 安装界面,如图 1-1 所示,勾选 Add Python 3.7 to PATH 选项,意思是把 Python 的安装路径添加到系统环境变量的 Path 变量中。安装时不要选择默认,单击 Customize installation(自定义安装)。

单击 Customize installation(自定义安装),进入下一个安装界面,在该界面中所有选项全选,如图 1-2 所示。

再下一步,勾选第一项 Install for all users,单击 Browse 按钮选择安装软件的目录,本书选择的是 D:\Python,如图 1-3 所示。

单击 Install 按钮开始安装,安装成功的界面如图 1-4 所示。

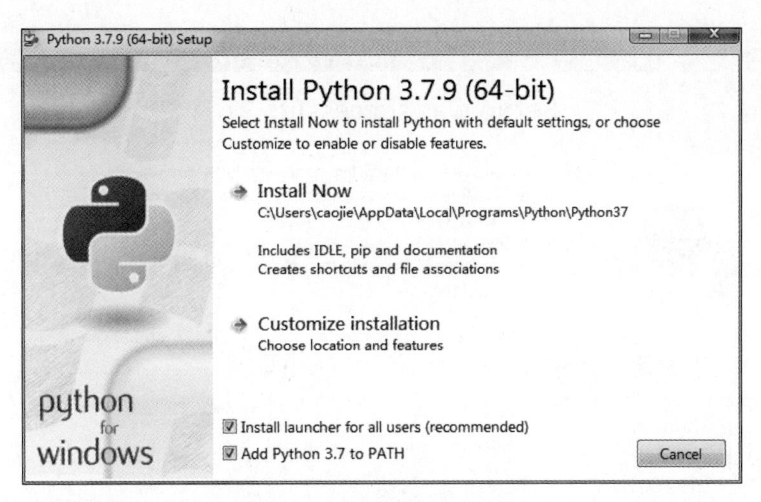

图 1-1　Python 安装界面 1

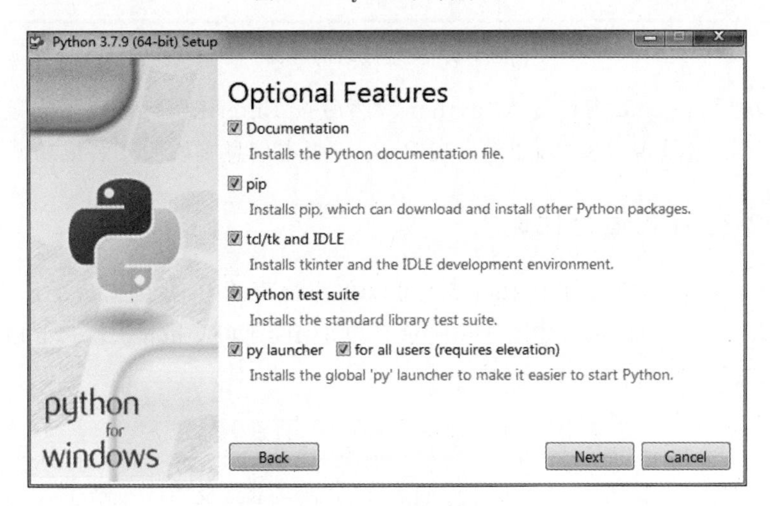

图 1-2　Python 安装界面 2

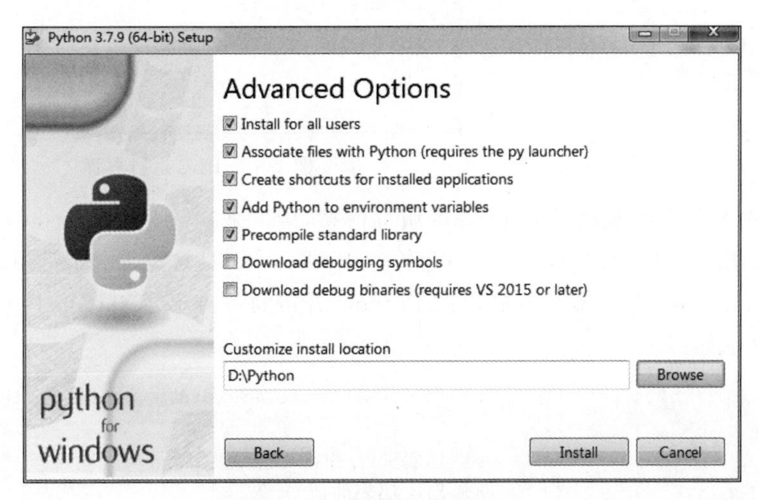

图 1-3　Python 安装界面 3

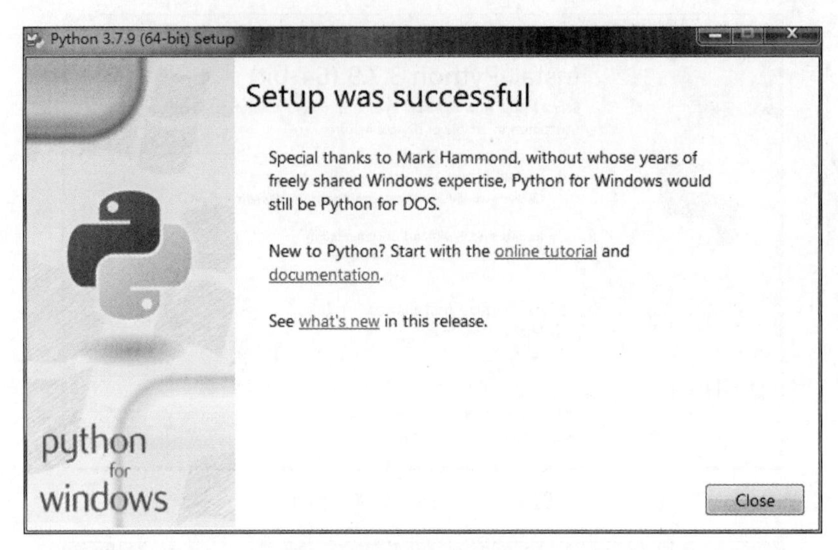

图 1-4 安装成功的界面

安装成功后,在 cmd 窗口输入"python",然后按 Enter 键,验证一下安装是否成功,主要是看环境变量是否设置好,如果出现 Python 版本信息则说明安装成功。

1.1.3 命令行方式运行代码

Windows 环境下,安装好 Python 后,可以在开始菜单中,找到对应的图形界面格式的 IDLE(Python 3.7 64-bit),如图 1-5 所示。单击 IDLE(Python 3.7 64-bit)打开 IDLE 后的界面如图 1-6 所示。

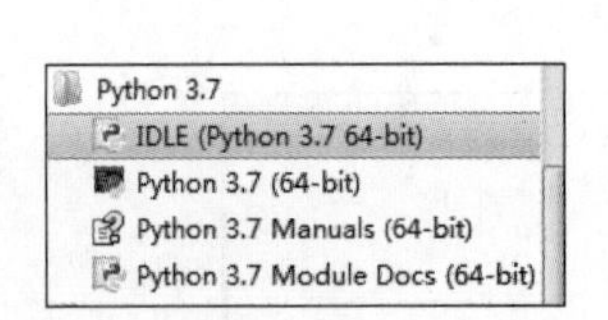

图 1-5 IDLE(Python 3.7 64-bit)

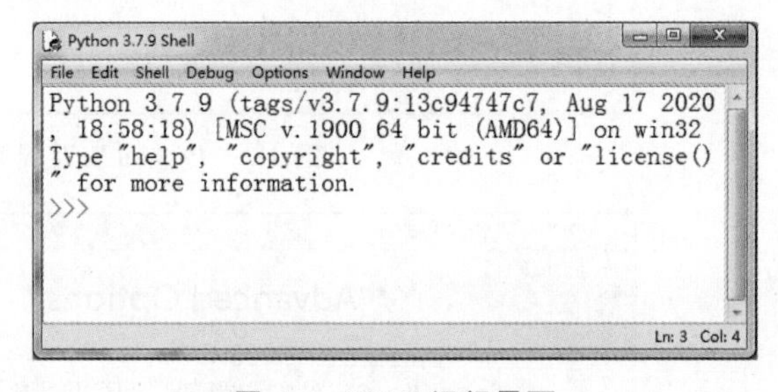

图 1-6 IDLE 运行界面

图 1-6 中菜单下面显示了 Python 的版本信息,接下来就是 3 个大于号(>>>),>>>右边是输入 Python 语句的地方,在>>>右边输入 Python 语句后,按 Enter 键后就可以运行输入的 Python 语句,并在紧接着输入的 Python 语句的下方显示出运行 Python 语句的结果,具体演示如下。

```
>>> print("Hello World")      #输出字符串"Hello World"的字面值 Hello World
Hello World
>>> a=12                      #创建变量 a,并将 12 赋值给 a,a 就代表 12
>>> print(a)                  #输出 a 代表的值
12
```

注意：书写Python语句时，通常1行书写1条Python语句；如果要在1行书写多条Python语句，则Python语句之间要用英文状态下的分号“;”隔开，示例如下。

```
>>> print("Hello World");print("您好")
Hello World
您好
```

1.1.4 文件方式运行代码

文件方式运行代码

在交互式编程模式下，编写的代码通常都是单行Python语句，且一行一行地运行。虽然这对于学习Python命令以及使用内置函数很有用，但当需要编写大量Python代码行时，就很烦琐了。因此，这就需要通过编写程序(也叫脚本)文件来避免一行一行地编写代码、运行代码的烦琐。运行(或执行)Python程序文件时，Python解释器依次解释执行程序文件中的每条语句。

1. 在Windows的命令行界面运行Python程序文件

可以使用任意的普通文本编辑器编写Python程序代码，如txt文本编辑器、notepad++文本编辑器等。通常，Python文件的扩展名为.py。在已经正确安装Python软件的前提下，下面用Windows的txt文本编辑器来演示如何创建并运行Python程序文件，在编辑器中创建一个名为welcome.py的程序文件，文件中输入如下一些内容。

```
print("------------------------------")
print("--Welcome to Python!--")
print("------------------------------")
```

说明如下。

文件中的每行代码都调用print()函数输出一个字符串的值(双引号括起来的内容)到屏幕上。

.py文件中的每个语句都是顺序执行的，从第1条语句开始，逐行执行，这与其他语言是不同的，比如，C语言与Java语言一般是从某个特定函数或方法开始执行。当然，通过控制结构，Python程序语句也可以跳转执行。

这里假定将代码保存在C:\Desktop目录下(当然也可以保存在其他目录下)，随后退出文本编辑器。

保存了程序之后，就可以运行该程序了。Python程序是由Python解释器执行的，通常在控制台窗口(即命令行界面)内进行。启动控制台，切换到C:\Desktop目录下，输入python welcome.py命令运行welcome.py程序文件。

```
C:\Desktop>python welcome.py
------------------------------
------Welcome to Python!------
------------------------------
```

注意：命令下面的3行为运行程序文件得到的输出结果。

2. 在 IDLE 中运行 Python 程序文件

在 IDLE 中编写、运行程序文件的步骤如下。

(1) 启动 IDLE。

(2) 选择菜单 File→New File 创建一个程序文件,输入代码并保存为扩展名为.py 的文件 1.py,如图 1-7 所示。

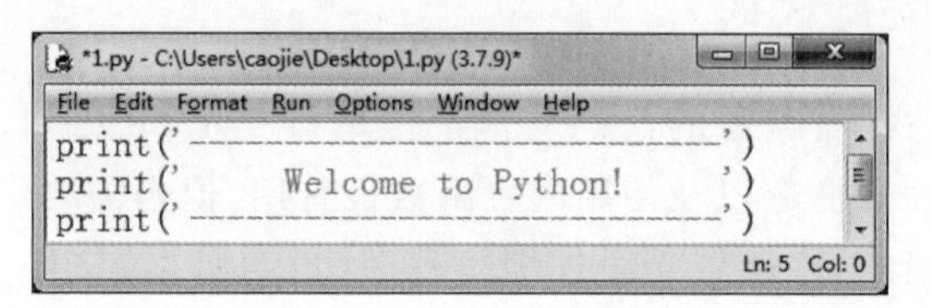

图 1-7 保存为扩展名为 py 的文件 1.py

(3) 选择菜单 Run→Run Module F5 运行程序,1.py 运行的结果如图 1-8 所示。

```
Python 3.7.9 Shell
File Edit Shell Debug Options Window Help
Python 3.7.9 (tags/v3.7.9:13c94747c7, Aug 17 2020, 18:58:18) [MSC v.1900 64 bit (
AMD64)] on win32
Type "help", "copyright", "credits" or "license()" for more information.
>>>
==================== RESTART: C:\Users\caojie\Desktop\1.py ====================
------------------------------
      Welcome to Python!
------------------------------
>>>
Ln: 9 Col: 4
```

图 1-8 1.py 运行的结果

如果能够熟练使用开发环境提供的一些快捷键,将会大幅度提高开发效率。在 IDLE 中一些比较常用的快捷键如表 1-1 所示。

表 1-1 IDLE 常用的快捷键

含义	快捷键	含义	快捷键
增加语句块缩进	Ctrl+]	浏览上一条输入的命令	Alt+P
减少语句块缩进	Ctrl+[	浏览下一条输入的命令	Alt+N
注释语句块	Alt+3	补全单词,列出全部可选单词供选择	Tab
取消代码块注释	Alt+4		

1.2 安装 Anaconda 软件和运行 Python 程序

Anaconda 是一个开源的 Python 发行版本,可以便捷获取包且对包能够进行管理,包含了 Conda、Python、Numpy、SciPy、Pandas 等 180 多个科学包及其依赖项,而无须再单独下载配置。Anaconda 自带两个非常好用的交互式代码编辑器(Spyder、Jupyter Notebook)。

Conda 是包及其依赖项和环境的管理工具,将几乎所有的工具、第三方扩展库都当作包对待，甚至包括 Python 和 Conda 自身。

1.2.1 安装 Anaconda 软件

从 Anaconda 官网下载安装包，本书选择下载的是 Windows 版本的 64 位图形安装程序 Anaconda3-2020.07-Windows-x86_64.exe。Anaconda 3 对应的就是 Python 3.x 的版本，Python 3.x 的默认编码方式是 UTF-8。

（1）双击下载好的 Anaconda3-2020.07-Windows-x86_64.exe 文件，在弹出的界面中单击 Next 按钮，然后在弹出的界面中单击 I Agree 按钮，弹出 Select Installation Type 界面，如图 1-9 所示。在图 1-9 中，选择 All User，单击 Next 按钮。

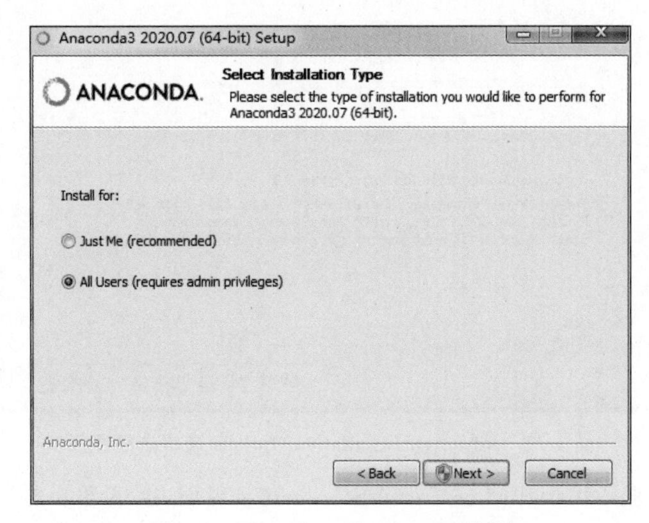

图 1-9 Select Installation Type 界面

（2）选择安装位置。

在弹出的 Choose Install Location 界面中，如图 1-10 所示，Destination Folder 用来

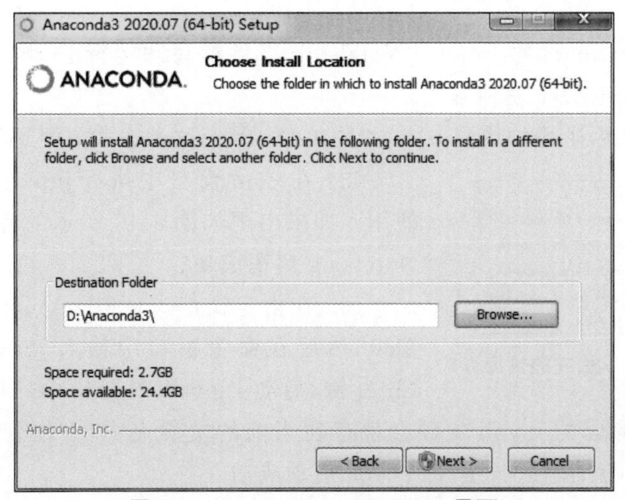

图 1-10 Choose Install Location 界面

指定安装位置。默认是安装到 C:\ProgramData\Anaconda3 文件夹下。可以单击 Browse 按钮,选择想要安装的文件夹。本书选择在 D 盘中新建一个文件夹 Anaconda3,将其作为安装路径,单击 Next 按钮。

(3) 在弹出的 Advanced Installation Options 高级选项界面,如图 1-11 所示,保持两个都在勾选状态,第 1 个是加入环境变量,第 2 个是默认使用 Python 3.8,单击 Install 按钮,开始安装,等待安装完毕。

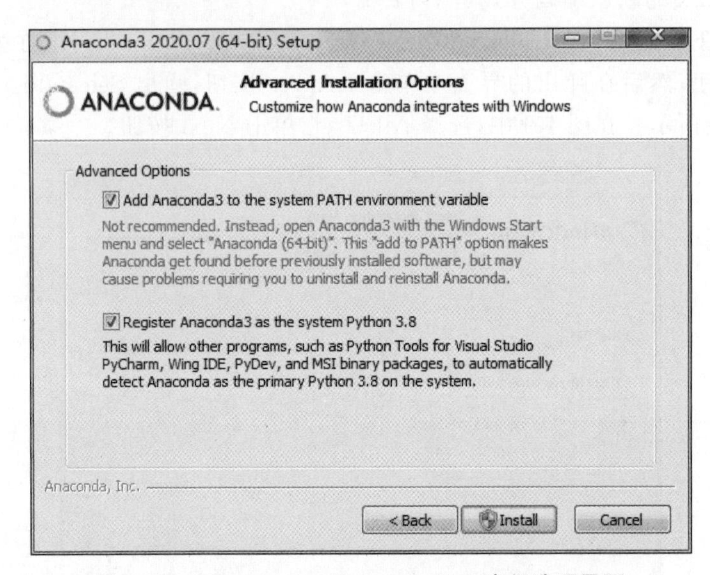

图 1-11　Advanced Installation Options 高级选项界面

安装完成后进入 Install Microsoft VSCode 安装界面,这里可单击 Skip 按钮跳过不安装。在随后出现的界面中,单击 Finish 按钮完成安装。

可以使用与 Python 软件类似的方式使用 pip 为 Anaconda 安装所需要的包。

1.2.2　Jupyter Notebook 运行 Python 程序

下面使用 Anaconda 的 Jupyter Notebook 组件编写和运行 Python 程序代码,启用 Jupyter Notebook 有以下三种方式。

(1) 单击安装后生成的快捷方式,如图 1-12 所示,这种方式方便,但不推荐使用。

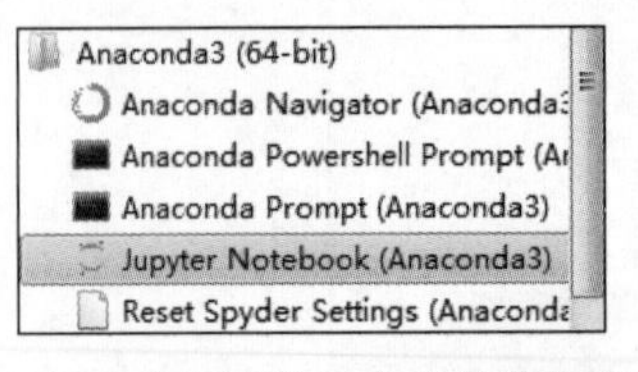

图 1-12　单击安装后生成的快捷方式

(2) 在 cmd 窗口中执行 jupyter notebook,推荐使用。如果出现如图 1-13 所示的界面,表示 Jupyter Notebook 启用成功。

(3) 在指定文件夹(如 D:\mypython)打开 cmd 窗口,然后在命令窗口中输入 jupyter notebook,按 Enter 键,启动 Jupyter Notebook。推荐使用该方式,此方式的好处是形成的 ipynb 文件会保存在当前的文件夹中,方便管理。如果出现如图 1-14 所示界面,表示 Jupyter Notebook 启动成功。

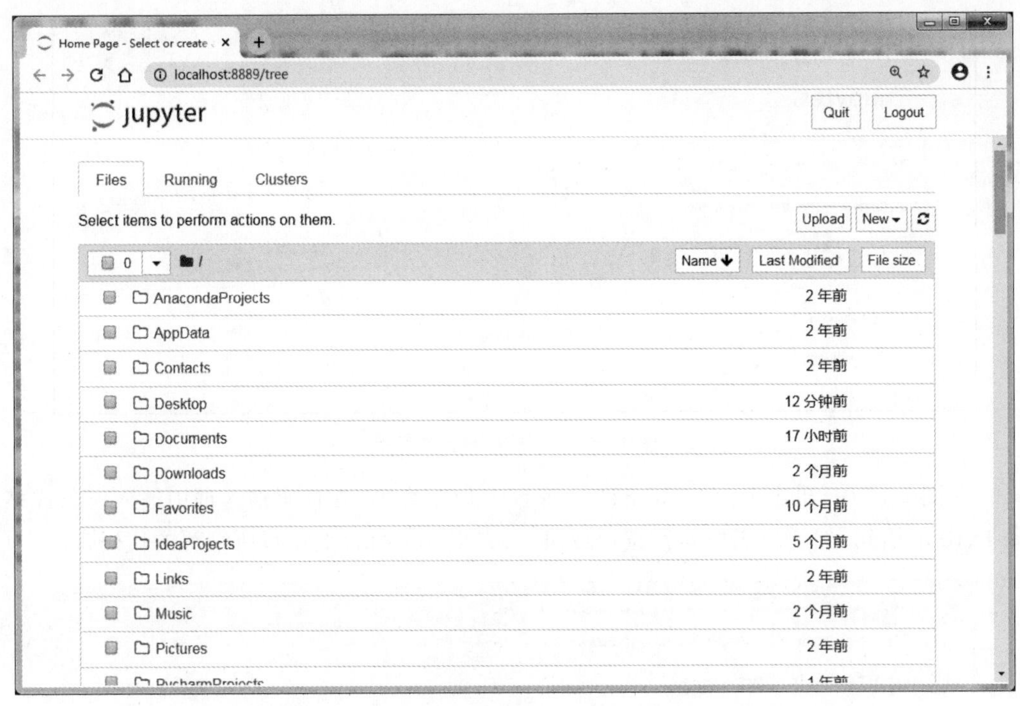

图 1-13　Jupyter Notebook 启动成功的界面

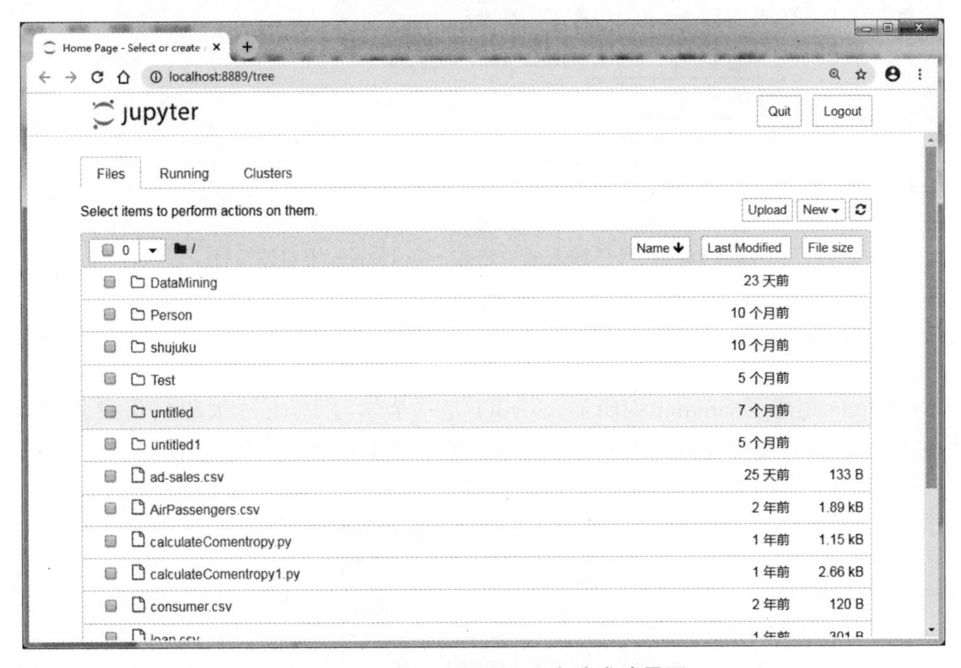

图 1-14　Jupyter Notebook 启动成功界面

在图 1-14 中，单击 New 下拉菜单，如图 1-15 所示，然后单击 Python 3 新建 ipynb 文件。

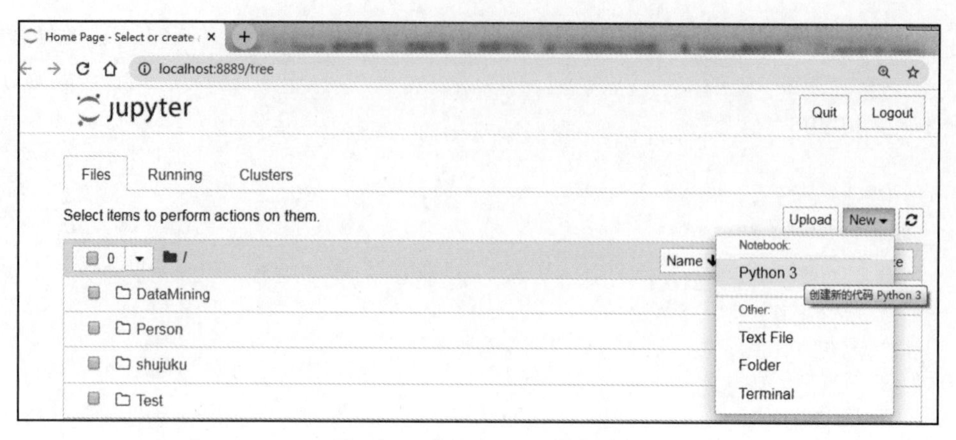

图 1-15　单击 New 下拉菜单

在图 1-15 中，单击 Python 3 出现如图 1-16 所示界面，在代码输入框中输入一条或多条 Python 语句，然后单击“运行”按钮或按 Alt+Enter 组合键运行所编写的代码。

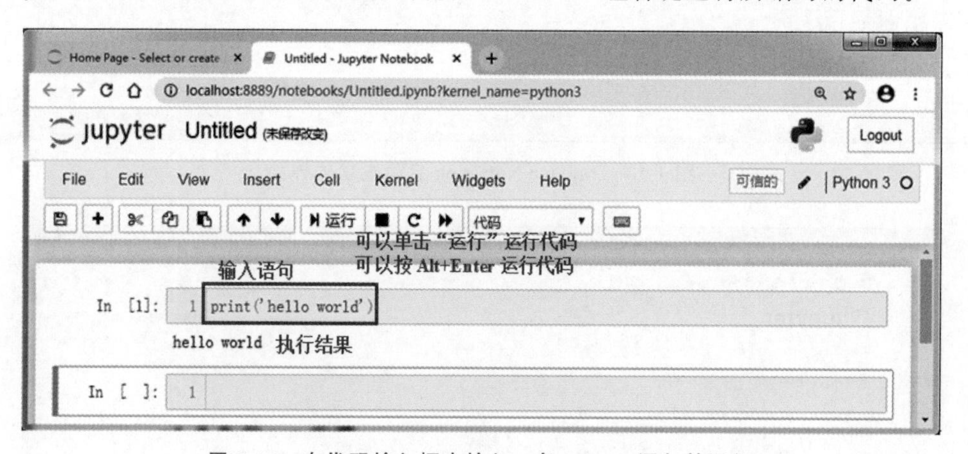

图 1-16　在代码输入框中输入一条 Python 语句并运行

1.2.3　Spyder 运行 Python 程序

Anaconda 集成了 Spyder 编辑器，Spyder 是一个学习 Python 编程的集成开发环境，单击安装后生成的快捷方式，如图 1-17 所示，这种方式方便，但不推荐使用。

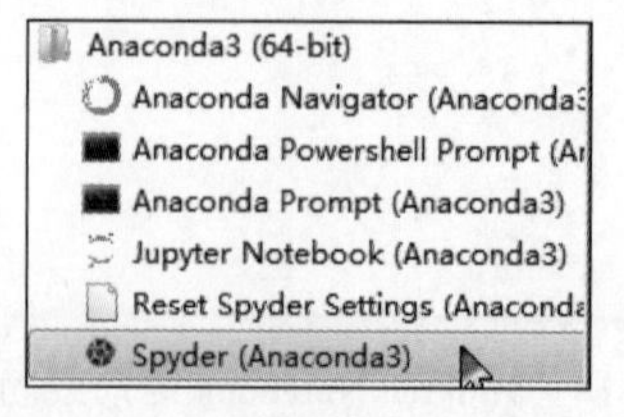

图 1-17　单击安装后生成的快捷方式

单击 Spyder 启动后的界面如图 1-18 所示。

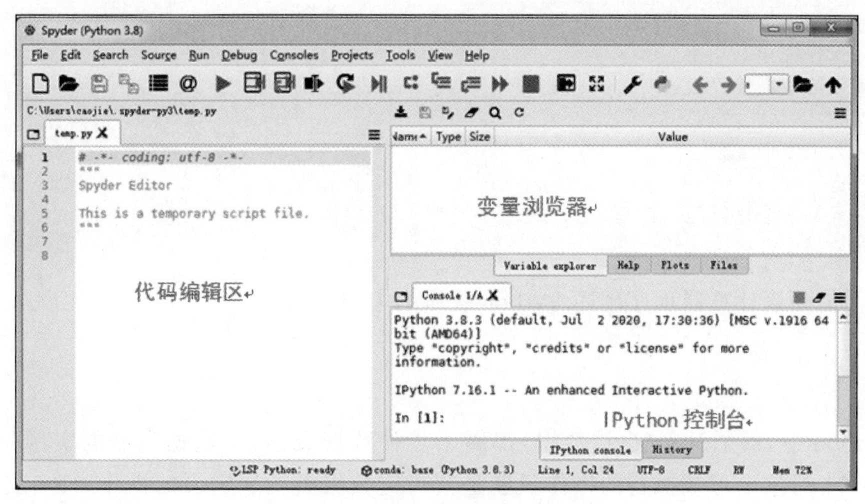

图 1-18 Spyder 启动后的界面

1.3 Python 关键要素

本节通过一个简单的例子展示 Python 程序的关键要素。

1.3.1 一个简单的计算器程序

【例 1-1】 编写一个基本的计算器程序,可以进行整数之间的加减乘除运算。

编写实现例 1-1 的 Python 程序文件,文件名为“1-1.py”,后面如果不做特殊说明,默认都采用这种方式命名每个例子对应的 Python 程序文件名。1-1.py 程序文件的内容如下。

```
#循环执行
while True:
    num1 = int(input("请输入第 1 个整数: "))
    op = input("输入运算符(+, -, * ,/):")
    num2 = int(input("请输入第 2 个整数:"))
    if op=='+':
        print(str(num1)+'+'+str(num2)+"="+str(num1 + num2))
    elif op == '-':
        print(str(num1)+'-'+str(num2)+"="+str(num1 - num2))
    elif op == '*':
        print (str(num1)+ '*'+str(num2)+"="+str(num1 * num2))
    elif op =='/':
        print (str(num1)+'/'+str(num2)+"="+str(num1 / num2))
    else:      #若输入的运算符不是+、-、*、/,则退出计算
        print("程序退出,再见!")
        break   #退出循环
```

运行 1-1.py 程序文件,得到的输出结果如下。

```
请输入第 1 个整数: 4
输入运算符(+, -, *, /):+
请输入第 2 个整数:2
4+2=6
请输入第 1 个整数: 1
输入运算符(+, -, *, /):#
请输入第 2 个整数:2
无效的操作符!
```

下面借助该计算器程序阐述 Python 程序的关键要素。

1.3.2 数据类型

Python 中,每个对象(也称数据)都属于某种数据类型,是数据类型的实例化、具体化。在一个对象上可被执行的操作只能是其对应数据类型所定义的操作。Python 内置的标准数据类型有:数值数据类型,具体包括 int(整型)、float(浮点型)、bool(布尔型)、complex(复数型);str(字符串)数据类型,字符串是用单引号' '、双引号" "、三单引号''' '''或三双引号""" """等界定符括起来的字符序列,如一个字符串对象"程序退出,再见!";list(列表)数据类型,列表是写在方括号[ ]之间、用逗号分隔开的元素序列,如一个列表对象["Python",1,2];tuple(元组)数据类型,元组是写在圆括号()之间、用逗号分隔开的元素序列,如一个元组对象(1,2,3);dict(字典)数据类型,字典是写在花括号{}之间、用逗号分隔开的"键(key):值(value)"对集合,如一个字典对象{"name":"John","age":18};set(集合)数据类型,集合是写在花括号{}之间、用逗号分隔开的元素集,集合中的元素互不相同,如一个集合对象{1,2,3}。

有的对象(数据)比较复杂,为了方便使用对象,常用容易记忆的标识符(称为变量)来代表(引用)一个对象,具体示例如下。

```
>>> a=3.1415926            #创建变量 a 来引用(代表)对象 3.1415926
>>> a+1                    #a 就代表 3.1415926
4.1415926
```

在 Python 中,变量不需要提前进行声明,只需要在用的时候,给这个变量(一个标识符)赋值即可创建一个变量。

"#"常被用作单行注释符号,程序的一行中"#"后面的内容被称为注释的内容,解释器看到"#"时,就会忽略"#"之后和其在同一行的文本。

在 Python 中,当注释有多行时,需用多行注释符来对多行进行注释。多行注释用 3 个单引号''' 或者 3 个双引号"""将注释括起来。当 Python 解释器看到'''时,就会扫描找到下一个''',然后忽略这两个''' 之间的任何文本。下面是多行注释的例子。

```
'''
这是多行注释,用三个单引号
这是多行注释,用三个单引号
这是多行注释,用三个单引号
'''
```

在程序文件开始的地方用多行注释对这个程序做一个总结性的解释是非常有必要的，解释这个程序是干什么的、其主要数据对象以及关键技术，对阅读程序的人理解整个程序是非常有帮助的。

1-1.py程序文件中的input()函数可以接收从控制台(通常是键盘)输入的内容，函数的返回值是所输入的内容构成的字符串。

```
>>> num1 = input("请输入第 1 个整数: ")    #按 Enter 键结束输入
请输入第 1 个整数: 123
>>> num1
'123'
>>> type(num1)          #查看 num1 所属的数据类型
<class 'str'>           #显示 num1 的数据类型为字符串 str 类型
>>> int(num1)           #通过 int 将 num1 字符串类型的数据转换为整型数据
123
```

可通过eval()函数将数值构成的字符串类型的数据转换为数值类型的数据，甚至将数值计算表达式表示的字符串当成有效的数学表达式来求值并返回数值计算的结果。

```
>>> y=eval(num1)
>>> type(y)              #查看 num1 的数据类型,发现是 int 类型
<class 'int'>
>>> eval("1+2 * 3")      #将"1+2 * 3"当成数学式子求值
7
```

input()结合eval()可同时接收多个输入，但多个输入之间的间隔符必须是逗号。

```
>>> a,b,c=eval(input())
1,2,3
>>> print(a,b,c)
1 2 3
```

Python内置4种数值数据类型。

(1) int整型。用于表示整数，如12，1024，－10。

对于整数数据类型int，其值的集合为所有的整数，支持的运算操作有：＋(加法)、－(减法)、*(乘法)、/(除法)、//(整除)、**(幂操作)、%(取余)等，举例如下。

```
>>> 18/4
4.5
>>> 18//4                #整数除法返回向下取整后的结果
4
>>> 2 * * 3              #返回 2^3 的计算结果
8
>>> 7//-3                #向下取整
-3
>>> 17 % 3               #取余
2
```

(2) float浮点型。用于表示实数，如3.14，1.2，2.5e2($=2.5\times10^2=250$)，－3e－3($=-3\times10^{-3}=-0.001$)。Python中的浮点型的取值范围大约为－1.8e308～1.8e308，

超出这个范围,Python 会将其视为无穷大(inf)或者无穷小(-inf),举例如下。

```
>>> print(5e309)
inf
```

(3) bool 布尔型。bool 布尔型一共包含两个布尔值: True 和 False,表示的数值分别为 1 和 0,举例如下。

```
>>> True+1
2
>>> False+1
1
```

(4) complex 复数型。在 Python 中,复数有两种表示方式,一种是 a+bj(a,b 为实数),另一种是 complex(a,b),举例如下。

```
>>> a = 1 + 2j
>>> print(a.real)          #打印复数的实部
1.0
>>> print(a.imag)          #打印复数的虚部
2.0
```

对象和引用

1.3.3 对象和引用

Python 程序用于处理各种类型的对象(即数据),Python 中的数据都是由类所创建的对象。类就是一种数据类型或模板,它能够生成同种类型的对象,这些对象都具有相同的属性以及相同的操作这些对象的方法(也称为函数)。数据类型不同,支持的运算操作也有差异。对象实际上就是编程中把数据和操作方法(函数)包装后形成的一个对外具有特定交互接口的内存块。每个对象都有三个属性,分别是身份(identity),就是对象在内存中的存储地址;类型(type),用于表示对象所属的数据类型(类);值(value),就是对象所表示的数据。

1. 对象的身份

对象的身份都可以使用内置函数 id()来得到。

```
>>> a=123          #创建变量 a 来引用(代表)对象 123
```

将一个值通过赋值运算符"="赋给变量的语句称为赋值语句。

```
>>> id(a)          #获取 a 所引用的对象的身份
8791209773952      #身份用这样一串数字表示
>>> a=66           #让变量 a 引用对象 66
>>> id(a)
8791209772128
```

之所以称 a 为变量,是因为它可以引用不同的值。

变量名的命名规则:

(1) 变量名只能是字母、数字或下画线的任意组合。

(2) 变量名的第一个字符不能是数字。

(3) Python 关键字不能声明为变量名,常用的关键字如下。

['and','as','assert','break','class','continue','def','del','elif','else','except','exec','finally','for','from','global','if','import','in','is','lambda','not','or','pass','print','raise','return','try','while','with','yield']

2. 对象的类型

可以使用内置函数 type()来查看变量和对象的类型。

```
>>> type(a)          #查看 a 的类型
<class 'int'>        #a 的类型为 int 类型
```

注意:类型属于对象,变量是没有类型的,变量只是对象的引用,所谓变量的类型指的是变量所引用的对象的类型。

3. 对象的值

可使用内置输出函数 print()打印出变量所表示的对象的值。

```
>>> print(a)
123
```

4. 对象的引用

在 Python 中赋值语句总是建立变量对对象的引用(相当于其他编程语言中的指针),而不是复制对象给一个变量,通过赋值语句建立变量对对象的引用如图 1-19 所示。

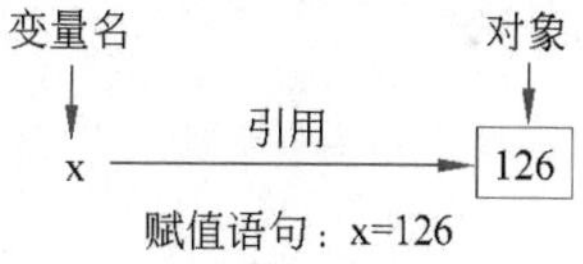

变量名　　　　　　对象

x ——引用——> 126

赋值语句:x=126

图 1-19 通过赋值语句建立变量对对象的引用

从图 1-19 中可看出变量和对象的关系,通过赋值语句使变量指向(引用)了某个对象,操作变量就是操作变量所引用的对象。

当一个对象没有变量引用时,就会被 Python 的内存处理机制当作垃圾回收,释放所占的内存。

可以使用 del 语句删除一个或多个对象的引用。

```
>>> del x
>>> x
Traceback (most recent call last):
  File "<pyshell #13>", line 1, in <module>
    x
NameError: name 'x' is not defined
```

【例 1-2】 对象的共享引用。

```
>>> a=2
>>> b=2
>>> id(a)
```

```
1530447568
>>> id(b)
1530447568
```

在这里可以看到 a 和 b 这两个引用都指向了同一个对象 2,称为共享引用,允许两个引用指向同一个对象,这跟 Python 的内存管理机制有关系,频繁地进行对象的销毁和建立,特别浪费性能。所以在 Python 中,对于不太大的整数和短小的字符串,Python 都会缓存这些对象,以便能够重复使用。

```
>>> c=12344556777888888
>>> d=12344556777888888
>>> id(c)
51548912
>>> id(d)
51548944                #c和d的id不一样
```

【例 1-3】 可变对象的引用。

这个举例涉及 Python 中的可变数据类型和不可变数据类型。在 Python 中,对象分为两种:可变对象和不可变对象,不可变对象包括 int,float,long,str,tuple 等,可变对象包括 list,set,dict 等。

```
>>> list1 = [1, 2, 3]
>>> list2 = list1        #list2与list1指向了[1, 2, 3]这个列表对象
>>> id(list1)
33349320
>>> id(list2)
33349320
>>> list1.append(4)      #在list1所指向的列表的尾部追加了一个元素4
>>> list1
[1, 2, 3, 4]
>>> id(list1)
33349320      #list1所指向的列表被修改后,Python并没有创建新列表,list1的指向没变
>>> id(list2)            #list2指向的地址没变
33349320
>>> list2                #list2指向的存储空间的值变了
[1, 2, 3, 4]
```

从上述代码执行结果可以看出:对可变数据类型对象操作时,不需要再在其他地方申请内存,只需要在此对象后面连续申请存储区域即可,也就是它的内存地址会保持不变,但存储对象的存储区域会变长或者变短。

可以使用 Python 的“is”关键词来判断两个引用所指的对象是否相同。

```
>>> a=4
>>> b=a
>>> id(a),id(b)
(1530447632, 1530447632)
>>> a is b
True
```

注意:

(1) Python 可以同时为多个变量赋值,如 a=b=c=1。

(2) Python 可以同时为多个对象指定变量,如下面代码所示。

```
>>> a, b, c = 1, 2, 3
>>> print(a,b,c)
1 2 3
```

1.3.4 逻辑操作

任何程序设计语言都包含逻辑运算的功能,Python 提供的逻辑操作有:身份操作、比较操作、成员操作和逻辑运算。

1. 身份操作符

由于 Python 变量实际上是对象的引用,有时候需要确定两个或更多的引用是否指向相同的对象。身份操作(也称运算)符 is 是二元操作符,如果 is 左端的变量的引用与右端的变量的引用指向的是同一个对象,则会返回 True。身份操作符的用法如表 1-2 所示。

表 1-2 身份操作符

身份操作符	功　能	实　例
is	is 是判断两个变量是不是引用自同一个对象	x is y,类似 id(x) == id(y),如果引用的是同一个对象则返回 True,否则返回 False
is not	is not 是判断两个变量是不是引用自不同对象	x is not y,类似 id(a) != id(b),如果引用的不是同一个对象则返回 True,否则返回 False

注意:id()函数用于获取对象的内存存储地址。

is 与"=="的区别:is 用于判断两个变量引用对象的身份是否为同一个,==用于判断两个变量引用的对象的值是否相等。

```
>>> x = [1,2,3,4]
>>> id(x)
50022152
>>> x.append(5)              #在列表 x 的尾部添加元素 5
>>> x
[1, 2, 3, 4, 5]
>>> id(x)
50022152
>>> z=[1,2,3,4,5]
>>> id(z)
50022408
>>> x is z
False
>>> x==z
True
```

2. 比较操作符

比较操作符比较它们两边的值,并返回比较结果,比较操作符的用法如表1-3所示,其中变量a的值是10,变量b的值是23。

表1-3 比较操作符

比较操作符	功　能	实　例
==	等于,若两边的值相等,则返回True,否则返回False	a == b返回False
!=	不等于,若两边的值不相等,则返回True	a != b返回True
>	大于,若左边值大于右边的值,则返回True	a > b返回False
<	小于,若左边值小于右边的值,则返回True	a < b返回True
>=	大于或等于	a >= b返回False
<=	小于或等于	a <= b返回True

3. 成员操作符

对序列或集合这一类数据类型,比如字符串、列表或元组,可以使用成员操作符in来测试成员关系,用not in来测试非成员关系。示例如下。

```
>>> s=("李华",18,"男")
>>> "李华" in s           #"李华"是s的成员,返回True
True
>>> "ad" in "good"        #"ad"不是"good"的子字符串,返回False
False
```

4. 逻辑运算符

逻辑运算符用于对布尔型变量进行运算,其结果也是布尔型。布尔型的值只有两个:True和False。逻辑运算符有3种:and(与)、or(或)、not(非),逻辑运算符用法如表1-4所示。

表1-4 逻辑运算符

逻辑表达式	功　能
x and y	如果x为False,x and y,则返回False,否则返回y的计算值
x or y	如果x为True,则返回x的值,否则返回y的计算值
not x	如果x为True,则返回False;如果x为False,则返回True

注意:在Python中,False和None、所有类型的数字0、空序列(如空字符串、元组和列表)以及空的字典都被解释为假(False),其他都是真(True)。

1.3.5 if选择语句

前面曾提及,.py文件中的每条语句都是顺序执行的,从第一条语句开始,逐行执行。

实际上，函数、调用方法或控制结构都可以改变语句的执行顺序。

Python实现控制结构的最常用语句有3种，具体包括：if选择语句、while循环语句和for…in循环语句。

前面密码登录程序中的if选择语句根据变量取值的不同执行不同的语句。本节简单介绍if选择语句。

Python的if选择语句的一般格式如下。

```
if 布尔表达式 1:
    语句块 1
elif 布尔表达式 2:
    语句块 2
…
elif 布尔表达式 m:
    语句块 m
else:
    语句块 m+1
```

在if选择语句的一般格式中，与if选择语句对应的elif分支可以有0个或多个，最后的else分支是可选的。对于习惯C++语言或者Java语言的程序员来说，第一个突出的差别是这里没有圆括号()和花括号{}，另一个需要注意的是冒号的使用，冒号是if选择语句中的一个组成部分。

布尔表达式是由逻辑操作符按一定的语法规则组成的式子，是条件测试的别名。布尔表达式的值只有两个，要么为True，要么为False。在Python中False、None、0、“”、()、[]、{}作为布尔表达式的时候，会被解释器接收为假(False)。换句话说，特殊值False和None、所有类型(包括浮点型、长整型和其他类型)的数字0、空序列(比如空字符串、元组和列表)以及空的字典都被解释为假。其他的一切都被解释为真，包括特殊值True。

True和False属于布尔数据类型(bool)，它们都是保留字，不能在程序中被当作标识符。一个布尔变量可以代表True或False值中的一个。bool函数和list、str以及tuple函数一样可以用来转换其他值。

```
>>> type(True)
<class 'bool'>
>>> bool('Practice makes perfect.')        #转换为布尔值
True
```

Python最具特色的地方就是使用缩进来表示语句块，不需要使用花括号{}。Python程序是依靠语句块的缩进来体现语句之间的逻辑关系的，同一级别的语句块中语句的缩进空格数必须相同，一般使用4个空格来表示同一级别的语句缩进。

在Python中，对于类定义、函数定义、控制语句、异常处理语句等，行尾的冒号和下一行的缩进，表示下一个语句块的开始，而缩进的结束则表示此语句块的结束。和其他语言一样，语句块是可以嵌套的，一个语句块最少包含一条语句。

一般格式的if选择语句的执行流程：当布尔表达式1的值为True(真)时，执行语句块1；当布尔表达式1的值为False(假)时，判断布尔表达式2的值，如果为真，执行语句块2，否则判断下一个布尔表达式的值，以此类推，直到某个布尔表达式(设为布尔表达式k)

的值为真，执行语句块k；若所有的布尔表达式的值都为False(假)，则执行语句块k+1。

注意：一个布尔表达式只有在这个布尔表达式之前的所有布尔表达式都变成False之后才被测试，虽然一般格式的if选择语句的备选操作较多，但是有且只有一个语句块被执行。

1. if单分支选择语句

【例1-4】 编程实现求两个数的和。

```
num1 = int(input("请输入第 1 个整数: "))
op = input("输入运算符(+, -, *,/):")
num2 = int(input("请输入第 2 个整数:"))
if op=='+':
    print(str(num1)+'+'+str(num2)+"="+str(num1 + num2))
```

运行上述程序代码文件，执行结果如下。

```
请输入第 1 个整数: 10
输入运算符(+, -, *,/):+
请输入第 2 个整数:10
10+10=20
```

注意：如果op的值不等于'+'，这个程序将不会有任何输出。

上述例子中的if语句称为if单分支选择语句，只有在条件成立时，才会执行紧跟着“:”的语句块；否则，解释器就会跳过这个语句块。

2. if…else双分支选择语句

我们经常需要在条件成立时执行一个操作，并在条件不成立时执行另一个操作。在这种情况下，可使用Python提供的if…else语句。if…else语句类似于if单分支选择语句，但其中的else语句能够指定在条件不成立时要执行的操作。

【例1-5】 编程实现求两个数的和，输入的操作符不是“+”时显示一条“您输入的运算符不是“+”的消息。

```
num1 = int(input("请输入第 1 个整数: "))
op = input("输入运算符(+, -, *,/):")
num2 = int(input("请输入第 2 个整数:"))
if op=='+':
    print(str(num1)+'+'+str(num2)+"="+str(num1 + num2))
else:      #若输入的运算符不是+、-、*、/,则退出计算
    print("您输入的运算符不是+")
```

运行上述程序代码文件，执行结果如下。

```
请输入第 1 个整数: 20
输入运算符(+, -, *,/):-
请输入第 2 个整数:10
您输入的运算符不是+
```

3. if…elif…else 多分支选择语句

对于经常需要检查超过两个条件的情形,可使用本节开始给出的 if 选择语句的一般格式的 if…elif…else 多分支选择语句。

【例 1-6】 利用多分支选择结构计算两个数的和或差或积或商,输入的操作符不是“+”、“-”、“*”、“/”时显示一条“程序退出,再见!”的消息。

```
num1 = int(input("请输入第 1 个整数: "))
op = input("输入运算符(+, -, * ,/):")
num2 = int(input("请输入第 2 个整数:"))
if op=='+':
    print(str(num1)+'+'+str(num2)+"="+str(num1 + num2))
elif op == '-':
    print(str(num1)+'-'+str(num2)+"="+str(num1 - num2))
elif op == ' * ':
    print (str(num1)+ ' * '+str(num2)+"="+str(num1 * num2))
elif op =='/':
    print (str(num1)+'/'+str(num2)+"="+str(num1 / num2))
else:     #若输入的运算符不是+、-、* 、/,则退出计算
    print("程序退出,再见!")
```

运行上述程序代码,得到的输出结果如下。

```
请输入第 1 个整数: 1
输入运算符(+, -, * ,/):#
请输入第 2 个整数:2
程序退出,再见!
```

4. 条件表达式

有时候我们可能想给一个变量赋值,但又受一些条件的限制。例如下面的语句:在 x 大于 0 时将 1 赋给 y,在 x 小于或等于 0 时将-1 赋给 y。

```
>>> x=2
>>> if x>0:
    y=1
else:
    y=-1
>>> print(y)
1
```

在 Python 中,可以使用条件表达式来达到上述同样的效果。条件表达式的语法结构如下所示。

```
表达式 1 if 布尔表达式 else 表达式 2
```

其功能是:如果布尔表达式为真,那么这个条件表达式的结果就是表达式 1 的值;否则,这个结果就是表达式 2 的值。条件表达式,有时也称三目运算符或三元运算符。

上述通过选择结构赋值的问题可通过条件表达式来简单实现。

```
>>> x=2
>>> y=1 if x>0 else -1        #条件表达式赋值,用一行代码就可以完成有选择的赋值操作
>>> print(y)
1
```

条件表达式若与 for 循环结合,那么 if、else 都要放在 for 前面,放后面会报错。

```
>>> ["偶数" if i%2==0 else "奇数" for i in range(10)]        #列表生成式,不报错
['偶数', '奇数', '偶数', '奇数', '偶数', '奇数', '偶数', '奇数', '偶数', '奇数']
```

1.3.6 while 循环语句

生活中,我们会经常做一些重复性的动作,如练习投篮 1000 个,练习颠球 1000 个,每天早上六点跑步等。

重复性问题可分为两种类型,一种是满足特定重复条件后,执行相应的重复动作;另一种是确定次数的重复。

while 循环语句用于在重复条件(用布尔表达式表示)满足时循环执行循环体,循环执行的次数取决于 while 循环中布尔表达式的状态,下面给出其语法格式。

```
while 布尔表达式:
    循环体
```

while 循环流程如图 1-20 所示,while 循环包含一个循环继续条件,即控制循环是否执行的布尔表达式,每次执行循环体之前都计算该布尔表达式的值,如果它的计算结果为真,就执行循环体;否则,终止循环并将程序控制权转移到 while 循环后的语句。while 循环是一种条件控制式循环,它是根据循环继续条件的真假来控制是否执行循环体。使用 while 循环语句通常会遇到两种类型的问题,一种是循环次数事先确定的问题;另一种是循环次数事先不确定的问题。循环体可以是一个单一的语句,或者是一组具有统一缩进的语句。

运行 1-1.py 程序文件,多次计算两个数的和或差或积或商,所得的结果如图 1-21 所示。

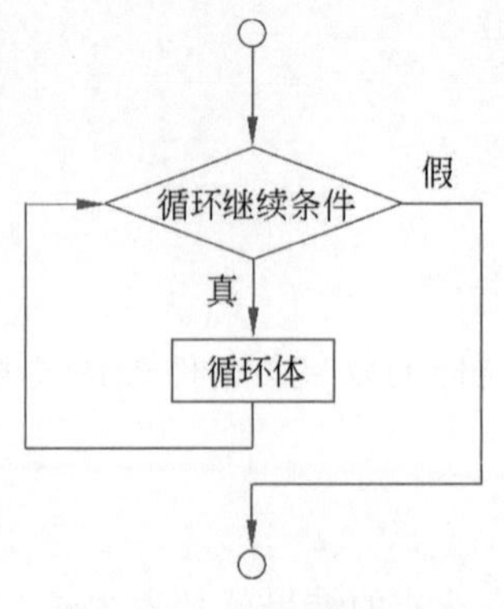

图 1-20　while 循环流程

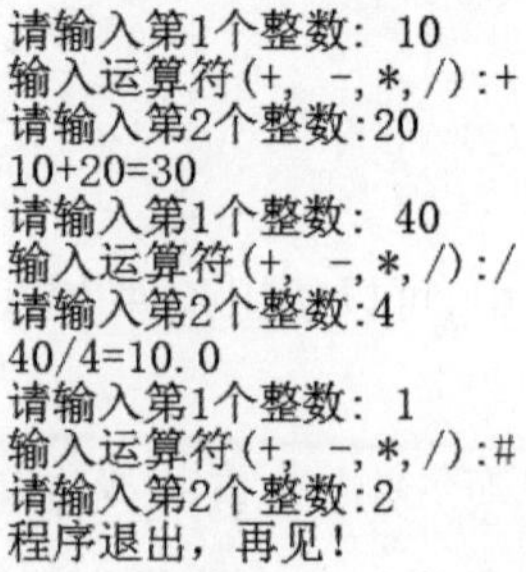

```
请输入第1个整数: 10
输入运算符(+, -,*,/):+
请输入第2个整数:20
10+20=30
请输入第1个整数: 40
输入运算符(+, -,*,/):/
请输入第2个整数:4
40/4=10.0
请输入第1个整数: 1
输入运算符(+, -,*,/):#
请输入第2个整数:2
程序退出, 再见!
```

图 1-21　运行程序文件 1-1.py 所得的结果

1.3.7 for…in 循环语句

for 循环语句的语法格式如下。

```
for 变量 in 可遍历序列:
    循环体
```

这里的关键字 in 是 for 循环的组成部分，而非运算符 in。for 循环是一种遍历型的循环，它会依次遍历可遍历序列中的元素，每遍历一个元素就执行一次循环体，遍历完所有元素之后便退出循环。可遍历序列可以是列表、元组、字符串、字典、集合等。

【例 1-7】 循环输出列表中的元素。

```
for item in ["上士闻道,勤而行之;","中士闻道,若存若亡;","下士闻道,大笑之。"]:
    print(item)
运行上述程序,所得到的结果如下。
上士闻道,勤而行之;
中士闻道,若存若亡;
下士闻道,大笑之。
```

1.3.8 算术运算

1. 常用的算术运算符

供数值数据类型使用的常用的算术运算符如表 1-5 所示，其中变量 a 为 4，变量 b 为 2。

表 1-5 常用的算术运算符

算术运算符	含义	举 例
+	加	a+b 的结果为 6
-	减	a-b 的结果为 2，-5 表示 5 的相反数
*	乘	a*b 的结果为 8
/	除	a/b 的结果为 2.0
%	求余	a%b 的结果为 0
**	幂	a**b 的结果为 16
//	取整除	8//3 的结果为 2，-9//2 的结果为-5

运算符%是一个求余或取模运算的运算符，即求出除法后的余数。在程序设计中求余运算符非常有用。例如，偶数%2 的结果总是 0，而奇数%2 的结果总是 1。这样，就可以用这个特性判断一个数是奇数还是偶数。如果今天是星期六，那 7 天之后又是星期六。假设你和你的朋友 16 天后要见面。那么 16 天后是星期几？你可以用下面的表达式算出是星期一。

```
(6 + 16) % 7
```

其中,一周的第一天是星期一,一周的第 0 天是星期天。

Python 提供了格式化数字的内置函数 format(),该函数的语法格式如下。

```
format(value, format)
```

参数说明如下。

value:任何格式的值。

format:将值格式化为的格式,常用的格式化如下。

'<':左对齐结果(在可用空间内)。

'>':右对齐结果(在可用空间内)。

'^':居中对齐结果(在可用空间内)。

'=':将符号置于最左侧。

'+':使用加号来指示结果是正还是负。

'-':负号仅用于负值。

' ':在正数前使用空格。

',':使用逗号作为千位分隔符。

'_':使用下画线作为千位分隔符。

'b':二进制格式。

'd':十进制格式。

'e':科学格式,使用小写字母 e。

'f':定点编号格式。

'o':八进制格式。

'x':十六进制格式,小写。

'n':数字格式。

'%':百分百格式。

```
>>> format(255, 'x')          #将 255 格式化为十六进制值
'ff'
>>> format(0.567,'.2%')       #格式化为保留两位小数的百分数
'56.70%'
```

2. 增强型赋值运算符

经常会出现变量的当前值被修改,然后重新赋值给同一变量的情况。例如,下面的赋值语句就是给变量 count 加 1。

```
count = count + 1
```

Python 允许运算符与赋值运算符结合在一起构成"增强型赋值运算符"来实现变量的修改与赋值操作。例如,前面的语句可以写作如下形式。

```
count += 1
```

增强型赋值运算符如表 1-6 所示,其中变量 a 的值为 10,变量 b 的值为 23。

表 1-6 增强型赋值运算符

增强型赋值运算符	功 能	实 例
+=	加法赋值运算符	c += a 等价于 c = c + a
-=	减法赋值运算符	c-= a 等价于 c = c - a
*=	乘法赋值运算符	c *= a 等价于 c = c * a
/=	除法赋值运算符	c /= a 等价于 c = c / a
%=	取余赋值运算符	c %= a 等价于 c = c % a
**=	幂赋值运算符	c **= a 等价于 c = c ** a
//=	取整除赋值运算符	c //= a 等价于 c = c // a

注意：在增强型赋值运算符中没有空格，例如，+ =应该是+=。

3. 常见的数学函数

函数是完成一个特殊任务（如处理数据）的一组语句。前面已经使用过 eval(x)、input(x)、print(x)等函数处理数据对象 x，称 eval、input、print 为函数名。一些函数在 Python 编程时可直接使用，且在使用时不用导入任何模块，则称这些函数为内置函数。常用的 Python 内置数学函数如表 1-7 所示。

表 1-7 常用的 Python 内置数学函数

内置数学函数	功 能
abs(x)	返回 x 的绝对值，如 abs(-10) 返回 10
max(x1,x2,…,xn)	返回 x1,x2,…,xn 中的最大值
min(x1,x2,…,xn)	返回 x1,x2,…,xn 中的最小值
pow(x,y)	返回 x* * y 运算后的值，pow(2,3) 返回 8
round(x[,n])	返回保留 n 位小数的浮点数，n 缺省值为 0，返回值为整数，round(3.8267,2) 返回 3.83，round(3.8267) 返回 4

此外还可以用 isinstance()函数来判断一个变量的类型，示例如下。

```
>>> a=123
>>> isinstance(a, int)          #判断 a 是不是整型
True
```

Python 的 math 库是 Python 提供的内置数学函数库，无须安装即可导入使用。math 库的主要数学函数如表 1-8 所示。使用 math 库的函数之前，需要先通过 import math 语句导入 math 库，通过“math.函数名”的形式使用库中的函数。

表 1-8 math 库的主要数学函数

math 库的函数	功 能
fabs(x)	将 x 看作一个浮点数，返回它的绝对值，如 math.fabs(-2)返回 2.0
ceil(x)	返回 x 向上最接近的整数

续表

math 库的函数	功　能
floor(x)	返回 x 向下最接近的整数
exp(x)	返回 e 的 x 次幂
pow(x,y)	返回 x 的 y 次幂
gcd(x,y)	返回 x、y 的最大公约数
factorial(n)	返回 n 的阶乘
log(x)	返回 x 的自然对数,如 math.log(8)返回 2.0794415416798357
log10(x)	返回以 10 为基数的 x 的对数,如 math.log10(100) 返回 2.0
log(x,base)	返回以 base 为底的 x 的对数值
modf(x)	返回 x 的小数部分与整数部分组成的元组,如 math.modf(3.25)返回(0.25,3.0)
sqrt(x)	返回 x 的平方根,如 math.sqrt(4)返回 2.0
sin(x)	返回 x 弧度的正弦值
degrees(弧度)	弧度转为角度
radians(角度)	角度转为弧度

```
>>> import math             #导入 math 库
>>> math.ceil(4.12)         #取大于或等于 4.12 的最小的整数值
5
>>> math.floor(4.999)       #取小于或等于 4.999 的最大的整数值
4
```

随机数可以用于数学,游戏,安全等领域中,还经常被嵌入到算法中,用以提高算法的效率和程序的安全性。Python 中用于生成伪随机数的函数库是 random。random 库的生成随机数的函数如表 1-9 所示。

表 1-9　random 库的生成随机数的函数

random 库的函数	含　义
choice(seq)	从序列(如列表、元组、字符串等)seq 的元素中随机挑选一个元素,random.choice("Python")从"Python"中随机挑选 1 个字符
random()	随机生成一个[0,1)范围内的实数
shuffle(seq)	将序列 seq 的所有元素随机排序
uniform(x,y)	随机生成一个[x,y]范围内的实数
randint(x,y)	随机生成一个[x,y]范围内的整数
sample(sequence,k)	返回一个从序列 sequence 中随机选择 k 个元素所组成的列表,sequence 可以是列表、字符串、集合等

```
>>> random.randint(1,10)              #产生 1 到 10 的一个整数型随机数
7
>>> random.random()                   #产生 0 到 1 之间的随机浮点数
0.43768035467887634
```

```
>>> random.choice('tomorrow')          #从'tomorrow'中随机选取一个字符
'r'
>>> random.choice([1,2,3,4,5,6])       #从列表[1,2,3,4,5,6]中随机选取一个数
5
>>> random.choice((1,2,3,4,5,6))       #从元组(1,2,3,4,5,6)中随机选取一个数
4
>>> random.sample((1,2,3,4,5,6), 3)
[5, 6, 1]
```

4. 运算符的优先级

运算符的优先级和结合方向决定了运算符的计算顺序。假如有如下表达式：

```
1+5 * 8>3 * (3+2)-1
```

它的值是多少？这些运算符的执行顺序是什么？

算术上，最先计算括号内的表达式，括号也可以嵌套，最先执行的是最里面括号中的表达式。当计算不含有括号的表达式时，可以根据运算符优先规则和组合规则使用运算符。表1-10列出了从最高到最低优先级的运算符。

如果相同优先级的运算符紧连在一起，它们的结合方向决定了计算顺序。所有的二元运算符(除赋值运算符外)都是从左到右的结合顺序。

```
>>> 1+2>2 or 3<2
True
>>> 1+2>2 and 3<2
False
>>> 2 * 2-3>2 and 4-2>5
False
```

表1-10 从最高到最低优先级的运算符

优先级	运 算 符	描 述
↓	**	指数(最高优先级)
	~,+,-	按位翻转,一元加号和减号
	*,/,%,//	乘,除,取模和取整除
	+,-	加法减法
	>>,<<	右移,左移运算符
	&	按位与运算符
	^,|	位运算符
	<=,<,>,>=	比较运算符
	<>,==,!=	等于运算符
	=,%=,/=,//=,-=,+=,*=,**=	赋值运算符
	is,is not	身份运算符
	in,not in	成员运算符
	not,or,and	逻辑运算符

1.3.9 输入输出

如果要编写实际有用的程序,必须能够读取输入(比如,从键盘处,或者从文件中),还要产生输出,并输出到屏幕或者文件中。前面已经介绍了用来接收用户输入的input()函数。下面重点介绍输出函数print()。

print()函数的语法格式如下。

```
print([object1,...], sep=" ", end='\n', file=sys.stdout)
```

参数说明如下。

(1) [object1,...]待输出的对象,可以一次输出多个对象,多个对象之间需要用逗号分隔,print()函数会依次打印每个object,遇到逗号会输出一个空格。示例如下。

```
>>> a1, a2, a3="十分信心", "十分努力", "十分成功"
>>> print(a1,a2,a3)        #一次输出多个变量所代表的对象的值
十分信心 十分努力 十分成功
```

(2) sep=" "用来设置用什么内容间隔对象之间的输出结果,默认值是一个空格,也可以设置成其他字符。

```
>>> print(a1, a2, a3, sep="-->")
十分信心-->十分努力-->十分成功
```

(3) end="\n"参数用来设定全部输出对象被输出后,接着执行什么操作,默认值是换行符,即执行换行操作,也可以换成其他字符串不执行换行操作,如设置end="@"。示例如下。

```
b1, b2, b3="困难像弹簧", "你弱它就强", "你强它就弱"
print(b1 , end="@")
print(b2 , end="@")
print(b3)
```

上述三行代码作为一个程序文件执行,得到的输出结果如下。

```
困难像弹簧@你弱它就强@你强它就弱
```

(4) 参数file设置把print()中的待输出的对象打印到什么地方,可以是默认的标准输出file=sys.stdout,即默认输出到终端屏幕,还可以设置file=文件对象,即把内容存到文件中。举例如下。

```
>>> f = open(r'C:\Desktop\a.txt', 'w')  #以写的方式打开文件,返回一个文件对象
>>> print('python is good', file=f)
>>> f.close()                            #关闭文件
```

运行结束后,python is good被保存到a.txt文件中。

1.4 库的导入与扩展库的安装

Python启动后，默认情况下它并不会将所有的功能都加载(也称之“导入”)进来，使用某些模块(或库，一般不作区分)之前必须把这些模块加载进来，这样就可以使用这些模块中的函数。此外，有时甚至需要额外安装第三方的扩展库。模块把一组相关的函数或类组织到一个文件中，一个文件即是一个模块。函数是一段可以多次重复调用的代码。每个模块文件可看作是一个独立完备的命名空间，在一个模块文件内无法看到其他模块文件定义的变量名，除非它明确地导入了那个文件。

1.4.1 库的导入

Python本身内置了很多功能强大的库，如和操作系统相关的os库、和数学相关的math库等。Python导入库或模块的方式有：常规导入、使用from语句导入等。

1. 常规导入

常规导入是最常使用的导入方式，导入方式如下所示。

```
import 库名
```

通过这种方式可以一次性导入多个库，如下所示。

```
import os, math, time
```

在导入模块时，还可以重命名这个模块，如下所示。

```
import sys as system
```

上面的代码将导入的sys模块重命名为system。人们既可以按照以前“sys.方法”的方式调用模块，也可以用“system.方法”的方式调用模块。

2. 使用from语句导入

很多时候只需要导入一个模块或库中的某个部分，这时候可通过联合使用import和from来实现这个目的。

```
from math import sin
```

之后就可以直接调用sin。

```
>>> from math import sin
>>> sin(0.5)                    #计算 0.5rad 的正弦值
0.479425538604203
```

也可以一次导入多个函数。

```
>>> from math import sin, exp, log
```

也可以直接导入math库中的所有函数，导入方式如下所示。

```
>>> from math import *
>>> exp(1)
2.718281828459045
>>> cos(0.5)
0.8775825618903728
```

但如果像上述方法大量引入库中的所有函数,容易引起命名冲突,因为不同库中可能含有同名的函数。

1.4.2 扩展库的安装

当前,pip 已成为管理 Python 扩展库的主流方式,使用 pip 不仅可以查看本机已安装的 Python 扩展库,还支持 Python 扩展库的安装、升级和卸载等操作。常用的 pip 操作如表 1-11 所示。

表 1-11 常用的 pip 操作

pip 操作示例	描 述	pip 操作示例	描 述
pip installxxx	安装 xxx 模块	pip install--upgrade xxx	升级 xxx 模块
pip list	列出已安装的所有模块	pip uninstall xxx	卸载 xxx 模块

使用 pip 安装 Python 扩展库,需要保证计算机联网,然后在命令提示符环境中通过 pip install xxx 进行安装,这里分两种情况。

(1) 如果 Python 安装在默认路径下,在命令提示符环境中直接输入"pip install 扩展库名"回车进行扩展库安装。

(2) 如果 Python 安装在非默认路径下,在命令提示符环境中需先进入到 pip.exe 所在目录(位于 Scripts 文件夹下),然后输入"pip install 扩展库名"按 Enter 键进行扩展库安装。本书的 pip.exe 所在目录为"D:\Python\Scripts",如图 1-22 所示。

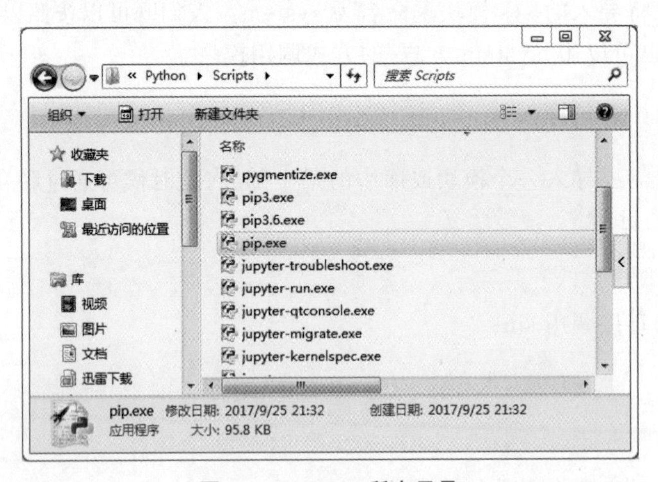

图 1-22 pip.exe 所在目录

此外,可通过在 Python 安装文件夹中的 Scripts 文件夹下,按住 Shift 键再右击空白处,选择"在此处打开命令窗口"直接进入到 pip.exe 所在目录的命令提示符环境,然后即可通过“pip install 扩展库名”来安装扩展库。

1.5 Python在线帮助

1.5.1 Python交互式帮助系统

在编写和执行Python程序时，我们可能对某些模块、类、函数、关键字等的含义不太清楚，这时候就可以借助Python内置的帮助系统获取帮助。借助Python的help(object)函数可进入交互式帮助系统来获取Python对象object的使用帮助信息。

【例1-8】 使用help(object)获取交互式帮助信息举例。

(1) 输入help()，按回车键进入交互式帮助系统，如图1-23所示。

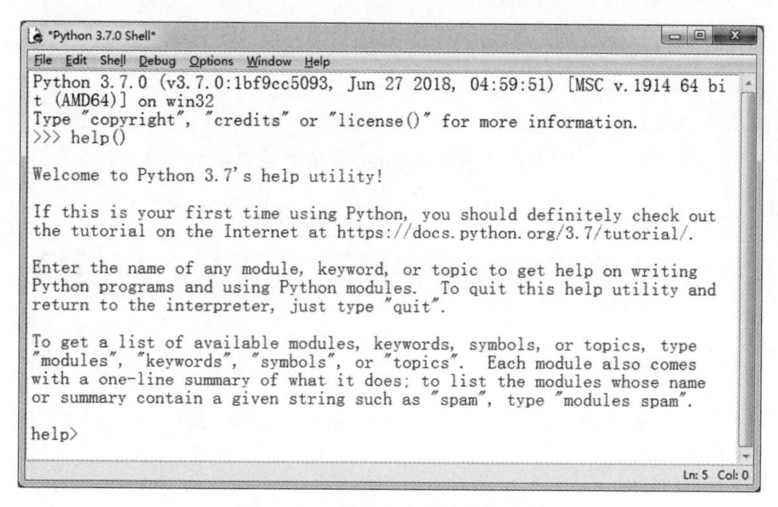

图1-23 进入交互式帮助系统

(2) 输入modules，按回车键显示所有安装的模块，如图1-24所示。

```
*Python 3.7.0 Shell*
File  Edit  Shell  Debug  Options  Window  Help

help> modules

Please wait a moment while I gather a list of all available modules...

__future__          cgi                 mmap                statistics
__main__            cgitb               mmapfile            statusbar
_abc                chardet             mmsystem            string
_ast                chunk               modulefinder        stringprep
_asyncio            cmath               msilib              struct
_bisect             cmd                 msvcrt              subprocess
_blake2             code                multicall           sunau
_bootlocale         codecontext         multiprocessing     symbol
_bz2                codecs              netbios             symtable
_codecs             codeop              netrc               sys
_codecs_cn          collections         nntplib             sysconfig
_codecs_hk          colorizer           nt                  tabnanny
_codecs_iso2022     colorsys            ntpath              tarfile
_codecs_jp          commctrl            ntsecuritycon       telnetlib
_codecs_kr          compileall          nturl2path          tempfile
_codecs_tw          concurrent          numbers             test
                                                            Ln: 38  Col: 64
```

图1-24 显示所有安装的模块

(3) 输入 modules random,按回车键显示与 random 相关的模块,如图 1-25 所示。

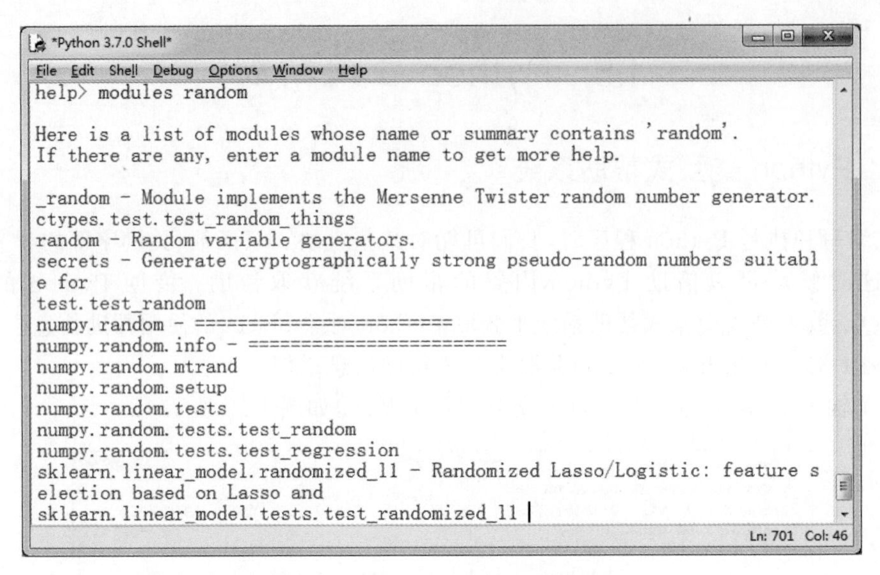

图 1-25 显示与 random 相关的模块

(4) 输入 os,按回车键显示 os 模块的帮助信息,如图 1-26 所示。

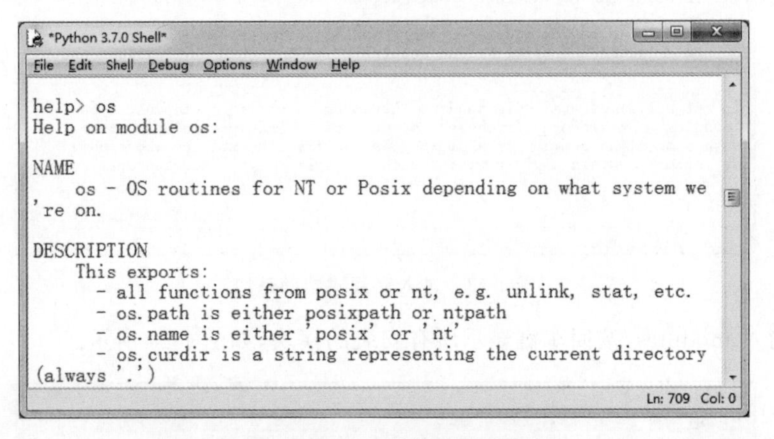

图 1-26 显示 os 模块的帮助信息

(5) 输入 os.getcwd,按回车键显示 os 模块的 getcwd()函数的帮助信息,如图 1-27 所示。

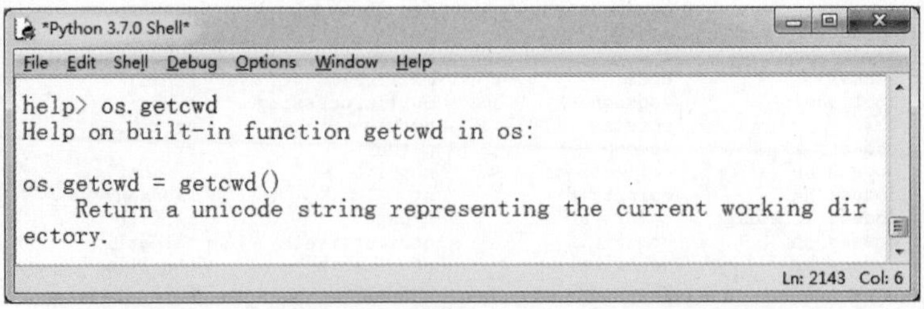

```
*Python 3.7.0 Shell*
File Edit Shell Debug Options Window Help
help> os.getcwd
Help on built-in function getcwd in os:

os.getcwd = getcwd()
    Return a unicode string representing the current working dir
ectory.
                                                Ln: 2143 Col: 6
```

图 1-27 显示 os 模块的 getcwd 函数的帮助信息

(6) 输入 quit,按 Enter 键退出帮助系统,如图 1-28 所示。

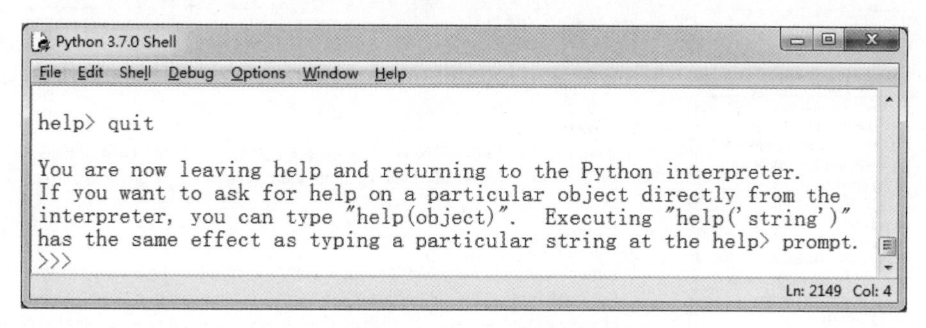

图 1-28　输入 quit 按回车键退出帮助系统

1.5.2　Python 文档

Python 文档提供了有关 Python 语言及标准模块的详细说明信息,是学习和进行 Python 语言编程不可或缺的工具,其使用步骤如下。

(1) 打开 Python 文档。在 IDLE 环境下,按 F1 键打开 Python 文档,如图 1-29 所示。

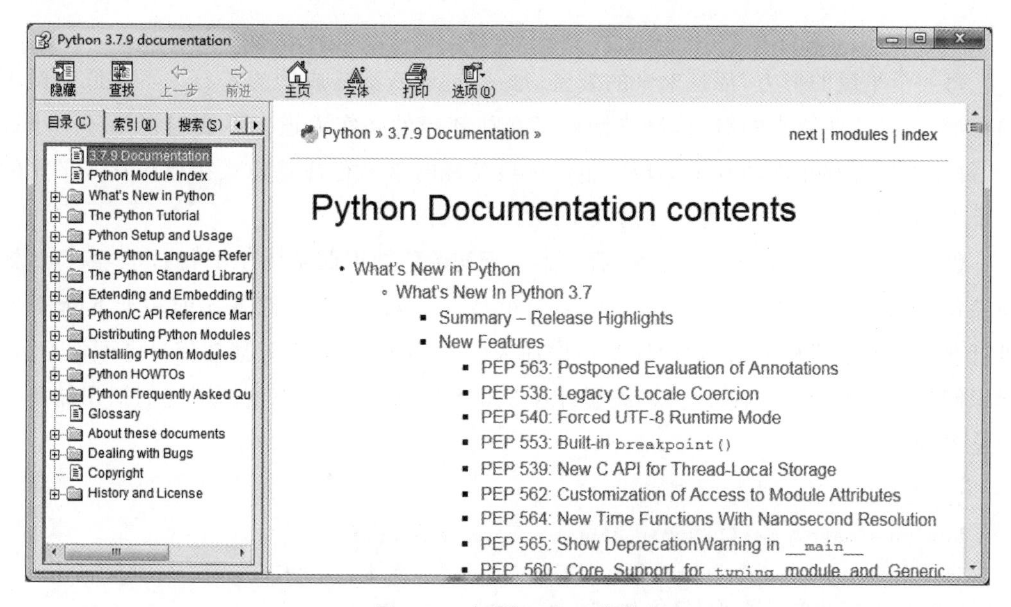

图 1-29　打开 Python 文档

(2) 浏览模块帮助信息。在左侧的目录树中,展开 The Python Standard Library,在其下面找到所要查看的模块,如选中 math---Mathematical functions 下的 Power and logarithmic functions,在右面可以看到该模块下的函数说明信息,如图 1-30 所示。

(3) 此外,也可以通过左侧第二行的工具栏中的"搜索"按钮搜索所有查看的模块。

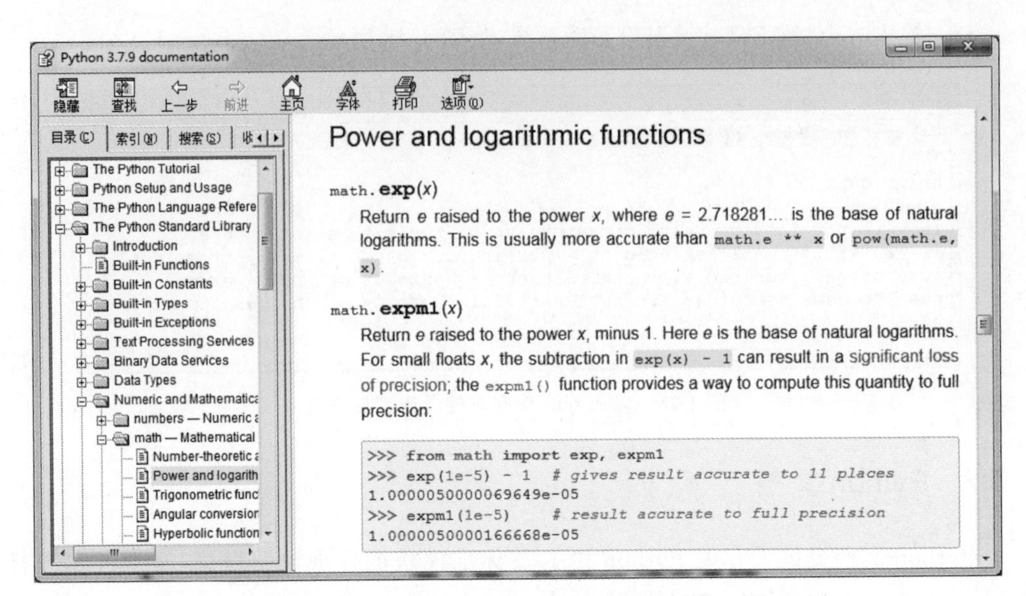

图 1-30 Power and logarithmic functions 模块的说明信息

1.6 实战：积跬步以致千里

每一个早晨的努力，都是未来的繁星；每一份坚持，都是成功的基石。不要低估微小的力量，正是这些微小的努力，最终铺就了通往梦想的坚实大道。不要轻视每一个小进步，每一点努力都在推动梦想实现。生命中最美好的事物往往就隐藏在那些看似平凡的日子里，而积少成多，则是我们闯荡人生的最好密码。

【例 1-9】 一年按 365 天计算，假设第一天初始的知识储备为 1.0，每日学习一点，知识储备相比前一天增加 1%，每日不学习时就会遗忘知识，知识储备比前一天下降 1%。进行 365 天的学习积累后，知识储备会增加为 $(1+0.01)^{365}$；365 天都放任自己不学习后，知识储备会减少为 $(1-0.01)^{365}$。编程计算 365 天后，两种学习态度所对应的知识储备分别是多少。

```
import math
action = math.pow((1+0.01),365)              #学习积累 365 天后
inaction = math.pow((1-0.01),365)            #不学习 365 天后
print("365天学习后知识储备为: "+str(action))
print("365天不学习后知识储备为: "+str(inaction))
```

运行上述程序代码，得到的输出结果如下。

```
365天学习后知识储备为: 37.78343433288728
365天不学习后知识储备为: 0.025517964452291125
```

1.7 习　　题

一、选择题

1. 以下选项中不可用作 Python 标识符的是(　　)。
   A. 3.14　　B. 姓名　　C. __Name__　　D. Pi
2. 关于 Python 语言的特点,以下选项描述正确的是(　　)。
   A. Python 语言不支持面向对象　　B. Python 语言是解释型语言
   C. Python 语言是编译型语言　　D. Python 语言是非跨平台语言
3. 表达式 eval('500/10') 的结果是(　　)。
   A. '500/10'　　B. 500/10　　C. 50　　D. 50.0
4. 表达式 type(eval('45')) 的结果是(　　)。
   A. ＜class 'float'＞　　B. ＜class 'str'＞
   C. None　　D. ＜class 'int'＞

二、编程题

1. 编写一个从控制台读取摄氏温度并将它们转化为华氏温度并予以显示的程序。转化公式如下所示。

fahrenheit = 9/5) * celsius + 32

2. 室外有多冷与室外温度值、风速、相对湿度和光照都有关系。风寒温度是指当身体暴露在一定的空气温度和一定的风速下时,身体感受到的温度;风速越高,风寒温度越低,人暴露在外面的身体部分会越快流失热量。加拿大、英国和美国的科学家在 2001 年利用室外温度和风速计算的风寒温度公式如下所示。

$$t_{wc} = 35.74 + 0.6215t_a - 35.75v^{0.16} + 0.4275t_a v^{0.16}$$

其中,t_a 表示室外华氏温度(℉),v 为风速 (英里/小时)(1 英里=1.61 千米),t_{wc}表示风寒温度。该公式不适用于风速在 2 英里/小时以下或温度在-58℉以下及 41℉以上的情况。

编写一个程序,提示用户输入一个-58℉到 41℉之间的温度和一个大于或等于 2 英里/小时的风速,然后输出一个风寒温度。

3. 编写一个程序,提示用户输入三角形的三个顶点坐标(x1,y1)、(x2,y2)和(x3,y3),然后输出这三个顶点构成的三角形的面积。计算三角形面积的计算公式如下。

$$s = (side1 + side2 + side3)/2$$

$$area = \sqrt{s(s - side1)(s - side2)(s - side3)}$$

其中,side1、side2、side3 分别表示三角形各个边的长度,area 表示三角形的面积。

第2章 chapter 2

字符串和列表

字符串和列表属于序列类型，这些类型的具体对象是一个元素向量，元素之间存在先后关系，通过序号访问元素。

本章主要介绍：字符串基础，字符串运算，字符串对象的常用方法，字符串常量，列表，序列类型的常用操作，统计和排序列表中的元素，列表推导式，用于列表的一些常用函数，基于 turtle 库绘图和绘制文本。

2.1 字符串基础

字符串是用单引号' '、双引号" "、三单引号''' '''或三双引号""" """等界定符括起来的字符序列。字符串对象是不可变的，一旦创建了字符串，字符串的内容是不可变的。Python 没有单独的字符类型，一个字符就是长度为 1 的字符串。

创建字符串

2.1.1 创建字符串

只要为变量分配一个用字符串界定符括起来的字符序列即可创建一个字符串，字符序列称为字符串的字面值。例如：

```
>>> var1 = 'Hello World!'   #创建字符串'Hello World!'并通过变量 var1 进行引用
```

也可以使用构造字符串的函数 str()把非字符串类型的对象转变成字符串对象。

```
>>> var2=str(1234)          #把整数 1234 转换成字符串'1234'
>>> type(var2)              #查看 var2 所引用的对象的数据类型
<class 'str'>
```

注意：两个相邻的字符串，如果中间只用空格进行分隔，则会自动拼接为一个字符串。例如：

```
>>> 'Hello'  'World!'
'HelloWorld!'
```

三引号作为界定符来表示一个字符串时，允许括起来的字符序列跨多行，字符序列中可以包含换行符、制表符以及其他特殊字符。

```
#通过换行操作使"Hello I like Python"跨两行
>>> str_more_quotes = """Hello
I like Python"""
>>> str_more_quotes
'Hello\nI like Python'
>>> print(str_more_quotes)
Hello
I like Python
```

''、" "、''' '''、""" """都能创建一个字符串，一般情况下任意两个之间都可以实现嵌套使用的，但不能嵌套自身，这种灵活性使字符串中能够包含引号和撇号。

```
>>> print('I told my friend, "Python is my favorite language!"')
I told my friend, "Python is my favorite language!"
>>> print("One of Python's strengths is its diverse and supportive community.")
One of Python's strengths is its diverse and supportive community.
```

2.1.2 字符编码

字符是一个信息单位，它是各种文字和符号的统称，比如一个英文字母是一个字符，一个汉字是一个字符，一个标点符号也是一个字符。字节是计算机中数据存储的基本单元，1字节由8位二进制数组成，计算机中的所有数据，不论是保存在磁盘文件上的还是网络上传输的数据（文字、图片、视频、音频文件）都是由字节组成的。字符码指的是字符集中每个字符的数字编号，例如ASCII字符集用0～127连续的128个数字分别表示128个字符，例如"A"的字符码编号是65。字符编码是将字符集中的字符码映射为字节流的一种具体实现方案，ASCII字符编码使用8位二进制数表示一个字符码。当初英文就是编码的全部，后来其他国家的语言加入进来，ASCII就不够用了，所以一种万国码就出现了，它的名字就叫Unicode。Unicode字符编码对所有语言的字符使用两个字节编码，部分汉字使用三个字节。但是这就导致一个问题，Unicode不仅不兼容ASCII编码，而且会造成空间的浪费。于是UTF-8(8 Bit Unicode Transformation Format)字符编码应运而生了，UTF-8字符编码是一种变长的字符编码，可以根据具体情况用1～4个字节来表示一个字符，如对英文字符使用1个字节编码，对中文字符用3字节编码，一般每个字节都用十六进制来表示，如"中"的UTF-8编码是b'\xe4\xb8\xad'。编码的过程是将字符转换成字节流，解码的过程是将字节流解析为字符。

可以通过以下代码查看Python 3的字符的默认编码。

```
>>> import sys
>>> sys.getdefaultencoding()
'utf-8'
```

Python 3.x默认采用UTF-8编码格式，有效地解决了中文乱码的问题。

要将字符串类型的数据转化为字节bytes类型的数据，可调用字符串对象的encode()方法来实现，这个过程也称为字符串"编码"；反过来，使用bytes对象的decode()方法可将bytes类型的二进制数据转换为字符串类型的数据，这个过程称为"解码"。

【例 2-1】 编码与解码举例。

```
>>> str4 = '君子务本,本立而道生'
>>> bstr4 = str4.encode('utf-8')
>>> bstr4
b'\xe5\x90\x9b\xe5\xad\x90\xe5\x8a\xa1\xe6\x9c\xac\xef\xbc\x8c\xe6\x9c\xac\
xe7\xab\x8b\xe8\x80\x8c\xe9\x81\x93\xe7\x94\x9f'
>>> str5 = bstr4.decode()
>>> str5
'君子务本,本立而道生'
```

注意:解码时要选择和编码时一样的编码格式,否则会抛出异常。

此外,Python 提供了内置的 ord()函数来获取字符的整数表示,内置的 chr()函数把相应的整数转换为对应的字符。

```
>>> chr(65)
'A'
```

转义字符

2.1.3 转义字符

如果要实现字符串的字面值中包含" ",例如:learn "python" online,可以使用单引号''将字符序列 learn "python" online 括起来。

```
>>> str1='learn "python" online '
>>> print(str1)
learn "python" online
```

如果要在字符串中既包含''又包含"",例如:he said "I'm hungry.",可在''和""前面各插入一个反斜线\进行字符转义,使''和""成为普通字符,即使字符具有特殊的含义。此外,\n 表示换行,\r 表示回车。类似这样的由"\"和普通字符组合而成的、具有特殊意义的字符就是转义字符。

Python 中常用的转义字符如表 2-1 所示。

表 2-1 常用的转义字符

转义字符	含　义
\	续行符,位于字符串行尾,即一行未完,转到下一行继续写
\\	一个\
\'	单引号
\"	双引号
\n	换行符,将光标位置移到下一行开头
\v	纵向制表符
\t	横向制表符,即 Tab 键,一般相当于 4 个空格
\r	回车符
\f	换页符

转义字符在书写形式上由多个字符组成，但 Python 将它们看作一个整体，表示一个字符。

下面的代码演示了转义字符的用法。

```
>>> str2='He said \" I\'m hungry.\"'
>>> print(str2)
He said " I'm hungry."
>>> str_n = "hello\nworld"        #用实现\n换行
>>> print(str_n)
hello
world
```

有时我们并不想让转义字符生效，想让转义字符保持字面样式，这就需要在字符串前面添加 r 或 R。如：

```
>>> str3=r'hello\nworld'
>>> print(str3)
hello\nworld                         #没有换行,显示的是字符串的字面样式
```

【例 2-2】 使用\t 实现排版河南、河北的省份、简称、省会。

程序代码如下。

```
str1 = '省份\t 简称\t 省会'
str2 = '河南\t 豫\t 郑州'
str3 = '河北\t 冀\t 石家庄'
print(str1)
print(str2)
print(str3)
print("----------------------")
```

运行上述程序代码，所得的输出结果如下。

```
省份      简称      省会
河南      豫        郑州
河北      冀        石家庄
----------------------
```

2.2 字符串运算

字符串运算

2.2.1 处理字符串的函数

Python 的内置函数 len()可用来求出一个字符串、列表、元组等序列对象包含的元素个数，也就是得到序列对象的长度。内置函数 max()、min()可用来求出一个序列对象包含的最大和最小元素。

```
>>> s="welcome"
>>> len(s)                    #返回变量 s 所代表的字符串的长度
7
>>> max(s)
'w'
```

```
>>> max([1,2,3])
3
>>> max((1,2,3))
3
```

【例 2-3】 输入一段英文,求其中最长的单词长度。

```
sen=input("输入一段英文:")
sen = sen.replace(",","")
sen = sen.replace(".","")
words=sen.split()
length=[len(word) for word in words]
maxlen=max(length)
print("最长的单词是{},有{}个字符。".format(words[length.index(maxlen)],maxlen))
```

运行上述程序代码,得到的输出结果如下。

```
输入一段英文: I was blessed to have you in my life. When I look back on these days, I'll look and see your face.You were right there for me.
```

最长的单词是 blessed,有 7 个字符。

2.2.2 下标运算符[]

字符串是一个不可变的字符序列,每个字符都有其编号,也称为索引、下标,可使用下面的下标运算符[]访问字符串 str 中下标为 index 的字符。

```
str[index]
```

Python 中的字符串 str 有两种索引方式:从左往右的正索引,下标(索引)的范围从 0 到 len(s)−1;从右往左的负索引,下标(索引)的范围从 −1 到 −len(s),如图 2-1 所示。

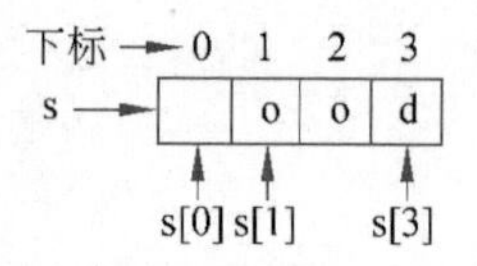

字符串	s	t	u	d	y		h	a	r	d
正索引	0	1	2	3	4	5	6	7	8	9
负索引	-10	-9	-8	-7	-6	-5	-4	-3	-2	-1

图 2-1 字符串中的字符可通过下标运算符访问

注意:Python 中的字符串不能改变,向一个索引位置赋值(如 str[0]= 'm')会导致错误。

【例 2-4】 遍历字符串,依次输出字符串中的每个字符。

```
s = "野有蔓草零露溥兮"
for i in range(0,len(s)):
    print(s[i],end="-")
```

程序运行结果如下。

```
野-有-蔓-草-零-露-漙-兮-
```

注意：range()函数是 Python 中的内置函数，用于生成一系列连续的整数，如 range(0,5) 生成由 0、1、2、3、4 这 5 个元素所组成的序列，不包括 5。

2.2.3 切片运算符[start:end:step]

对于一个字符串对象 s，s[start：end]返回字符串 s 中的一段(一个切片)，这一段就是 s 中从下标 start 到下标 end－1 的字符所组成的一个字符串。

对字符串 str 进行切片的语法格式如下。

```
str[start:end:step]
```

参数说明如下。

start：表示切片开始位置，不指定 start 时，默认的起始下标是 0。

end：表示切片截止位置，得到的切片中不包含下标为 end 的元素，不指定 end 时，其默认值为字符串的长度。

step：正负数均可，其绝对值大小决定了切取数据时的“步长”，而正负号决定了“切取方向”，正表示“从左往右”取值；负表示“从右往左”取值，这时 start 应该大于 end。当 step 省略时，默认为 1，即从左往右以步长 1 取值，此时，最后的冒号也可以省略。

字符串切片举例如下。

```
>>> s="PythonJavaC"
>>> print(s[0:6])
Python
>>> print(s[0:])
PythonJavaC
>>> print(s[0:len(s)])
PythonJavaC
>>> print(s[:])
PythonJavaC
>>> s[0:len(s):2]
'PtoJvC'
```

也可以在截取字符串的过程中使用负下标，s[1：－1]和 s[1：－1＋len(s)]是一样的。

```
>>> s[::-1]          #字符串逆序
'CavaJnohtyP'
>>> s[-1::-1]
'CavaJnohtyP'        #字符串逆序
```

从上述两条语句可以看出，步长为负数时，表示从右向左取字符串，start 下标也要从负数计算，或者 start 必须大于 end 下标，因为步长为负数时是从右开始截取的。

```
>>> s[len(s)::-1]
'CavaJnohtyP'
```

注意：切片运算符也适用于列表、元组类型的对象。

2.2.4 连接运算符+ 和复制运算符 *

可以使用连接运算符“+”将两个字符串连接起来得到一个新的字符串，使用复制运算符“ * ”将字符串复制多次得到一个新的字符串。举例如下。

```
>>> s1="Welcome"
>>> s2="Beijing"
>>> s3 = s1+" to "+s2
>>> print(s3)
Welcome to Beijing
>>> s2 * 3              #将 s2 所表示的字符串复制 3 次
'BeijingBeijingBeijing'
```

注意：s2 * 3 和 3 * s2 具有相同的效果。

2.2.5 in 和 not in 成员运算符

对字符串对象 s1 和 s2 来说，s1 in s2 表示如果字符串 s1 是 s2 的子字符串返回 True，否则返回 False；s1 not in s2 表示如果字符串 s1 不是 s2 的子字符串则返回 True，否则返回 False。

```
>>> s1="Shanghai"
>>> "hai" in s1
True
>>> "hai" not in s1
False
```

2.2.6 格式化字符串运算符%

%格式化字符串运算符用一个字符串模板对变量输出进行格式化呈现，字符串模板中有格式符，这些格式符为变量(或为不同类型的具体对象)输出预留位置，说明输出的变量值(或为不同类型的具体对象)在字符串模板中呈现的格式。Python 用一个元组将多个变量的值传递给模板的多个格式符。示例如下。

```
>>> str1='Facts'
>>> str2='words'
>>> print("%s speak plainer than %s." % (str1, str2))
Facts speak plainer than words.
```

在上面示例中，"%s speak plainer than %s."为格式化输出时的字符串模板，%s 为格式符，表示将变量 str1、str2 以字符串的格式输出。(str1，str2) 的两个元素 str1 和 str2 将分别替换模板中的第一个%s 和第二个%s 格式符，并以字符串的形式呈现。模板和元组之间的%为格式化字符串运算符。

整个"%s speak plainer than %s." % (str1，str2) 实际上构成一个字符串，可以像一个普通的字符串那样，将它赋值给某个变量。示例如下。

```
>>> a = "%s speak plainer than %s." % ('Facts', 'words')
>>> print(a)
Facts speak plainer than words.
```

还可以对格式符进行命名,用字典对象来传递值。

```
>>> print("%(What)s is %(year)d." % {"What":"This year","year":2022})
This year is 2022.
```

可以看到,对两个格式符进行了命名,命名使用圆括号()括起来,每个命名对应字典的一个键。当格式字符串中含有多个格式字符时,使用字典来传递值,可避免为格式符传错值。

Python 支持的格式符如表 2-2 所示。

表 2-2　格式符

格式符	描　述	格式符	描　述
%s	字符串（采用 str()显示）	%o	八进制整数
%r	字符串（采用 repr()显示）	%x	十六进制整数
%c	单个字符	%e	指数（基底写为 e）
%b	二进制整数	%f	浮点数
%d	十进制整数	%%	字符"%"

可以用如下的方式,对输出格式进行进一步的控制。

```
'%[(name)][flags][width].[precision]type'%x
```

其中,name 对格式符进行命名,可省略。

flags 可以有+、-、' '或 0。+表示右对齐,-表示左对齐,' '为一个空格,表示在输出对象的左侧填充空格,0 表示在输出对象的左侧使用 0 填充。

width 表示输出对象所占的宽度。

precision 表示输出对象保留的小数位数。

type 表示数据输出对象的输出格式。

x 表示待输出的表达式。

```
>>> print("%+10x" % 10)      #输出对象所占的宽度为 10,右对齐
        +a
>>> print("%04d" % 5)        #输出对象所占的宽度为 4,左侧用 0 填充
0005
>>> print("%6.3f%%" % 2.3)  #输出对象所占的宽度为 6,保留 3 位小数
2.300%
```

2.3　字符串对象的常用方法

一旦创建字符串对象 str,可以使用字符串对象 str 的方法来操作该字符串。

2.3.1 去除字符串首尾的空白符及指定字符

str.strip([chars])：不带参数的str.strip()方法，表示去除字符串str开头和结尾的空白符，包括“\n”、“\t”、“\r”、空格等。带参数的str.strip(chars)表示去除字符串str开头和结尾指定的chars字符序列，只要有就删除。

```
>>> b = '\t\n\tpython\n'
>>> b.strip()
'python'
>>> c = '166\t\ns\tpython\n166'
>>> c.strip('16')
'\t\ns\tpython\n'
```

str.lstrip()：去除字符串str开头的空白符。

```
>>> d = '  python  '
>>> d.lstrip()
'python  '
```

str.rstrip()：去除字符串str尾部的空白符。

```
>>> d.rstrip()
'  python'
```

注意：str.lstrip([chars])和str.rstrip([chars])方法的工作原理跟str.strip([chars])一样，只不过它们只针对字符序列的开头或尾部。

2.3.2 字符串的大小写处理

str.lower()：将字符串str中的大写字母转成小写字母。

```
>>> 'ABba'.lower()
'abba'
```

str.upper()：将str中的小写字母转成大写字母。

```
>>> 'ABba'.upper()
'ABBA'
```

str.swapcase()：将str中的大小写互换。

```
>>> 'ABba'.swapcase()
'abBA'
```

str.capitalize()：返回一个只有首字母大写的字符串。

```
>>> 'ABba'.capitalize()
'Abba'
```

【例2-5】 统计大写字母和小写字母的数量。

```
>>> text = "He who does not reach the Great Wall is not a true man"
```

```
>>> uppercase_count = sum(1 for char in text if char.isupper())
#统计大写字母数量
>>> lowercase_count = sum(1 for char in text if char.islower())
#统计小写字母数量
>>> print("大写字母数量:", uppercase_count)
大写字母数量: 3
>>> print("小写字母数量:", lowercase_count)
小写字母数量: 39
```

2.3.3 搜索与替换字符串

1. 搜索字符串

str.find(substr [,start [,end]])：返回 str 中指定范围(默认是整个字符串)内字符串 substr 第一次出现时,它的第一个字母在 str 中的下标,也就是说从左边算起的第一次出现的 substr 的首字母下标;如果 str 中没有 substr,则返回－1。

```
>>> 'He that can have patience, can have what he will. '.find('can')
8
>>> 'He that can have patience, can have what he will. '.find('can',9)
27
>>> '生如逆旅,一苇以航'.find('一苇')
5
```

str.count(substr[,start,[end]])：在字符串 str 中统计字符串 substr 出现的次数,如果不指定开始位置 start 和结束位置 end,表示从头统计到尾。

```
>>> 'Have you somewhat to do tomorrow,do it today.'.count('do')
2
```

str.index(substr [,start,[end]])：返回字符串 substr 在字符串 str 中第一次出现时其首字母在 str 中的下标,跟 find()不同的是,未找到则抛出异常。

```
>>> 'He that can have patience, can have what he will. '.index('good')
ValueError: substring not found
```

2. 替换字符串

str.replace(oldstr,newstr [,count])：把 str 中的 oldstr 字符串替换成 newstr 字符串,如果指定了 count 参数,表示替换最多不超过 count 次。如果未指定 count 参数,表示全部替换,有多少就替换多少。

```
>>> str = "This is a string example.This is a really string."
>>> str.replace(" is", " was")
'This was a string example.This was a really string.'
```

2.3.4 连接与分割字符串

1. 连接字符串

str.join(sequence)：返回通过指定字符 str 连接序列 sequence 中元素后生成的新字符串。

```
>>> str = "→"
>>> seq = ('北海虽赊', '扶摇可接', '东隅已逝','桑榆非晚')
>>> str.join(seq)
'北海虽赊→扶摇可接→东隅已逝→桑榆非晚'
>>> ''.join(('C:/','good/boy/','world'))          #合成目录
'C:/good/boy/world'
```

2. 分割字符串

str.split(s,num)[n]：按 s 中指定的分隔符(默认为所有的空字符,包括空格、换行符"\n"、制表符"\t"等),返回将字符串 str 分裂成的 num+1 个子字符串所组成的列表。所谓列表,是写在方括号[ ]之间、用逗号分隔开的元素序列。若带有[n],表示选取分隔后的第 n 个子字符串,n 表示返回的列表中某元素的下标,列表中元素的下标是从 0 开始的。如果字符串 str 中没有给定的分隔符,则把整个字符串作为列表的一个元素返回。默认情况下,使用空格作为分隔符,分隔后,空串会自动忽略。

```
>>> str='hello world'
>>> str.split()
['hello', 'world']
>>> s='hello \n\t\r  \t\r\n world  \n\t\r'
>>> s.split()
[' hello ', ' world ']
```

但若显式指定空格为分隔符,则不会自动忽略空串,示例如下。

```
>>> str='hello world'              #包含三个空格
>>> str.split(' ')
['hello', '', '', 'world']
>>> str = 'www.baidu.com'
>>> str.split('.')                 #无参数全部切割
['www', 'baidu', 'com']
>>> str.split('.')[2]              #选取分割后的第 3 个子字符串作为结果返回
'com'
>>> str.split('.',1)               #分隔一次
['www', 'baidu.com']
>>> s1, s2, s3=str.split('.', 2) #用分割 str 所得的 3 个子字符串分别向 s1, s2, s3 赋值
>>> s1
'www'
>>> s="hello world!<[www.google.com]>byebye"
>>> s.split('[')[1].split(']')[0]  #分割 2 次分割出网址
'www.google.com'
```

str.partition(s)：用指定的分隔符 s 对字符串 str 进行分割，返回一个包含三个元素的元组。元组是写在圆括号()之间、用逗号分隔开的元素序列。如果未能在原字符串中找到 s，则元组的三个元素为：原字符串，空串，空串；否则，从原字符串中遇到的第一个 s 字符开始拆分 str，元组的三个元素为：s 之前的字符串，分隔符 s，s 之后的字符串。如：

```
>>> str = "http://www.xinhuanet.com/"
>>> str.partition("://")
('http', '://', 'www.xinhuanet.com/')
```

string.capwords(str[,sep])：以 sep 作为分隔符(不带参数 sep 时，默认以空格为分隔符)，分割字符串 str，然后将分割得到的每个子字符串的首字母换成大写，其余的字符均换成小写，最后以 sep 将这些转换后的字符串连接到一起，组成一个新字符串作为结果返回。capwords(str)是 string 模块中的函数，使用之前需要先导入 string 模块，即 import string。

```
>>> import string
>>> string.capwords("ShaRP tools make good work.")
'Sharp Tools Make Good Work.'
>>> string.capwords("ShaRP tools make good work.",'oo')   #以 oo 为分隔符
'Sharp tooLs make gooD work.'
```

2.3.5 字符串映射

str.maketrans(instr,outstr)：用于创建字符映射的转换表(映射表)，第一个参数 instr 表示需要转换的字符串，第二个参数 outstr 表示要转换的目标字符串。两个字符串的长度必须相同，为一一对应的关系。

str.translate(table)：使用 str.maketrans(instr,outstr)生成的映射表 table，对字符串 str 进行映射。

```
>>> table=str.maketrans('abcdef','123456')          #创建映射表
>>> table
{97: 49, 98: 50, 99: 51, 100: 52, 101: 53, 102: 54}
>>> s1='Python is a greate programming language.I like it.'
>>> s1.translate(table)            #使用映射表 table 对字符串 s1 进行映射
'Python is 1 gr51t5 progr1mming l1ngu1g5.I lik5 it.'
```

2.3.6 检查字符串特征

str.startswith(substr[,start,[end]])：用于检查字符串 str 是否以字符串 substr 开头，如果是则返回 True，否则返回 False。如果参数 start 和 end 有指定值，则在指定范围内检查。

```
>>> s='Work makes the workman.'
>>> s.startswith('Work')            #检查整个字符串是否以 Work 开头
True
>>> s.startswith('Work',1,8)        #指定检查范围的起始位置和结束位置
False
```

str.endswith(substr[,start[,end]])：用于检查字符串 str 是否以字符串 substr(可以使用字符串构成的元组，会逐一匹配元组中的字符串)结尾，如果是则返回 True，否则返回 False。如果参数 start 和 end 有指定值，则在指定范围内检查。

```
>>> s='Constant dropping wears the stone.'
>>> s.endswith('stone.')
True
```

【例 2-6】 列出指定目录下扩展名为.txt 或.docx 的文件。

```
import os
#返回指定路径下的文件和文件夹的名字所组成的列表
items = os.listdir("C:\\Users\\caojie\\Desktop")
newlist = []
for names in items:
    if names.endswith((".txt",".docx")):
        newlist.append(names)    #将 names 所表示的字符串添加到列表尾部
print(newlist)
```

执行上述代码，得到的输出结果如下。

```
['hello.txt', '开会总结.docx', '新建 Microsoft Word 文档.docx', '新建文本文档.
txt']
```

str.isalnum()：若 str 字符串中所有字符都是数字或者字母，则返回 Ture，否则返回 False。

str.isalpha()：若 str 字符串中所有字符都是字母，则返回 Ture，否则返回 False。

str.islower()：若 str 字符串中所有字符都是小写，则返回 Ture，否则返回 False。

str.isupper()：若 str 字符串中所有字符都是大写，则返回 Ture，否则返回 False。

str.istitle()：若 str 字符串中所有单词都是首字母大写其余小写，则返回 Ture，否则返回 False。

str.isspace()：若 str 字符串中所有字符都是空白字符，则返回 Ture，否则返回 False。

```
>>> "Good Day Day".istitle()
True
>>> "Good day Day".istitle()
False
```

2.3.7 字符串对齐及填充

str.center(width[,fillchar])：返回一个宽度为 width、str 居中的新字符串，如果 width 小于字符串 str 的宽度，则直接返回字符串 str，否则使用填充字符 fillchar 去填充，默认填充空格。

str.ljust(width[,fillchar])：返回一个指定宽度 width 的左对齐的新字符串，如果 width 小于字符串 str 的宽度，则直接返回字符串 str，否则使用填充字符 fillchar 去填充，默认填充空格。

str.rjust(width[,fillchar]):返回一个指定宽度 width 的右对齐的新字符串,如果 width 小于字符串 str 的宽度,则直接返回字符串 str,否则使用填充字符 fillchar 去填充,默认填充空格。

```
>>> 'Hello world!'.center(20)
'    Hello world!    '
>>> 'Hello world!'.center(20,'-')
'----Hello world!----'
>>> 'Hello world!'.ljust(20,'-')
'Hello world!--------'
>>> 'Hello world!'.rjust(20,'-')
'--------Hello world!'
```

2.3.8 字符串格式化输出

字符串提供的格式化输出方法 format()的语法格式如下。

```
str.format(value1, value2,…)
```

参数说明如下。

value1,value2,…,:要进行格式转换的值,如果有多个,则用逗号隔开。

str:字符串 str 指定 value1,value2,…的显示样式,在 str 中使用多个花括号{待输出值的名称:待输出值以什么格式输出的格式描述符}来分别指定待格式化输出的各个值 value1,value2,…的输出格式。

输出:输出字符串 str,str 中的{}部分用其指定的格式格式化后的值取代,而 str 中未被花括号包围的字符会原封不动地出现在输出结果中。

标准格式描述符的形式如下,其中方括号是可选的。

```
[[填充字符]对齐方式][正负号][#][0][宽度][分组选项][.精度][类型码]
```

填充字符:可以是任意字符,默认为空格。

对齐方式:仅当指定宽度时有效,align 为“<”左对齐(默认选项);“>”右对齐;“=”仅对数字有效,将填充字符放到符号与数字间,例如 +0001234;“^”居中对齐。

正负号:仅对数字有效,为“+”时,正数前面添加正号,负数前面添加负号;为“-”时,正数前不加正号,负数前加负号(默认行为);为空格时,正数前加空格,负数前加负号。

#:给二进制数加上 0b 前缀,给八进制数加上 0o 前缀,给十六进制数加上 0x 前缀。

宽度:指定输出数据时所占的最小宽度。如果不指定,则宽度由待输出值决定,与值的宽度相等。

分组选项:为“,”时,自动在每三个数字之间添加“,”分隔符;为下画线“_”时,对浮点数和十进制整数类型的整数以每三位插入一个下画线,对于 b、o、x 和 X 类型,每四位插入一个下画线,对于其他类型都会报错。

```
>>> print("{:->10,}".format(1111))  #输出宽度为10、右对齐、每三位分隔、-填充的1111
-----1,111
```

精度：指定小数点后面要保留多少位小数；对于非数字类型，精度指定了最大字段宽度；整数类型不能指定精度。

类型：指定输出数据的具体类型，默认为字符串类型。s，对字符串类型格式化；d，对十进制整数类型格式化。

1. 使用位置索引

下面给出str.format()使用位置索引格式化字符串的例子。

```
>>> print('我叫{},今年{}岁。'.format('丽丽', 18))          #不使用索引,按默认顺序
我叫丽丽,今年18岁。
>>> print("Hello, {0} and {1}!".format("John", "Mary")) #使用位置索引
Hello, John and Mary!
```

从上述输出的结果可以看出：花括号内部可以写上待输出值的位置索引，也可以省略。如果省略，则用format后面括号里的待输出的值按出现顺序依次替换{}。

2. 使用关键字索引

除了通过位置索引来指定待输出的目标字符串，还可以通过关键字来指定待输出的字符串。

```
>>> "Hello, {boy} and {girl}!".format(boy="John", girl="Mary")
'Hello, John and Mary!'
#位置索引、关键字混合使用
>>> print('这是一个关于{0}、{1}和{girl}的故事。'.format('小明', '小亮', girl=
'丽丽'))
```

这是一个关于小明、小亮和丽丽的故事。

使用关键字索引时，无须关心参数出现的顺序。在以后的代码维护中，能够快速地修改对应的参数。然而，如果字符串本身含有花括号，则需要将其重复两次来转义。例如，字符串本身含有“{”，为了让Python知道这是一个普通字符，而不是用于包围替换字段的花括号，只需将它改写成“{{”即可。

```
>>> "{{Hello}}, {boy} and {girl}!".format(boy="John", girl="Mary")
'{Hello}, John and Mary!'
```

3. 使用属性索引

在使用str.format(参数)来格式化字符串str时，还可以用参数的属性替换格式化字符串中的{}部分，即使用属性索引：

```
>>> c = 3-5j
>>> '复数{0}的实部为{0.real},虚部为{0.imag}。'.format(c)
'复数(3-5j)的实部为3.0,虚部为-5.0。'
```

4. 使用下标索引

```
>>> coord = (3, 5, 7)
>>> 'X: {0[0]};  Y: {0[1]}; Z: {0[2]}'.format(coord)
'X: 3;  Y: 5; Z: 7'
```

5. 使用元组和字典传参

str.format()方法还可以使用 *元组和**字典 的形式传递参数(简称传参),两者可以混合使用。

```
>>> args =('水浒传', 108, '宋江')
>>> print('名著{},有{}个英雄人物,一号人物{}。'.format(*args))   #元组传参
名著水浒传,有108个英雄人物,一号人物宋江。
>>> names = {'唐代': '李白', '宋代': '辛弃疾'}
>>> print('我是{唐代},他是{宋代}。'.format(**names))             #使用字典传参
我是李白,他是辛弃疾。
```

6. 正负号

正负号选项仅对数字类型生效。

```
>>> print('{data:好=+8.2f}'.format(data=3.14159))
+好好好3.14
>>> print('{:好=+8.2f}'.format(-3.14159))
-好好好3.14
>>> print('{: =+8.2f}'.format(3.14159))    #:和=之间为空格
+   3.14
```

7. 分组选项

分组选项有两种取值: 逗号“,”和下画线“_”。

```
>>> print('数字: {0:,d}'.format(1234567))
数字: 1,234,567
>>> print('数字: {0:_b}'.format(0b100111011))
数字: 1_0011_1011
```

8. 对齐方式

```
>>> "{1:>8b}".format("181716",16)       #将16以二进制的形式输出
'   10000'
>>> "{:-^8}".format("181716")
'-181716-'
>>> "{:-<25}>".format("Here ")
'Here -------------------->'
```

【例 2-7】 0x4DC0 是一个十六进制数,它对应的 Unicode 编码是中国古老的《易经》

六十四卦的第一卦,请输出第一卦对应的 Unicode 编码的二进制、十进制、八进制和十六进制格式。

```
>>> print("二进制{0:b}、十进制{0:d}、八进制{0:o}、十六进制{0:x}".format(0x4DC0))
二进制 100110111000000、十进制 19904、八进制 46700、十六进制 4dc0
```

2.4 字符串常量

Python 标准库 string 中定义了数字、标点符号、英文字母、大写英文字母、小写英文字母等字符串常量。

```
>>> import string
>>> string.ascii_letters              #所有英文字母
'abcdefghijklmnopqrstuvwxyzABCDEFGHIJKLMNOPQRSTUVWXYZ'
>>> string.ascii_lowercase            #所有小写英文字母
'abcdefghijklmnopqrstuvwxyz'
>>> string.ascii_uppercase            #所有大写英文字母
'ABCDEFGHIJKLMNOPQRSTUVWXYZ'
>>> string.digits                     #数字 0~9
'0123456789'
>>> string.hexdigits                  #十六进制数字
'0123456789abcdefABCDEF'
>>> string.octdigits                  #八进制数字
'01234567'
>>> string.punctuation                #标点符号
'!"                                   #$%&\'()*+,-./:;<=>?@[\\]^_`{|}~'
>>> string.printable                  #可打印字符
'0123456789abcdefghijklmnopqrstuvwxyzABCDEFGHIJKLMNOPQRSTUVWXYZ!"#$%&\'()
*+,-./:;<=>?@[\\]^_`{|}~ \t\n\r\x0b\x0c'
>>> string.whitespace                 #空白字符
' \t\n\r\x0b\x0c'
```

通过 Python 中的一些随机方法,可生成任意长度和复杂度的密码,代码如下。

```
>>> import random
>>> import string
>>> chars=string.ascii_letters+string.digits
>>> chars
'abcdefghijklmnopqrstuvwxyzABCDEFGHIJKLMNOPQRSTUVWXYZ0123456789'
>>> ''.join([random.choice(chars) for i in range(8)])
                                      #随机选择 8 次生成 8 位随机密码
'yFWppkvB'
```

2.5 实战:恺撒加密和解密

在密码学中,恺撒密码,或称恺撒加密、恺撒变换,是一种最简单且最广为人知的加密技术。它是一种替换加密的技术,明文中的所有字母都在字母表上向后(或向前)按照一个固定数目进行偏移后被替换成密文。例如,当偏移量是 3 的时候,所有的字母 A 将被替换成D,B变成E,以此类推。小写字母也做类似处理,其他字符不做任何处理。这个加密方法是以罗马共和时期恺撒的名字命名的,当年恺撒曾用此方法与他的将军们进行联系。

大写字母A至Z对应的十进制ASCII编码为65至90,小写字母a至z对应的十进制ASCII编码为97至122。

chr()用一个范围在range(256)内的(即0～255)整数作参数,返回一个对应的字符。ord()函数是chr()函数的配对函数,它以一个字符(长度为1的字符串)作为参数,返回对应的ASCII数值。

【例2-8】 恺撒加密、解密。

```
s = input("请输入一段英文: ")
k = eval(input("请输入密钥: "))
enc = eval(input("0 - 解密\n1 - 加密\n请输入 0 或者 1: "))
s_encrypt=""
s_decrypt = ""

if enc == 1:                                   #加密
    for letter in s:
        if letter.islower():                   #如果 letter 为小写字母
            s_encrypt +=chr((ord(letter)-ord("a") +k) %26 +ord("a"))
        elif letter.isupper():                 #如果 letter 为大写字母
            s_encrypt +=chr((ord(letter)-ord("A") +k) %26 +ord("A"))
        else:                                  #其他字符
            s_encrypt += letter
    print("密文为: ",s_encrypt)

else:                                          #解密
    for letter in s:
        if letter.islower():
            s_decrypt +=chr((ord(letter)-ord("a") -k) %26 +ord("a"))
        elif letter.isupper():
            s_decrypt +=chr((ord(letter)-ord("A") -k) %26 +ord("A"))
        else:
            s_decrypt += letter                #其他字符
    print("明文为: ",s_decrypt)
```

第一次运行上述程序加密,得到的输出结果如下。

```
请输入一段英文: I love you China. I will dedicate my beautiful youth to you.
请输入密钥: 6
0 - 解密
1 - 加密
请输入 0 或者 1: 1
密文为: O rubk eua Inotg. O corr jkjoigzk se hkgazolar euazn zu eua.
```

第二次运行上述程序对上述加密后的密文解密,得到的输出结果如下。

```
请输入一段英文: O rubk eua Inotg. O corr jkjoigzk se hkgazolar euazn zu eua.
请输入密钥: 6
0 - 解密
1 - 加密
请输入 0 或者 1: 0
明文为: I love you China. I will dedicate my beautiful youth to you.
```

2.6 实战：MD5加密

MD5（Message-Digest Algorithm 5，信息摘要算法 5）模块用于计算信息密文（信息摘要）。MD5 对一段信息进行比较复杂的算法计算，生成一个 128 位的哈希值密文。现在大部分应用中我们会采用 MD5 进行有关密码的加密，MD5 之前最大的一个特点就是不可逆的，但是中国山东数学家王小云等在 Crypto 2004 上提出一种能成功攻破 MD5 的算法。

MD5 被攻破了之后，有两种方式解决破解问题：第一种是双重 MD5 加密；第二种就是 MD5 加盐值（ SALT ）。

Python 实现 MD5 的 md5 模块在 hashlib 标准库中。

【例 2-9】 MD5 加密举例。

```
>>> import hashlib
>>> md5_hash = hashlib.md5()                  #创建一个 hash 对象
>>> text = "天王盖地虎"                         #待加密文本
>>> byte_text = text.encode("utf-8")          #将待加密的文本转换为字节类型
>>> md5_hash.update(byte_text)                #对字节类型的文本进行加密
>>> encrypted_text = md5_hash.hexdigest()     #获取加密后的结果,一个十六进制的字符串
>>> print("MD5 加密后的结果为:",encrypted_text)
```

MD5 加密后的结果为：

```
151df4d2ddbdd1ad6a64c2c18b294828
```

注意：重复调用 update(arg) 方法，是会将传入的 arg 参数进行拼接，而不是覆盖。也就是说，m.update(a)； m.update(b) 等价于 m.update(a+b)。

2.7 列　表

列表是写在方括号[ ]之间、用逗号分隔开的元素序列。列表是可变的，创建后允许修改、插入或删除其中的元素。列表中元素的数据类型可以不相同，列表中可以同时存在数字、字符串、元组、字典、集合等数据类型的对象，甚至可以包含列表（即嵌套）。

创建列表

2.7.1 创建列表

1.通过赋值创建列表

只要为变量分配一个写在方括号[ ]之间、用逗号分开的元素序列即可创建一个列表。

```
>>> listb = [ 'good', 123 , 2.2, 'best', 70.2 ]
>>> lista= []              #创建空列表
```

2. 通过列表构造函数创建列表

通过列表构造函数 list()将元组、字符串、集合等类型的数据转换为列表。

```
>>> list1 = list()                    #创建空列表
>>> list2 = list ('chemistry')        #将字符串转换为列表
>>> list2
['c', 'h', 'e', 'm', 'i', 's', 't', 'r', 'y']
>>> list3 = list ((1,2,3,4))          #将元组(1,2,3,4)转换为列表
>>> list3
[1, 2, 3, 4]
```

2.7.2 修改列表元素

修改列表元素

与字符串相似,可通过下标运算符[]获取列表中的元素。对一个列表 list1 来说,list1[index]可看作是一个变量,从这个角度理解,列表就是一系列的变量。

修改列表元素的语法与访问列表元素的语法类似。要修改列表元素,可指定列表名和要修改的元素的索引,再指定该元素的新值。

```
>>> x = [1,1,3,4, 7, 8]
>>> x[1] = 10                    #将列表中索引位置 1 处的 1 改为 10
>>> x
[1, 10, 3, 4, 7, 8]
```

2.7.3 往列表中添加元素

Python 提供了往列表中添加元素的方式。

1. 在列表末尾添加元素

```
>>> list2 = [1, 2, 3, 4]
>>> list2 = list2+[8]            #在列表 list2 尾部添加一个元素 8,得到一个新列表
>>> list2
[1, 2, 3, 4, 8]
```

list2.append(x)可用来在列表 list2 尾部添加新的元素 x。

```
>>> list2.append(9)
>>> list2
[1, 2, 3, 4, 8, 9]
```

list2.extend(seq)可用来在列表 list2 尾部一次性追加 seq 序列中的所有元素。

```
>>> list2.extend([10, 11, 12])
>>> list2
[1, 2, 3, 4, 8, 9, 10, 11, 12]
```

2. 在列表中插入元素

使用方法 insert()可在列表的任何位置添加新元素,为此,需要指定新元素的索引

和值。

list2.insert(index,x)用来在列表 list2 中 index 位置处插入元素 x。

```
>>> sijie=['王勃','杨炯','骆宾王']
>>> sijie.insert(2,'卢照邻')
>>> print(sijie)
['王勃', '杨炯', '卢照邻', '骆宾王']
```

在这个示例中,方法 insert(2,'卢照邻')在索引 2 处添加空间,并将值'卢照邻'存储到这个地方。这种操作将列表中原来索引 2 处及其右边的每个元素都右移一个位置。

2.7.4 删除列表中的元素

我们经常需要从列表中删除一个或多个元素,Python 可以根据位置或值来删除列表中的元素。

1. 使用 del 语句删除元素

如果知道要删除的元素在列表中的位置,可使用 del 语句。

```
>>> list3 = ['one', 'two', 'three', 'four', 'five', 'six']
>>> del list3[1]          #删除 list3 的索引位置 1 处的元素
>>> list3
['one', 'three', 'four', 'five', 'six']
```

使用 del 可删除任何位置处的列表元素,条件是知道其索引。使用 del 语句将值从列表中删除后,就无法再访问它了。

2. 使用 pop()方法删除元素

有时候,我们要将元素从列表中删除,并接着使用它的值。列表的 pop([index])方法可删除指定索引位置 index 处的元素,并返回删除的元素,不指定索引位置默认删除最后一个元素并返回该元素。pop 含义是“弹出”,源自这样的类比:列表就像一个栈,而删除列表末尾的元素相当于弹出栈顶元素。

```
>>> list3=['one', 'three', 'four', 'five', 'six']
>>> list3.pop(0)
'one'
>>> list3
['three', 'four', 'five', 'six']
>>> list3.pop()
'six'
>>> list3
['three', 'four', 'five']
```

3. 根据值删除元素

有时候,我们只知道要删除的元素的值,不知道要删除的元素在列表中的索引位置,这时可使用列表的 remove(x)方法来移除列表中与 x 匹配的第 1 个匹配项。

```
>>> age_list = [17,16,18,19,16,18]
>>> age_list.remove(16)
>>> age_list
[17, 18, 19, 16, 18]
```

4. 清空列表中的所有元素

列表的 clear()方法用来删除列表中的所有元素,但保留列表对象。

```
>>> list3.clear()                    #清空 list3 的所有元素,但保留列表对象 list3
>>> list3
[]
```

当不再使用列表时,可使用 del 命令删除整个列表。

```
>>> del list3
>>> list3
NameError: name 'list3' is not defined
```

可见,删除列表 list3 后,列表 list3 就不存在了,再次访问时抛出异常 NameError,提示访问的 list3 不存在。

2.7.5 列表切片

列表切片

切片是 Python 序列的重要操作之一,适用于列表、元组、字符串等。可以用切片截取列表中任何部分来获得一个新的列表,也可以进行元素的增、删、改。在 Python 中,序列的序号既可以从左向右以 0 开始依次增加,也可以从右向左以-1 开始依次减少,因此可以通过序号访问序列中的元素,同一个元素可以有两个序号。

对列表 list 进行切片的语法格式如下。

```
list[start:end:step]
```

参数说明如下。

start:表示切片开始位置,不指定 start 时,默认的起始下标是 0。

end:表示切片截止位置,得到的切片中不包含下标为 end 的元素,不指定 end 时,其默认值为列表的长度。

step:正负数均可,其绝对值大小决定了切取数据时的"步长",而正负号决定了"切取方向",正号表示"从左往右"取值;负号表示"从右往左"取值,这时 start 应该大于 end。当 step 省略时,默认为 1,即从左往右以步长 1 取值,此时,最后的冒号也可以省略。

```
>>> aList = [1, 2, 3, 4, 5, 6, 7]
>>> print (aList[::])               #返回包含原列表中所有元素的新列表
[1, 2, 3, 4, 5, 6, 7]
>>> print(aList[::-1])              #返回包含原列表中所有元素的逆序列表
[7, 6, 5, 4, 3, 2, 1]
>>> print(aList[3:1:-1])            #逆序切片
[4, 3]
```

```
>>> print(aList[::2])                #隔一个取一个,获取偶数索引位置的元素
[1, 3, 5, 7]
>>> print (aList[1::2])              #隔一个取一个,获取奇数索引位置的元素
[2, 4, 6]
>>> aList[len(aList):] = [8]         #在列表尾部增加元素
>>> aList
[1, 2, 3, 4, 5, 6, 7, 8]
>>> aList[:0] = [-1, 0]              #在列表头部插入元素
>>> aList
[-1, 0, 1, 2, 3, 4, 5, 6, 7, 8]
>>> aList[3:3] = [1.5]               #在列表某位置处插入元素
>>> aList
[-1, 0, 1, 1.5, 2, 3, 4, 5, 6, 7, 8]
>>> aList[:3] = [-1.5,-0.5,0]        #替换列表元素,等号两边的列表长度相等
>>> aList
[-1.5, -0.5, 0, 1.5, 2, 3, 4, 5, 6, 7, 8]
>>> aList[:3] = [0, 1]               #等号两边的列表长度也可以不相等
>>> aList
[0, 1, 1.5, 2, 3, 4, 5, 6, 7, 8]
#隔一个修改一个,左侧切片不连续,等号两边列表长度必须相等
>>> aList[::2] = ['a', 'b', 'c','d','e']
>>> aList
['a', 1, 'b', 2, 'c', 4, 'd', 6, 'e', 8]
>>> aList[:3] = []                   #删除列表中前 3 个元素
>>> aList
[2, 'c', 4, 'd', 6, 'e', 8]
>>> del aList[:3]                    #切片元素连续
>>> aList
['d', 6, 'e', 8]
>>> del aList[::2]                   #切片元素不连续,隔一个删一个
>>> aList
[6, 8]
```

【例 2-10】 将一句英文句子单词倒序输出,但是不改变单词结构。例如:'Knowledge is power',输出为'power is Knowledge'。

```
>>> line="Knowledge is power"
>>> ' '.join(line.split(' ')[::-1])
'power is Knowledge'
```

序列类型的常用操作

2.8 序列类型的常用操作

在 Python 中,字符串、列表和元组都是序列类型。所谓序列,即序列中的每个元素都被分配一个数字——它的位置,称为索引或下标,第一个元素的下标是 0,第二个元素的下标是 1,以此类推。序列可以进行的操作包括:下标运算、切片运算、加、乘以及检查某个元素是否属于序列的成员。此外,Python 已经内置确定序列的长度以及确定最大和

最小的元素的方法。序列的常用操作如表 2-3 所示。

表 2-3 序列的常用操作

操 作	描 述
x in s	如果元素 x 在序列 s 中则返回 True
x not in s	如果元素 x 不在序列 s 中则返回 True
s1+s2	连接两个序列 s1 和 s2,得到一个新序列
s * n,n * s	序列 s 复制 n 次得到一个新序列
s[i]	得到序列 s 的下标为 i 的元素
s[start:end:step]	对序列切片,得到序列 s 从下标 start 到 end-1 的步长为 step 的片段
len(s)	返回序列 s 包含的元素个数,即序列的长度
max(s)	返回序列 s 的最大元素
min(s)	返回序列 s 的最小元素
sum(x)	返回序列 s 中所有元素之和
s.index(x[,i[,j]])	返回序列 s 中从 i 开始到 j(不包含 j)位置中第一次出现元素 x 的索引,如果序列中没有此元素则报错
s.count(x)	返回序列 s 中出现元素 x 的总次数
<、<=、>、>=、==、!=	比较两个序列

```
>>> print(["Python"] * 5)        #列表["Python"]重复 5 次
['Python', 'Python', 'Python', 'Python', 'Python']
>>> print(("Python",1) * 5)      #元组("Python",1)重复 5 次
('Python', 1, 'Python', 1, 'Python', 1, 'Python', 1, 'Python', 1)
>>> list01 = ["hello","happy","python"]
>>> list01 = ["scala","java","python"]
#当序列元素是字符串类型时,也能返回其中的最大元素
>>> print("list01 中的最大值是: ",max(list01))
list01 中的最大值是: scala
#当序列中存在类型不同的元素时,无法进行比较,不能返回其中的最大元素
>>> list02 = ["hello",12,"Python",12]
>>> print("列表中第一次出现元素 12 的索引为: ",list02.index(12))
列表中第一次出现元素 12 的索引为: 1
>>> print("列表 list02 出现元素 12 的总次数为: ", list02.count (12))
列表 list02 出现元素 12 的总次数为: 2
```

2.9 统计和排序列表中的元素

1. 统计元素在列表中出现的次数

list1.count(x)返回 x 在列表 list1 中出现的次数。

```
>>> list1=[2, 3, 7, 1, 56, 4, 2, 6, 2]
>>> list1.count(2)
3
```

2. 返回元素在列表中的索引

list1.index(x)返回列表 list1 中第一个值为 x 的元素的下标,若不存在则抛出异常。

```
>>> list1.index(2)
0
```

3. 对列表中的元素进行排序

list1.sort(key=None,reverse=False)用来对列表 list1 进行排序,其中,key 用来指定一个函数名(此函数只有一个参数且只有一个返回值),将其应用于每个列表元素并根据它们的函数值对列表中的元素进行排序;reverse 用来指定排序规则;reverse = True 降序;reverse = False 升序(默认)。

```
>>> list2=['a','Andrew', 'is','from', 'string', 'test', 'This']
>>> list2.sort(key=str.lower)         #key指定按小写排序列表中的元素
>>> print(list2)
['a', 'Andrew', 'from', 'is', 'string', 'test', 'This']
```

list1.reverse()用来对列表 list1 的所有元素进行逆序排列。

```
>>> list1= [2, 3, 1, 56, 4, 7, 66, 88]
>>> list1.reverse()
>>> list1
[88, 66, 7, 4, 56, 1, 3, 2]
```

【例 2-11】 编写代码从控制台读取 3 个数据存入一个列表。

```
lst=[]  #创建一个空列表
print("输入 3 个数值:")
for i in range(0,3):
    print("输入第%d 个数值:"%(i+1),end="")
    lst.append(eval(input()))
print("创建的列表是:\n",lst)
```

程序运行结果如下。

```
输入 3 个数值:
输入第 1 个数值: 1
输入第 2 个数值: 2
输入第 3 个数值: 3
创建的列表是:
[1, 2, 3]
```

range()函数用来生成整数序列,其语法格式如下。

```
range(start, stop[, step])
```

参数说明如下。

start：计数从 start 开始。默认是从 0 开始。例如 range(5)等价于 range(0,5)。

end：计数到 end 结束，但不包括 end。range(a,b)函数返回连续整数 a、a+1、…、b-2 和 b-1 所组成的序列。

step：步长，默认为 1。例如：range(0,5)等价于 range(0,5,1)。

range 函数用法举例：

(1) range 函数内只有一个参数时，表示会产生从 0 开始计数的整数序列：

```
>>> list(range(4))
[0, 1, 2, 3]
```

(2) range 函数内有两个参数时，则将第一个参数作为起始位，第二个参数作为结束位：

```
>>> list(range(0,10))
[0, 1, 2, 3, 4, 5, 6, 7, 8, 9]
```

(3) range 函数内有三个参数时，第三个参数是步长值(步长值默认为 1)。

```
>>> list(range(0,10,2))
[0, 2, 4, 6, 8]
```

(4) 如果函数 range(a,b,k)中的 k 为负数，则可以反向计数，在这种情况下，序列为 a、a+k、a+2k、…，但 k 为负数，最后一个数必须大于 b。

```
>>> list(range(10,2,-2))
[10, 8, 6, 4]
>>> list(range(4,-4,-1))
[4, 3, 2, 1, 0, -1, -2, -3]
```

注意：

(1) 如果直接 print(range(5))，将会得到 range(0,5)，而不会是一个列表。这是为了节省空间，防止过大的列表产生。即便在大多数情况下，我们感觉 range(0,5)就是一个列表。

(2) range(5)的返回值类型是 range 类型，如果想得到一个列表，使用 list(range(5))得到的就是一个列表[0,1,2,3,4]。如果想得到一个元组，使用 tuple(range(5))得到的就是一个元组(0,1,2,3,4)。

2.10 列表推导式

列表推导式

列表推导式也叫列表生成式，列表生成式是利用其他列表创建新列表的一种方法，格式如下所示。

```
[新列表的元素表达式 for 表达式中的变量 in 变量要遍历的序列]
[新列表的元素表达式 for 表达式中的变量 in 变量要遍历的序列 if 过滤条件]
```

注意：

(1) 要把生成新列表元素的表达式放到前面，执行的时候，先执行后面的 for 循环。

(2) 可以有多个for循环,也可以在for循环后面添加if过滤条件。

(3) 变量要遍历的序列,可以是任何方式的迭代器(元组,列表,生成器,…)。

```
>>> a = [1,2,3,4,5,6,7,8,9,10]
>>> [2 * x for x in a]
[2, 4, 6, 8, 10, 12, 14, 16, 18, 20]
```

如果没有给定列表,也可以用range()方法:

```
>>> [2 * x for x in range(1,11)]
[2, 4, 6, 8, 10, 12, 14, 16, 18, 20]
```

for循环后面还可以加上if判断,例如要取列表a中的偶数:

```
>>> [2 * x for x in a if x%2==0]
[4, 8, 12, 16, 20]
```

【例2-12】 两个列表的元素两两相乘。

```
>>> list1 = [1, 2, 3]
>>> list2 = [2, 2, 2]
>>> [x * y for x in list1 for y in list2]
[2, 2, 2, 4, 4, 4, 6, 6, 6]
```

【例2-13】 一个由男人列表和女人列表组成的嵌套列表,取出姓名中带有"涛"的姓名,组成列表。

```
>>> names = [['王涛','元芳','吴言','马汉','李光地','周文涛'],
             ['李涛蕾','刘涛','王丽','李小兰','艾丽莎','贾涛慧']]
>>> [name for lst in names for name in lst if '涛' in name]  #注意遍历顺序
['王涛', '周文涛', '李涛蕾', '刘涛', '贾涛慧']
```

用于列表的一些常用函数

2.11 用于列表的一些常用函数

1. reversed()函数

reversed()反转函数用于反转一个序列对象,将序列对象中元素从后向前颠倒构建成一个迭代器。

```
>>> ls =[1,2,3,4,5]
>>> lst = reversed(ls)
>>> ls
[1, 2, 3, 4, 5]
>>> lst
<list_reverseiterator object at 0x0000000002F530C8>
>>> for i in lst:         #第一次遍历
    print(i,end=' ')
5 4 3 2 1                 #输出结果
>>> for i in lst:         #第二次遍历输出结果为空
    print(i,end=' ')
```

2. sorted()函数

sorted(iterable[,key=函数名][,reverse])排序函数按 key 指定的函数作用于序列 iterable 中的每个元素的返回结果排序 iterable 中的元素，得到排序后的新序列。参数 iterable 表示一个可迭代的对象，参数 key 用来指定带一个参数的函数(只写函数名)；参数 reverse 用来指定排序方式(正向排序还是反向排序)。

【例 2-14】 sorted()函数使用举例。

```
>>> sorted(['bob', 'about', 'Zoo', 'Credit'])
['Credit', 'Zoo', 'about', 'bob']
>>> sorted(['bob', 'about', 'Zoo', 'Credit'], key=str.lower) #按小写进行排序
['about', 'bob', 'Credit', 'Zoo']
>>> sorted(['bob', 'about', 'Zoo', 'Credit'], key=str.lower, reverse=True)
                                                              #按小写反向排序
['Zoo', 'Credit', 'bob', 'about']
```

3. zip()函数

zip([it1,it2,...])打包函数用于将可迭代的对象 it1、it2、...中的元素打包成一个个元组，然后返回由这些元组组成的 zip 对象，以 zip 对象作为返回值可节约内存。可以使用 list()函数将 zip 对象转换为列表来查看里面存放的各个元组。若传入参数的长度不等，则返回的 zip 对象的长度和参数中长度最短的对象相同。

【例 2-15】 zip()函数使用举例。

```
>>> a,b = [1,2,3],['a','b','c']
>>> zip(a,b)
<zip object at 0x0000000002FA51C8>
>>> list(zip(a,b))
[(1, 'a'), (2, 'b'), (3, 'c')]
>>> for i in zip(a,b):          #通过 for 循环查看 zip 对象中的元素
    print(i,end=' ')

(1, 'a') (2, 'b') (3, 'c')
>>> str1 = 'abc'
>>> str2 = '123'
>>> list(zip(str1,str2))
[('a', '1'), ('b', '2'), ('c', '3')]
```

与 zip 相反，zip(*)可理解为解压，返回二维矩阵式，将 zip 对象变成原先组合前的数据。

```
>>> c = [1,2,3]
>>> d = [4,5,6]
>>> list(zip( * zip(c,d)))
[(1, 2, 3), (4, 5, 6)]
```

通过解压操作之后，输出的元素是元组类型，并不是原来的列表类型，但是值并没发生改变。

4. enumerate()枚举函数

enumerate()枚举函数将一个可遍历的数据对象(如列表)组合为一个索引序列,序列中每个元素是由数据对象的元素下标和元素组成的元组。

```
>>> seasons = ['Spring', 'Summer', 'Fall', 'Winter']
>>> list(enumerate(seasons))
[(0, 'Spring'), (1, 'Summer'), (2, 'Fall'), (3, 'Winter')]
>>> list(enumerate(seasons, start=1))          #将下标从 1 开始
[(1, 'Spring'), (2, 'Summer'), (3, 'Fall'), (4, 'Winter')]
```

5. shuffle()函数

random 模块中的 shuffle()打乱顺序函数用于将一个列表中的元素打乱顺序,值得注意的是,使用这个方法不会生成新的列表,只是将原列表的元素的次序打乱。

【例 2-16】 打乱字符串得到一个新的字符串。

```
import random
str1 = "Hello World"              #定义一个字符串
list1 = list(str1)                #把字符串转换成列表
random.shuffle(list1)             #打乱列表
str2 = ''.join(list1)             #把列表转换成字符串
print(str2)                       #输出结果,每次运行结果可能都不一样
```

运行上述语句,得到的输出结果如下。

```
ooH drleWll
```

2.12 基于 turtle 库绘图和绘制文本

turtle(海龟)是 Python 重要的标准库之一,使用它能够进行基本的图形绘制。所谓海龟绘图,指的是一只海龟(一支笔)在画布上来回移动,沿直线移动时就会绘制直线,沿曲线移动就会绘制曲线。

2.12.1 画布

作画时必不可少的两样东西:画纸和画笔。画纸放在画板上,画笔放在画纸上。当人们使用海龟 turtle(画笔)来进行绘画时,画板就是计算机显示器,画纸就是绘图窗口(画布,用于绘图的区域),画笔在画纸上移动就可以画出图像。

turtle 模块提供了两种创建画布的方法:screensize()和 setup()。

1. screensize()方法

screensize()方法的语法格式如下。

```
turtle.screensize(canvwidth=None, canvheight=None, bg=None)
```

功能：创建一个画布。

参数说明如下。

canvwidth：指定画布的宽度(单位为像素)。

canvheight：指定画布的高度(单位为像素)。

bg：指定画布的背景颜色(颜色字符串)。

不设置参数值时，turtle.screensize()默认创建一个 400×300 的白画布。

【例 2-17】 创建一个宽为 800、高为 600、背景色为 grey 的画布。

```
>>> import turtle                         #导入模块
>>> turtle.screensize(800,600,"grey") #创建画布，执行该命令创建的画布如图 2-2
                                         所示
```

图 2-2 创建的画布

2. setup()方法

turtle 模块的 setup()方法的语法格式如下。

```
setup(width, height, startx, starty)
```

功能：创建一个画布。

参数说明如下。

width、height：画布的长与宽，当指定的值为整数时，则表示该窗口占据多少个像素的宽度和高度；如果为小数，则为宽度和高度占据显示器的百分比，默认 width 占据 50%，height 占据 70%。

starx，stary：一组坐标，表示画布左上角的位置，startx 表示 Turtle 绘图窗口距显示器左侧的距离；starty 表示 Turtle 绘图窗口距显示器顶部的距离。如果 startx 和 starty 省略，则窗口默认处于显示器的正中心。

【例 2-18】 创建一个宽为 400、高为 200、画布左上角的位置为(100,100)的画布。

```
>>> import turtle          #导入模块
>>> turtle.setup(width=300,height=200,startx=1200,starty=100)
                           #创建的画布如图 2-3 所示
```

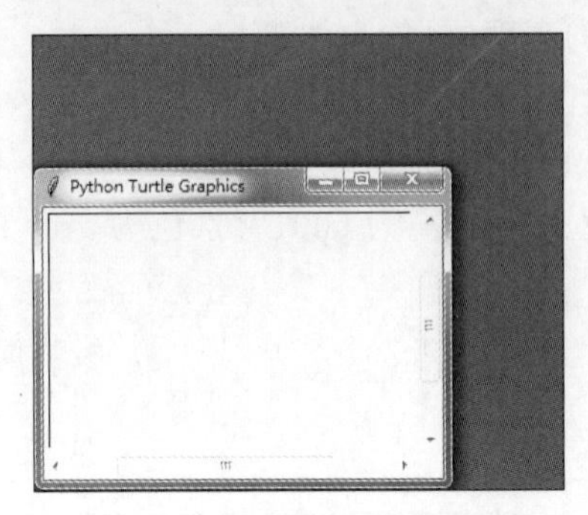

图 2-3 创建的画布

2.12.2 Turtle 空间坐标体系

1. 绝对坐标

如图 2-4 所示,我们将画布的正中心当作绝对坐标(0,0)。海龟默认是向右侧运动的,所以将 Turtle 绘图窗体的右方向定义为 x 轴,上方向定义为 y 轴。

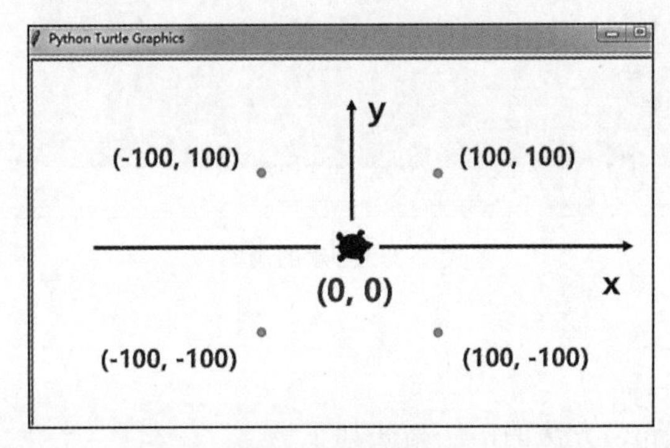

图 2-4 绝对坐标

绝对坐标里常用函数 turtle.goto(x,y)表示将海龟移动到坐标为(x,y)的位置。

2. 海龟坐标

站在海龟的角度,无论海龟当前的行进方向是朝向哪个角度的,都叫作前进方向,反向就是后退方向,海龟运行的左侧叫作左侧方向,右侧叫作右侧方向。

2.12.3 画笔

1. 画笔状态

在画布上,默认有一个坐标原点(0,0)为画布中心的坐标轴。画笔默认位于画布中心、方向指向 x 轴正方向、画笔处于放下状态(就像真实的笔尖触碰着一张纸),这时候移动画笔,它就能绘制出一条从当前位置到新位置的线。

2. 画笔的属性

画笔的属性有颜色、画线的宽度、移动速度等。

【例 2-19】 绘制一个正六边形。

```
import turtle
turtle.pensize(2)         #设置画笔的宽度,数值越大,画笔越粗
#设置画笔颜色为"red",也可以是 RGB 3 元组,如果不传入参数,则返回当前画笔颜色
turtle.pencolor("red")
turtle.speed(3)           #设置画笔的移动速度,速度范围为[0,10]之间的整数,数值越大
                          #速度越快
for i in range(6):        #绘制一个正六边形
    turtle.forward(100)#向当前画笔方向移动 100 像素长度
    turtle.left(60)       #逆时针移动 60°
turtle.done()             #执行后,停止画笔绘制,但绘图窗口不关闭,直到用户关闭绘图窗口
```

运行上述程序代码,绘制的正六边形如图 2-5 所示。

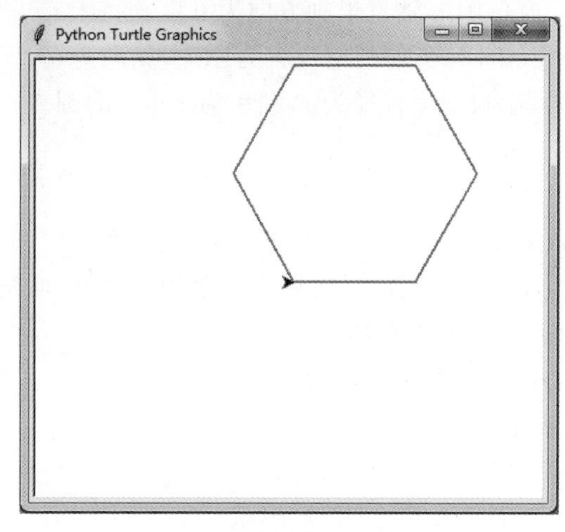

图 2-5 绘制的正六边形

2.12.4 绘图命令

绘图命令通常分为 3 类:画笔移动命令、画笔控制命令、全局控制命令。

1. 画笔移动命令

turtle.forward(a):向当前画笔方向移动 a 像素长度。
turtle.backward(a):向当前画笔相反方向移动 a 像素长度。
turtle.right(degree):顺时针转动 degree 度。
turtle.left(degree):逆时针转动 degree 度。

turtle.pencolor("red")：设置画笔颜色为"red"，如果不传入参数，则返回当前画笔颜色。

turtle.pendown()：移动时绘制图形，缺省时也为绘制。

turtle.penup()：提起笔移动，不绘制图形，用于另起一个地方绘制。

turtle.goto(x,y)：将画笔移动到坐标为 x,y 的位置。

turtle.speed(a)：设置画笔移动速度为 a，速度范围为[0,10]之间的整数，数值越大速度越快。

turtle.circle()：画圆，半径为正(负)，表示圆心在画笔的左边(右边)画圆。

turtle.circle(r,angle)：以画笔左侧(r>0 在左侧，r<0 在右侧)为圆心，半径为 r 像素，画 angle 度的圆形，画笔方向同时发生 angle 度变化。

```
>>> turtle.forward(100)
>>> turtle.circle(50,90)        #经过两次绘图,得到的图形如图 2-6 所示
```

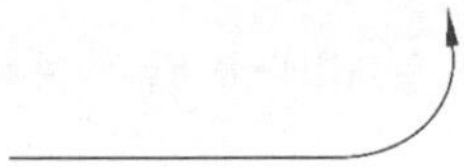

图 2-6 得到的图形

turtle.setx()：将当前 x 轴移动到指定位置。

turtle.sety()：将当前 y 轴移动到指定位置。

turtle.setheading(angle)：设置当前朝向为 angle 角度，以窗口中 x 轴正半轴方向为 0 度。

turtle.home()：设置(返回)当前画笔位置为原点，朝向为东。

turtle.dot(r,color)：绘制一个直径为 r，颜色为 color 的圆点。

2. 画笔控制命令

turtle.fillcolor(colorstring)：设置绘制图形的填充颜色。

turtle.color(color1,color2)：同时设置画笔颜色为 color1，填充颜色为 color2。

turtle.filling()：返回当前是否在填充状态。

turtle.begin_fill()：准备开始填充图形。

turtle.end_fill()：填充完成。

turtle.hideturtle()：隐藏画笔的 turtle 形状。

turtle.showturtle()：显示画笔的 turtle 形状。

3. 全局控制命令

turtle.done()：停止画笔绘制，但绘图窗口不关闭，直到用户关闭绘图窗口。

turtle.clear()：清空窗口，但是 turtle 的位置和状态不会改变。

turtle.reset()：清空窗口，重置 turtle 状态为起始状态。

turtle.undo()：撤销上一个 turtle 动作。

turtle.isvisible()：返回当前 turtle 是否可见。

turtle.write(s [,font=("font-name",font_size,"font_type")])：写文本，s 为文本内容，font 是字体的参数，分别为字体名称，大小和类型。

turtle.Turtle()：创建 turtle 对象(建议方式)，用这种方式就可以创建多个画笔了。

2.12.5 用 turtle 绘制文本

【例 2-20】 用文本内容画圆并在圆中画五角星。

```
import turtle
pen=turtle.Turtle()          #创建画笔
pen.pensize(1)               #设置画笔 pen 的宽度
pen.pencolor("yellow")       #设置画笔 pen 的颜色为"yellow"
pen.penup()                  #抬起笔
pen.goto(-60,20)             #将画笔移动到坐标为(-60,100)的位置
pen.pendown()                #放下笔
pen.begin_fill()             #开始填充颜色
pen.fillcolor("red")         #设置填充颜色
i = 0
while i < 5:
    pen.forward(80)
    pen.right(144)
    i += 1
pen.end_fill()               #完成颜色填充
text="为中华崛起而读书！为中华崛起而读书！为中华崛起而读书！为中华崛起而读书!"
pen.pencolor("red")          #设置画笔的颜色
pen.pu()                     #抬起笔 turtle.penup()
pen.goto(-20,160)            #将画笔移动到坐标为(-20,240)的位置
x=len(text)                  #x 为文本长度
for i in text:
    pen.speed(1)             #设置画笔速度
    pen.write(i,font=('华文中宋',20))
    pen.right(360/x)         #pen 顺时针方向旋转 360/x 度
    pen.penup()              #抬起笔
    pen.forward(30)          #向当前画笔方向移动 30 个像素长度,即相邻两个字的间隔
pen.hideturtle()             #隐藏画笔
```

运行上述程序代码,所绘制的图形如图 2-7 所示。

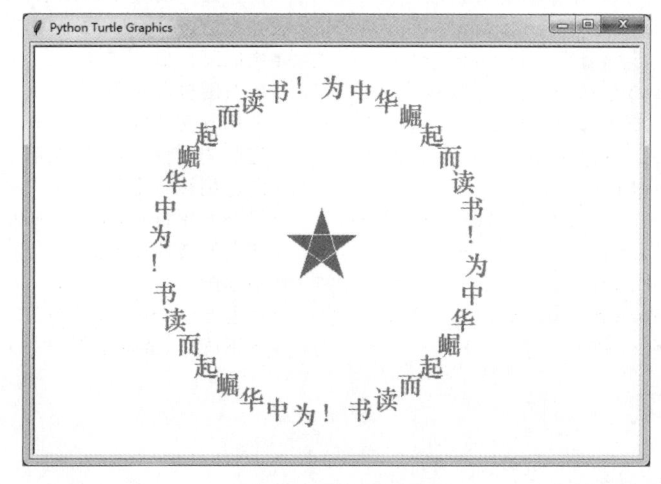

图 2-7 绘制的图形

2.13 实战：绘制落英缤纷的樱花树

樱花在诗人的笔下，不仅是美景的代名词，更是寄托情感的重要意象。宋代诗人苏轼在《海棠》中写道："东风袅袅泛崇光，香雾空蒙月转廊。只恐夜深花睡去，故烧高烛照红妆。"诗人用樱花的美丽来寄托对春天的喜爱与对青春流逝的忧虑。樱花的短暂绽放正如人生的繁华易逝，令人倍感珍惜。

【例 2-21】 绘制落英缤纷的樱花树。

```
import turtle as T
import random
import time

#画樱花的躯干
def Tree(branchLen, t):
    time.sleep(0.0005)                    #使程序暂停 0.0005 秒,以便观察视觉效果
    if branchLen >3:
        if 8 <=branchLen <=12:
            if random.randint(0, 2) ==0:
                t.color('snow')           #白色
            else:
                t.color('lightcoral')     #淡珊瑚色
            t.pensize(branchLen / 3)
        elif branchLen <8:
            if random.randint(0, 1) ==0:
                t.color('snow')           #白色
            else:
                t.color('lightcoral')     #淡珊瑚色
            t.pensize(branchLen / 2)
        else:
            t.color('sienna')             #赭色
            t.pensize(branchLen / 10)     #设置画笔的宽度为枝干长度的 1/10
        t.forward(branchLen)              #画笔前进 branchLen 的距离
        a =1.5 * random.random()          #生成随机数
        t.right(20 * a)                   #向右随机调整角度
        b =1.5 * random.random()          #随机分支长度
        Tree(branchLen -10 * b, t)        #递归调用自身,绘制左侧小树枝
        t.left(40 * a)                    #向左旋转一定角度
        Tree(branchLen -10 * b, t)        #递归调用自身,绘制右侧小树枝
        t.right(20 * a)                   #向右旋转回原方向
        t.penup()                         #抬起画笔
        t.backward(branchLen)             #后退 branchLen 的距离
        t.pendown()                       #落下画笔,准备绘制下一个小树枝


#掉落的花瓣
def petal(m, t):
```

```
    for i in range(m):
        a =1100 -1200 * random.random()
        b =10 -10 * random.random()
        t.penup()
        t.forward(b)
        t.left(90)
        t.forward(a)
        t.pendown()
        t.pencolor('lightcoral')  #淡珊瑚色
        t.circle(1)
        t.penup()
        t.backward(a)
        t.right(90)
        t.backward(b)


#定义绘制樱花树的函数
def draw_tree(x, height, t):
    t.penup()
    t.goto(x, -300)
    t.setheading(90)
    t.pencolor('sienna')
    t.pendown()
    Tree(height, t)

def main():
    #绘图区域
    t =T.Turtle()                     #初始化画笔 t
    #画布大小
    w =T.Screen()                     #初始化画布 w
    t.hideturtle()                    #隐藏画笔
    t.getscreen().tracer(5, 0) #设置画笔的行进速度和动画开关状态,使得画笔更加流畅
    w.bgpic('1.png')                  #使用背景图片作为画布的背景
    t.left(90)                        #向左旋转 90 度
    t.penup()                         #抬起画笔
    t.backward(150)                   #后退 150 的距离
    t.pendown()                       #落下画笔
    t.pencolor('sienna')              #设置画笔颜色为赭色

    #绘制 11 棵樱花树
    draw_tree(-400, 60, t)
    draw_tree(-250, 50, t)
    draw_tree(-200, 40, t)
    draw_tree(-150, 30, t)
    draw_tree(-100, 30, t)
    draw_tree(50, 30, t)
    draw_tree(150, 30, t)
    draw_tree(200, 30, t)
```

```
    draw_tree(300, 40, t)
    draw_tree(400, 50, t)
    draw_tree(500, 60, t)

    #掉落的花瓣
    petal(600, t)
    #绘制文本
    t.penup()
    t.goto(0, -300)
    t.pencolor('white')
    t.write("东风袅袅泛崇光,香雾空蒙月转廊。只恐夜深花睡去,故烧高烛照红妆。",
align="center", font=("华文楷体", 30, "bold"))
    w.exitonclick()

if __name__=='__main__':
    main()
```

运行上述程序代码,绘制的樱花树如图2-8所示。

图2-8 绘制的樱花树

2.14 习题

一、选择题

1. 下面代码的输出结果是(   )。

```
>>> TempStr = "Pi=3.141593"
>>> eval(TempStr[3:-1])
```

A. 3.14159 　B. 3.141593 　C. Pi=3.14 　D. 3.1416

2. 以下关于字符串类型的操作的描述,错误的是(   )。

A. str.replace(x,y)方法把字符串str中所有的x子串都替换成y

B. 想把一个字符串str所有的字符都大写,用str.upper()

C. 想获取字符串str的长度,用字符串处理函数str.len()

D. 设 x = "aa",则执行 x * 3 的结果是"aaaaaa"

3. 设 str='python',想把字符串的第一个字母大写,其他字母还是小写,正确的是(　　)。

A. print(str[0].upper()+str[1:])

B. print(str[1].upper()+str[-1:1])

C. print(str[0].upper()+str[1:-1])

D. print(str[1].upper()+str[2:])

二、编程题

1. 已知一个列表 lst = [1,2,3,4,5],给出实现下述要求的代码或结果。

(1) 求列表的长度;

(2) 判断 6 是否在列表中;

(3) lst+[6,7,8] 的结果是什么;

(4) lst * 2 的结果是什么;

(5) 列表里元素的最大值是多少;

(6) 列表里元素的最小值是多少;

(7) 列表里所有元素的和是多少;

(8) 在索引 1 的位置新增一个元素 10;

(9) 在列表的末尾新增一个元素 20。

2. 针对 lst = [2,5,6,7,8,9,2,9,9],请写程序完成下列操作。

(1) 在列表的末尾增加元素 15;

(2) 在列表的中间位置插入元素 20;

(3) 将列表[2,5,6]合并到 lst 中;

(4) 移除列表中索引为 3 的元素;

(5) 翻转列表里的所有元素;

(6) 对列表里的元素进行排序,从小到大一次,从大到小一次。

3. 输入一个字符串,打印所有奇数位上的字符(下标是 1,3,5,7,…位上的字符)。

例如:输入'abcd1234',输出 bd24。

4. 输入用户名,判断用户名是否合法,用户名必须包含且只能包含数字和字母,并且第一个字符必须是大写字母。

5. 从键盘输入 5 个学生的名字,存储到列表中,然后随机抽出一名学生去打扫卫生。

第3章 chapter 3

元组、字典和集合

本章主要介绍：元组、字典和集合三种数据类型，序列解包，日期格式和字符串格式相互转化，循环中的 break、continue、pass 和 else。

3.1 元　　组

元组与列表类似，也是由一系列按照特定顺序排列的元素组成的，只不过元组是用圆括号()把元素括起来的，且元组是不可变序列，不能增加、修改和删除元组的元素。正是由于这一特性，元组用来存储那些常用但不能更改的数据，以免数据被改而造成未知的错误。

元组比列表的访问速度快，如果只需要访问元素，而不需要修改的话，建议使用元组。此外，同列表相比，元组通常占用的内存更小，因为列表具有可变性，需要额外的内存开销。

创建元组

3.1.1 创建元组

1. 通过赋值创建元组

只要为变量分配一个写在圆括号()之间、用逗号分隔开的元素序列即可创建一个元组。

```
>>> tup = ()                              #创建空元组
>>> tup = (1,)                            #创建只有一个元素的元组,在元素后面要加上逗号
>>> tup = (1,2,["a","b","c"],"a")  #创建含有多个元素的元组
```

2. 通过元组构造函数 tuple()将列表、集合、字符串转换为元组

```
>>> tup1=tuple([1,2,3])              #将列表[1,2,3]转换为元组
>>> tup1
(1, 2, 3)
```

3. 以逗号隔开的一组无符号的对象默认为是一个元组

```
>>> A='a', 5.2e30, 8+6j, 'xyz'
>>> type(A)
<class 'tuple'>
>>> A
('a', 5.2e+30, (8+6j), 'xyz')
```

3.1.2 修改元组

修改元组

元组属于不可变序列，因此，元组没有提供 append()、extend()、insert()、remove()、pop()方法，也不支持对元组元素进行 del 操作，但能用 del 命令删除整个元组。

元组中的元素是不允许修改的，但可以对元组进行连接组合，得到一个新元组。

```
>>> tuple1 = ('hello', 18 , 2.23, 'world', 2+4j)
>>> tuple2 = ('best', 16)
>>>tuple3 = tuple1 + tuple2                              #连接元组
>>> print(tuple3)
('hello', 18, 2.23, 'world', (2+4j), 'best', 16)
```

元组中的元素是不允许修改的，指的是元组中元素是不可变对象时，该位置处的元素不可以修改；但元素是可变对象时，可改变该对象中的元素。

```
>>> tuple4 = ('a', 'b', ['A', 'B'])
>>> id(tuple4[2])
59252488
>>> tuple4[2][0] = 'X'
>>> tuple4[2][1] = 'Y'
>>> tuple4[2][2:]= 'Z'
>>> tuple4
('a', 'b', ['X', 'Y', 'Z'])
>>> id(tuple4[2])
59252488
```

表面上看，tuple4 的元素确实变了，但其实变的不是 tuple4 的元素，而是 tuple4 中的列表的元素，tuple4[2]仍旧指向原来的列表。元组所谓的“不变”是指：元组的每个元素，指向永远不变，即指向'a'，就不能改成指向'b'，指向一个列表，就不能改成指向其他列表，但指向的这个列表本身是可变的。

【例 3-1】 for 循环遍历二元组构成的列表。

```
test_tuple = [("a",1),("b",2),("c",3),("d",4)]
print("准备遍历的元组列表:", test_tuple)
print('遍历列表中的每一个元组')
for (i, j) in test_tuple:
  print(i, j)
```

运行上述代码构成的程序，运行结果如下。

```
准备遍历的元组列表:[('a', 1), ('b', 2), ('c', 3), ('d', 4)]
遍历列表中的每一个元组
a 1
b 2
c 3
d 4
```

3.1.3 生成器推导式

生成器推导式的用法与列表推导式非常相似,但在形式上,生成器推导式使用圆括号作为定界符,而不是列表推导式所使用的方括号。与列表推导式最大的不同是,生成器推导式的结果是一个生成器对象,比列表推导式具有更高的效率,空间占用非常少,尤其适合大数据处理的场合。

使用生成器对象的元素时,可以根据需要将其转化为列表或元组,也可以使用生成器对象的__next__()方法或者内置函数 next()进行遍历,或者直接使用 for 循环来遍历其中的元素,但不支持使用下标访问其中的元素。不管用哪种方法访问生成器对象的元素,只能从前往后正向访问每个元素,不可再次访问已访问过的元素。当所有元素访问结束以后,如果需要重新访问其中的元素,必须重新创建该生成器对象,enumerate、filter、map、zip 等其他迭代器对象也具有同样的特点。

```
>>> g = ((i+2) * * 2 for i in range(5))            #创建生成器对象
>>> type(g)
<class 'generator'>
>>> tuple(g)     #将生成器对象转换为元组
(4, 9, 16, 25, 36)
>>> list(g)      #上面 tuple(g)已访问完生成器对象的元素,再次访问发现没有元素了
[]
```

生成器是用来创建一个 Python 序列的一个对象。使用它可以迭代庞大序列,且不需要在内存创建和存储整个序列,这是因为它的工作方式是每次处理一个对象,而不是一口气处理和构造整个数据结构。在处理大量的数据时,最好考虑生成器推导式而不是列表推导式。

```
>>> c = (x for x in range(11) if x%2==1)
>>> c.__next__()   #使用生成器对象的__next__()方法获取元素
1
>>> 3 in c
True
>>> 5 in c
True
>>> 5 in c              #第二次执行 3 in c 后,c 中的所有元素都被访问了,c 中就没有元素了
False
>>> 7 in c
False
>>> 9 in c
False
```

3.2 字　典

字典是写在花括号{}之间、用逗号分隔开的"键:值"对集合,字典的元素之间是无序的,字典是可变对象。字典是一种映射类型,键值对"键:值"是一种二元关系,源于属性和值的映射关系,键表示一个属性,值表示属性的内容,键值对"键:值"整体而言表示一个属性和它对应的值。"键"必须使用不可变类型的对象,如整型、浮点型、复数型、布尔型、字符串、元组等,但不能使用诸如列表、字典、集合或其他可变类型作为字典的键。在同一个字典中,"键"必须是唯一的,但"值"是可以重复的。

3.2.1 创建字典

创建字典

(1) 使用赋值运算符将使用花括号{ }括起来的"键:值"对集合赋值给一个变量即可创建一个字典。

```
>>> dict1={'姓名':'芳芳','年龄':20,'身高':168,'体重':50}
```

(2) 使用 dict()函数将一个二元组序列转换为字典。

```
>>> items=[('one',1),('two',2),('three',3),('four',4)]
>>> dict2 = dict(items)
>>> print(dict2)
{'one': 1, 'two': 2, 'three': 3, 'four': 4}
```

(3) 使用 dict()函数、zip()函数把两个序列创建为字典。

```
>>> city=['北京','上海','天津','重庆']
>>> university=['北京大学','上海大学','天津大学','重庆大学']
>>> dict3=dict(zip(city,university))
>>> dict3
{'北京': '北京大学', '上海': '上海大学', '天津': '天津大学', '重庆': '重庆大学'}
```

(4) 通过关键字创建字典。

```
>>> dict3 = dict(one=1,two=2,three=3)
>>> print(dict3)
{'one': 1, 'two': 2, 'three': 3}
```

(5) 用字典类型 dict 的 fromkeys(iterable[,value=None])方法创建一个字典,以可迭代对象字符串、列表、元组的元素,以及字典的元素的键作为字典中的键,以 value 为键对应的值,默认为 None。

```
>>> iterable2 = [1,2,3,4,5,6]                              #列表
>>> v2 = dict.fromkeys(iterable2,'列表')
>>> v2
{1: '列表', 2: '列表', 3: '列表', 4: '列表', 5: '列表', 6: '列表'}
>>> iterable3 = {1:'one', 2:'two', 3:'three'}            #字典
>>> v3 = dict.fromkeys(iterable3, '字典')
>>> v3
{1: '字典', 2: '字典', 3: '字典'}
```

3.2.2 访问字典

```
>>> dict1 = {'Alice':18, 'Beth': 19, 'Cecil': 20}  #创建变量 dict1,引用字典对象
```

(1) 通过“dict1[key]”的方法返回字典 dict1 中键 key 对应的值 value。

```
>>> print (dict1['Beth'])                          #输出键为'Beth'的值
19
```

(2) 通过 dict1.get(key)返回字典 dict1 中键 key 的值。

get()方法的语法格式如下。

```
dict1.get(key, default=None)
```

功能：返回指定键的值，如果指定键的值不存在，则返回 default 指定的默认值。

参数说明如下。

key：要查找的键。

default：如果指定键的值不存在，返回该默认值。

```
>>> dict1.get('Alice')   #通过字典对象的 get()方法获取'Alice'对应的值
18
>>> dict1.get("a", 9)    #返回不存在的键"a"对应的值
9
```

(3) dict1.setdefault(key)返回字典 dict1 中键 key 的值，与 get()方法类似。

setdefault()方法的语法格式如下。

```
dict.setdefault(key, default=None)
```

功能：如果键不存在于字典中，将会添加该键并将 default 的值设为该键的默认值，如果键存在于字典中，将读出该键原来对应的值，default 的值不会覆盖原来已经存在的键的值。

key：要查找的键。

default：键不存在时，设置的默认键值。

```
>>> dict2 = {'Name': 'XiaoMing', 'Age': 17}
>>> print ("Age 键的值为 : %s" %  dict2.setdefault('Age', None))
Age 键的值为 : 17
>>> print ("Sex 键的值为 : %s" %  dict2.setdefault('Sex', None))
Sex 键的值为 : None
>>> print ("新字典为: ", dict2)
新字典为:  {'Name': 'XiaoMing', 'Age': 17, 'Sex': None}
```

(4) dict1.keys()返回字典 dict1 中所有的键组成的列表。

```
>>> dict1.keys()
dict_keys(['Alice', 'Beth', 'Cecil'])
```

(5) dict1.values()返回字典 dict1 中所有的值组成的列表。

```
>>> dict1.values()
dict_values([18, 19, 20])
```

(6) dict1.items()返回字典dict1的(键,值)二元组组成的列表。

```
>>> dict1.items()
dict_items([('Alice', 18), ('Beth', 19), ('Cecil', 20)])
```

【例3-2】 遍历输出字典元素。

```
person={'姓名':'李明', '年龄':'26', '籍贯':'北京'}
#items()方法把字典中每对 key 和 value 组成一个元组,并把这些元组放在列表中返回。
for key,value in person.items():
    print('key=',key,',value=',value)
for x in person.items(): #只有一个控制变量时,返回每一对 key 和 value 对应的元组
    print(x)
for x in person:            #不使用 items(),只能取得每一对元素的 key 值
    print(x)
```

运行上述程序代码,所得的输出结果如下。

```
key = 姓名 ,value = 李明
key = 年龄 ,value = 26
key = 籍贯 ,value = 北京
('姓名', '李明')
('年龄', '26')
('籍贯', '北京')
姓名
年龄
籍贯
```

3.2.3 添加与修改字典元素

添加与修改字典元素

(1) 使用[]运算符添加字典元素。

```
>>> school={'class1': 60, 'class2': 56, 'class3': 68, 'class4': 48}
>>> school['class5']=70 #不存在键'class5',为字典 school 添加元素'class5': 70
>>> school
{'class1': 60, 'class2': 56, 'class3': 68, 'class4': 48, 'class5': 70}
>>> school['class1']=62 #存在键'class1',修改键 class1 所对应的值
>>> school
{'class1': 62, 'class2': 56, 'class3': 68, 'class4': 48, 'class5': 70}
```

由上可知,当以指定"键"为索引为字典元素赋值时,有两种含义:①若该"键"不存在,则表示为字典添加一个新元素,即一个"键:值"对;②若该"键"存在,则表示修改该"键"所对应的"值"。

(2) 使用字典对象school1的update(school2)方法可以将字典对象school2的元素一次性全部添加到school1字典对象中,如果两个字典中存在相同的"键",则只保留字典对象school2中的"键:值"对,此时相当于实现了字典元素的修改。

```
>>> school1={'class1': 62, 'class2': 56, 'class3': 68, 'class4': 48, 'class5':
70}
>>> school2={ 'class5': 78,'class6': 38}
```

```
>>> school1.update(school2)
>>> school1        #'class5'所对应的值取 school2 中'class5'所对应的值 78
{'class1': 62, 'class2': 56, 'class3': 68, 'class4': 48, 'class5': 78, 'class6
': 38}
```

(3) 使用字典对象 school1 的 update(关键字)方法将关键字转化为"键:值"对并添加到字典 school1 中。

```
>>> school2.update(class9=60,class10=50)
>>> school2
{'class5': 78, 'class6': 38, 'class9': 60, 'class10': 50}
```

【例 3-3】 找出一句英文中出现次数最多的字符,并输出其出现的位置。

```
s = "Great works are performed not by strength but by perseverance."
s="".join(s.split())
letter_count_dict=dict()                    #创建空字典,用于记录字符出现的次数
for i in s:
    if i in letter_count_dict:              #判断 i 是否是字典的键,若是则次数加 1
        letter_count_dict[i]+=1
    else:                                   #没出现过就是 1
        letter_count_dict[i] = 1
print("字符串中各字符出现的次数是:",end="")
print(letter_count_dict)

max_letter_occurrence=max(letter_count_dict.values())
print("最多的字符出现次数是:"+str(max_letter_occurrence))

#创建空列表,存储出现次数最多的字符,因为有可能是 1 个或多个
max_occurrence_letters=[]
for k,v in letter_count_dict.items():
    if v==max_letter_occurrence:            #找到出现次数最多的字符,存到列表中
        max_occurrence_letters.append(k)
print("出现次数最多的字符是:"+str(max_occurrence_letters))

for i in max_occurrence_letters:
    #创建记录出现次数最多的字符的出现位置的变量
    max_occurrence_letter_positions = []
    start_postion=0                         #从 0 开始找
    while True:
        postion=s.find(i,start_postion)
        if postion!=-1:                     #! =-1 表示找到了
            max_occurrence_letter_positions.append(postion)
            start_postion=postion+1         #更新下次查找的起始位置
        else:                      #当查找不到 i 所表示的字母的位置时,说明位置都找到了
            print("%s 字符出现的位置:%s" %(i,max_occurrence_letter_positions))
            break                           #终止 while 循环的执行
```

运行上述程序代码,所得的输出结果如图 3-1 所示。

```
字符串中各字符出现的次数是:{'G': 1, 'r': 8, 'e': 9, 'a': 3, 't': 5,
'w': 1, 'o': 3, 'k': 1, 's': 3, 'p': 2, 'f': 1, 'm': 1, 'd': 1, 'n'
: 3, 'b': 3, 'y': 2, 'g': 1, 'h': 1, 'u': 1, 'v': 1, 'c': 1, '.': 1
}
最多的字符出现次数是:9
出现次数最多的字符是:['e']
e字符出现的位置:[2, 12, 14, 20, 30, 41, 44, 46, 51]
```

图 3-1 输出结果

3.2.4 删除字典元素

删除字典元素

(1) 使用 del 命令可以删除字典中指定键的字典元素,也可以删除整个字典。

```
>>> dict3 = dict([('one', 1), ('two', 2), ('three', 3),('four', 4)])  #创建字典
>>> dict3
{'one': 1, 'two': 2, 'three': 3, 'four': 4}
>>> del dict3[ 'four']     #删除键是 'four'的字典元素
>>> dict3
{'one': 1, 'two': 2, 'three': 3}
```

(2) 用字典对象的 pop()方法删除指定键的字典元素并返回该键所对应的值。

```
>>> x=dict3.pop('three') #删除键'three'所对应的字典元素,返回'three'所对应的值
>>> print(x)
3
>>> dict3
{'one': 1, 'two': 2}
```

(3) 用字典对象的 popitem()方法随机删除字典中的元素并返回该元素的键和值组成的二元组。一般删除末尾字典对象的末尾元素。

```
>>> dict3.popitem()
('two', 2)
```

(4) 利用字典对象的 clear()方法清空字典的所有元素。

```
>>> dict3.clear()
>>> dict3
{}
```

3.2.5 复制字典

```
>>> dict1={'Jack': 18, 'Mary': 16, 'John': 20}  #创建字典
```

(1) 浅复制。调用字典对象的 copy()方法返回字典的浅复制。

执行 dict2=dict1.copy()语句后,dict2 和 dict1 指向不同的内存空间,当对 dict1 进行增删改查操作时,dict2 不会改变,反之亦然。但是,当字典里包含列表时,修改列表中的值,对应字典中的列表值也会改变。

```
>>> dict2=dict1.copy()
>>> print("dict1 的 id 是%s,dict2 的 id 是%s"%(id(dict1),id(dict2)))
dict1 的 id 是 48563616,dict2 的 id 是 48751816
```

```
>>> dict1['Jack']=28
>>> dict1
{'Jack': 28, 'Mary': 16, 'John': 20}
>>> dict2
{'Jack': 18, 'Mary': 16, 'John': 20}
>>> dict3={'Jack': [18,19], 'Mary': 16, 'John': 20}
>>> dict4=dict3.copy()
>>> dict3["Jack"].append(20)
>>> dict3
{'Jack': [18, 19, 20], 'Mary': 16, 'John': 20}
>>> dict4
{'Jack': [18, 19, 20], 'Mary': 16, 'John': 20}
```

(2) 深复制。需导入 copy 模块,执行 dict4＝copy.deepcopy(dict3) 语句后,dict3、dict4 指向的不是同一内存空间,对 dict3 做任何修改,dict4 的值都不会变化。

```
>>> import copy
>>> dict3={'Jack': [18,19], 'Mary': 16, 'John': 20}
>>> dict4 = copy.deepcopy(dict3)
>>> dict4
{'Jack': [18, 19], 'Mary': 16, 'John': 20}
>>> dict3["Jack"].append(20)
>>> dict3
{'Jack': [18, 19, 20], 'Mary': 16, 'John': 20}
>>> dict4
{'Jack': [18, 19], 'Mary': 16, 'John': 20}
```

3.2.6 字典推导式

字典推导(生成)式和列表推导式的用法是类似的。

```
>>> dict6 = {'physics': 1, 'chemistry': 2, 'biology': 3, 'history': 4}
#把 dict6 的每个元素键的首字母大写、键值变为 2 倍
>>> dict7 = { key.capitalize(): value * 2 for key,value in dict6.items() }
>>> dict7
{'Physics': 2, 'Chemistry': 4, 'Biology': 6, 'History': 8}
```

3.3 字典实战：使用 jieba 库统计《蒹葭》的词频

首先,执行“pip install jieba”命令安装 jieba 库。jieba 库是一款优秀的 Python 第三方中文分词库,jieba 支持三种分词模式：精确模式、全模式和搜索引擎模式,三种模式的特点如下。

精确模式：试图将语句做最精确的切分,不存在冗余数据,适合做文本分析。

全模式：将语句中所有可能是词的词语都切分出来,速度很快,但是存在冗余数据。

搜索引擎模式：在精确模式的基础上,对长词再次进行切分。

```
>>> import jieba
>>> s = "关山难越,谁悲失路之人? 萍水相逢,尽是他乡之客。"
>>> print("/".join(jieba.lcut(s)))
#jieba.lcut(s)精简模式,返回一个列表类型的结果
关山/难越/,/谁/悲失路/之/人/? /萍水相逢/,/尽是/他/乡/之客/。
>>> print("/".join(jieba.lcut(s, cut_all=True)))
#全模式,使用 'cut_all=True' 指定
关山/山难/越/,/谁/悲/失/路/之人/? /萍水/萍水相逢/相逢/,/尽是/他/乡/之/客/。
>>> print("/".join(jieba.lcut_for_search(s)))      #搜索引擎模式
关山/难越/,/谁/悲失路/之/人/? /萍水/相逢/萍水相逢/,/尽是/他/乡/之客/。
```

【例 3-4】 蒹葭词频统计。

```
import jieba
txt='''蒹葭苍苍,白露为霜。所谓伊人,在水一方。溯洄从之,道阻且长。溯游从之,宛在水中央。蒹葭萋萋,白露未晞。所谓伊人,在水之湄。溯洄从之,道阻且跻。溯游从之,宛在水中坻。蒹葭采采,白露未已。所谓伊人,在水之涘。溯洄从之,道阻且右。溯游从之,宛在水中沚。'''
txt = txt.replace(",","")
txt = txt.replace("。","")
words=jieba.lcut(txt)                              #精准模式
a={}
for word in words:
    a[word]=a.get(word,0)+1
items=list(a.items())                              #将字典转换为记录列表
items.sort(key=lambda x:x[1],reverse=True)         #按词频排序
for i in range(8):                                 #输出词频最高的 8 个词
    word,count=items[i]
    print("{0:<10}{1:<5}".format(word,count))
```

运行上述程序代码,所得的输出结果如下。

```
从          6
之          5
在          4
蒹          3
葭          3
白露        3
所谓        3
伊人        3
```

3.4 集合数据类型

集合数据类型 set 是 Python 的一种内置数据类型。集合是写在花括号{}之间、用逗号分隔开的元素集,集合中的元素互不相同,元素类型只能是不可变数据类型,如数字、元组、字符串等。

3.4.1 创建集合

创建集合

(1) 使用赋值操作直接将一个集合赋值给变量来创建一个集合。

```
>>> student = {'Tom', 'Jim', 'Mary', 'Tom', 'Jack', 'Rose'}
```

(2) 使用集合的构造函数 set()将列表、元组等其他可迭代对象转换为集合，如果原来的数据中存在重复元素，则在转换为集合的时候只保留一个。

```
>>> set1 = set('cheeseshop')
>>> set1
{'s', 'o', 'p', 'c', 'e', 'h'}
```

注意：创建一个空集合必须用 set()而不是{ }，因为{ }是用来创建一个空字典的。

集合添加元素

3.4.2 集合添加元素

1. 集合单个添加元素

虽然集合中不能有可变元素，但是集合本身是可变的。也就是说，可以添加或删除集合中的元素。可以使用集合对象的 add()方法向集合添加单个元素。

```
>>> set3 = {'a', 'b'}
>>> set3.add('c')                                  #添加一个元素
>>> set3
{'b', 'a', 'c'}
```

2. 集合批量添加元素

使用集合对象的 update()方法向集合批量添加元素。

```
>>> set3.update(['d', 'e', 'f'])                   #将列表中的元素添加到集合中
>>> set3
{'a', 'f', 'b', 'd', 'c', 'e'}
>>> set3.update(['o', 'p'], {'l', 'm', 'n'})  #一次将列表和集合中的元素添加到
                                                   #set3集合中
>>> set3
{'l', 'a', 'f', 'o', 'p', 'b', 'm', 'd', 'c', 'e', 'n'}
```

【例 3-5】 遍历输出集合元素。

```
weekdays = {'MON', 'TUE', 'WED', 'THU', 'FRI', 'SAT', 'SUN'}
#for 循环在遍历 set 时，遍历的顺序和 set 中元素书写的顺序很可能是不同的
for d in weekdays:
    print (d,end=' ')
```

运行上述程序代码，所得到的输出结果如下。

```
THU TUE MON FRI WED SAT SUN
```

集合元素删除

3.4.3 集合元素删除

1. 使用集合对象的 discard(x)方法删除集合中的元素 x

如果元素 x 不存在于集合中，discard(x)方法不会抛出 KeyError；如果 x 存在于集合

中，则会移除 x 并返回 None。

```
>>> set4 = {1, 2, 3, 4,5}
>>> set4.discard(4)
>>> set4
{1, 2, 3, 5}
```

2. 使用集合对象的 remove(x)方法删除集合中的元素 x

如果元素 x 不存在于集合中，则会抛出 KeyError；如果 x 存在于集合中，则会移除 x 并返回 None。

```
>>> set4.remove(6)
Traceback (most recent call last):
  File "<pyshell #29>", line 1, in <module>
    set4.remove(6)
KeyError: 6
```

3. 使用集合对象的 pop()方法从左边删除集合中的元素并返回删除的元素

```
>>> set4.pop()
1
```

4. 使用集合对象的 clear()方法删除集合的所有元素

```
>>> set4.clear()
>>> set4
set()
```

3.4.4 集合运算

Python 中的集合支持交集、并集、差集、对称差集等集合运算。

```
>>>A={1,2,3,4,6,7,8}
>>>B={0,3,4,5}
```

交集：两个集合 A 和 B 的交集是由所有既属于 A 又属于 B 的元素所组成的集合，使用“&”操作符执行交集操作，同样地，也可使用集合对象的方法 intersection()完成，如下所示。

```
>>>A&B            #求集合 A 和 B 的交集
{3, 4}
>>> A.intersection(B)
{3, 4}
```

并集：两个集合 A 和 B 的并集是由这两个集合的所有元素构成的集合，使用“|”操作符执行并集操作，也可使用集合对象的方法 union() 完成，如下所示。

```
>>> A | B
{0, 1, 2, 3, 4, 5, 6, 7, 8}
>>> A.union(B)
{0, 1, 2, 3, 4, 5, 6, 7, 8}
```

差集：集合A与集合B的差集是所有属于A且不属于B的元素构成的集合，使用"－"操作符执行差集操作，也可使用集合对象的方法 difference()完成，如下所示。

```
>>> A - B
{1, 2, 6, 7, 8}
>>> A.difference(B)
{1, 2, 6, 7, 8}
```

对称差：集合A与集合B的对称差集是由只属于其中一个集合，而不属于另一个集合的元素组成的集合，使用"^"操作符执行对称差集操作，也可使用集合对象的方法 symmetric_difference() 完成，如下所示。

```
>>> A ^ B
{0, 1, 2, 5, 6, 7, 8}
>>> A.symmetric_difference(B)
{0, 1, 2, 5, 6, 7, 8}
```

子集：由集合中一部分元素所组成的集合，使用"<"操作符判断"<"左边的集合是否是"<"右边的集合的子集，也可使用集合对象的方法 issubset()完成，如下所示。

```
>>> C={1,3,4}
>>> C < A        #C集合是A集合的子集,返回 True
True
>>> C.issubset(A)
True
>>> C < B
False
```

3.4.5 集合推导式

集合推导式跟列表推导式差不多，区别在于：集合推导式不使用方括号，而使用花括号；集合推导式得到的集合中无重复元素。

```
>>> a = [1, 2, 3, 4, 5]
>>> squared = {i * * 2 for i in a}
>>> print(squared)
{1, 4, 9, 16, 25}
>>> strings = ['All','things','in','their','being','are','good','for','
something']
>>> {len(s) for s in strings}       #长度相同的只留一个
{2, 3, 4, 5, 6, 9}
>>> {s.upper() for s in strings}
{'THINGS', 'ALL', 'SOMETHING', 'THEIR', 'GOOD', 'FOR', 'IN', 'BEING', 'ARE'}
```

3.5 集合实战：统计公司的各类人才都有谁?

【例3-6】 公司的董事成员有李强、刘涛和孙涛，经理有李强、刘涛、韩冰和王飞。回答以下问题。

(1) 既是董事也是经理的有谁?

```
>>> set01 = {"李强","刘涛","孙涛"}
>>> set02 = {"李强","刘涛","韩冰","王飞"}
>>> print(set01  &  set02)        #输出既是董事也是经理的成员
{'刘涛', '李强'}
```

(2) 是董事,但不是经理的有谁?

```
>>> print(set01 - set02)
{'孙涛'}
```

(3) 是经理,但不是董事的有谁?

```
>>> print(set02 - set01)
{'王飞', '韩冰'}
```

(4) 韩冰是董事吗?

```
>>> print("韩冰" in set01)
False
```

(5) 身兼一职的都有谁?

```
>>> print(set02  ^  set01)
{'王飞', '孙涛', '韩冰'}
```

(6) 董事和经理总共有多少人?

```
>>> print(len(set02  | set01))
5
```

3.6 序列解包

创建列表、元组、集合、字典以及其他可迭代对象,称为"序列打包",因为值被"打包到序列中"。"序列解包"是指将多个值的序列解开,然后放到变量的序列中。序列解包由一个"*"和一个序列连接而成,Python解释器自动将序列解包成多个元素。下面给出四种通过元组解包获取元组的元素的方法,这些方法对列表、集合同样适用。

1. 一对一解包

解包是将元组中的元素一个或多个剥离出来。一对一解包,就是用与元组元素数量相同个数的变量,将元组中的元素分别赋给这些变量。例如:

```
>>> user = ("李白", "唐朝", "伟大的浪漫主义诗人")
>>> name, dynasty, feature = user     #一对一解包
>>> print("姓名:", name)
姓名: 李白
>>> print("朝代:", dynasty)
朝代: 唐朝
>>> print("特征:", feature)
特征: 伟大的浪漫主义诗人
```

2. 用下画线表示解包时不需要的元素

有时我们并不需要元组中所有的元素。比如之前的 user,只想获取姓名和特征。

```
>>> user = ("李白", "唐朝", "伟大的浪漫主义诗人")
>>> name, _, feature = user       #用下画线放在不想要朝代数据的位置
>>> print(f"姓名: {name}; 特征: {feature}")
姓名: 李白; 特征: 伟大的浪漫主义诗人
```

注意:下画线实际上是一个有效的 Python 变量名。实际上,它保存了朝代数据,如下所示。

```
>>> print(f"朝代: {_}")
朝代: 唐朝
```

不过与使用显示变量名相比,建议使用此用法,因为它清楚地表明不需要在此特定位置的值。

3. 使用星号(*)获取元组连续的若干元素

当元组包含多个元素时,有时我们可能想要获取连续的几个元素,这种情况就可以使用星号(*)来实现这一要求。

```
>>> nums = (1, 2, 3, 4, 5)
'''first_num 和 last_num 用于指定元组中的第一项和最后一项, *middle_nums 以列表的
形式获取除元组中的第一个和最后一个元素以外的其余所有元素,即使该列表包含一个或零个
元素'''
>>> first_num, *middle_nums, last_num = nums          #使用星号(*)捕获全部
>>> print("第一个数字:", first_num)
第一个数字: 1
>>> print("最后一个数字:", last_num)
最后一个数字: 5
>>> print("剩下的数字:", middle_nums)
剩下的数字: [2, 3, 4]
```

4. 使用星号解包整个元组

有时候,想创建一个包含现有元组的新元组,这种情况下我们可以在元组前面使用星号来解开元组中的所有元素。例如:

```
>>> group_factors1 = ("王勃", "杨炯")
>>> group_factors2 = (*group_factors1, "卢照邻", "骆宾王")
>>> print("group_factors2:", group_factors2)
group_factors2: ('王勃', '杨炯', '卢照邻', '骆宾王')
```

注意:解包字典的语法类似于解包元组、列表,不同之处在于使用两个星号(**)将字典解包为关键字参数。以下是一个简单的示例:

```
>>> person = {'name': 'Alice', 'age': 25, 'city': 'Beijing'}
>>> print("{name} is {age} years old and lives in {city}.".format(**person))
Alice is 25 years old and lives in Beijing.
```

```
>>> x,y,z = person            #字典解包默认是解包字典的键
>>> print(x,y,x)
name age name
```

3.7 日期格式和字符串格式相互转化

datetime 是一个模块，它提供了日期格式和字符串格式相互转化的函数，datetime 模块还包含一个 datetime 类。

3.7.1 字符串格式转化为日期格式

由字符串格式转化为日期格式的函数为 datetime.datetime.strptime()。如果输入的日期和时间是字符串，要处理日期和时间，首先必须把 str 转换为 datetime。转换方法是通过 strptime()函数实现的，需要一个日期和要转换成的时间的格式化字符串，具体有如下两种实现方法。

1. 时间.strftime(日期格式)

```
>>> import datetime
#获取当前日期并转换成指定的日期格式
>>> datetime.datetime.now().strftime("%Y-%m-%d %H:%M:%S")
'2022-05-07 13:37:27'
```

2. datetime.datetime.strptime(字符串，日期格式)

```
>>> day = datetime.datetime.strptime('2022-5-7 13:26:45', '%Y-%m-%d %H:%M:%S
')
>>> day
datetime.datetime(2022, 5, 7, 13, 26, 45)
>>> print(day)
2022-05-07 13:26:45
>>> type(day)
<class 'datetime.datetime'>
```

Python 中时间日期格式化符号如下。

%y：两位数的年份表示(00～99)。

%Y：四位数的年份表示(000～9999)。

%m：月份(01～12)。

%d：月内中的一天(0～31)。

%H：24 小时制小时数(0～23)。

%I：12 小时制小时数(01～12)。

%M：分钟数(00～59)。

%S：秒数(00～59)。

%a：本地简化的星期名称。

%A：本地完整的星期名称。

%b：本地简化的月份名称。

%B：本地完整的月份名称。

%c：本地相应的日期表示和时间表示。

%j：年内的一天(001～366)。

%p：本地 A.M.或 P.M.的等价符。

%U：一年中的星期数(00～53)星期天为星期的开始。

%w：星期(0～6)，星期天为星期的开始。

%W：一年中的星期数(00～53)星期一为星期的开始。

%x：本地相应的日期表示。

%X：本地相应的时间表示。

%Z：当前时区的名称。

3.7.2 日期格式转化为字符串格式

由日期格式转化为字符串格式的函数为 datetime.datetime.strftime()。后台提取到 datetime 对象后，要想把它格式化为字符串显示给用户，就需要转换为 str，转换方法是通过 strftime()实现的，同样需要一个日期和时间的格式化字符串。

```
>>> s= datetime.datetime.strftime(datetime.datetime.now(), '%Y-%m-%d %H:%M
')
>>> s
'2022-05-07 13:49'
>>> type(s)
<class 'str'>
>>> print(s)
2022-05-07 13:49
```

3.8 循环中的 break、continue、pass 和 else

break 语句和 continue 语句提供了另一种控制循环的方式。break 语句用来终止循环语句，即循环条件没有 False 或者序列还没被完全遍历完，也会停止执行循环语句。如果使用嵌套循环，break 语句将停止执行最深层的循环，并开始执行下一行代码。continue 语句终止当前迭代而进行循环的下一次迭代。Python 的循环语句可以带有 else 子句，else 子句在序列遍历结束(for 语句)或循环条件为假(while 语句)时执行，但循环被 break 终止时不执行。

3.8.1 用 break 语句提前终止循环

可以使用 break 语句跳出最近的 for 或 while 循环。下面的 TestBreak.py 程序演示了在循环中使用 break 的效果。

```
TestBreak.py
1.    sum=0
2.    for k in range(1, 30):
3.        sum=sum + k
4.        if sum>=200:
5.            break
6.
7.    print('k的值为', k)
8.    print('sum的值为', sum)
```

TestBreak.py 程序执行的结果如下所示。

```
k的值为 20
sum的值为 210
```

这个程序从 1 开始,把相邻的整数依次加到 sum 上,直到 sum 大于或等于 200。如果没有第 4 和第 5 行,这个程序将会计算 1～29 的所有数的和。但有了第 4 和第 5 行,循环会在 sum 大于或等于 200 时终止,跳出 for 循环。没有了第 4 和第 5 行,输出将会是:

```
k的值为 29
sum的值为 435
```

3.8.2 用 continue 语句提前结束本次循环

有时我们并不希望操作终止整个循环,而只希望提前结束本次循环,接着执行下次循环,这时可以用 continue 语句。当 continue 语句在循环结构中执行时,并不会退出循环结构,而是立即结束本次循环,重新开始下一轮循环,也就是说,跳过循环体中在 continue 语句之后的所有语句,继续下一轮循环。换句话说,continue 退出一次循环而 break 退出整个循环。下面通过例子来说明循环中使用 continue 的效果。

【例 3-7】 要求输出 100～200 之间的不能被 7 整除的数以及不能被 7 整除的数的个数。

分析:本题需要对 100～200 之间的每一个整数进行遍历,这可通过一个循环来实现;对遍历中的每个整数,判断其能否被 7 整除,如果不能被 7 整除,就将其输出。

```
1.    n = 0
2.    for k in range(100, 201):
3.        if k%7==0:
4.            continue
5.        print(k, end=' ')
6.        n+=1
7.
8.    print('\n100～200之间不能被7整除的整数一共有%d个'%(n))
```

运行上述程序代码,所得的输出结果如下。

```
100 101 102 103 104 106 107 108 109 110 111 113 114 115 116 117 118 120 121 122 123
124 125 127 128 129 130 131 132 134 135 136 137 138 139 141 142 143 144 145 146 148
149 150 151 152 153 155 156 157 158 159 160 162 163 164 165 166 167 169 170 171 172
173 174 176 177 178 179 180 181 183 184 185 186 187 188 190 191 192 193 194 195 197
198 199 200
```

100～200之间不能被7整除的整数一共有87个。

程序分析:有了第3到第4行,当k能被7整除时,执行continue语句,流程跳转到表示循环体结束的第7行,第5到第6行不再执行。

3.8.3 pass子句

有时候程序需要占一个位置(当前还没想好放什么语句,将来想好了再放),或者放一条语句,但又不希望这条语句做任何事情,此时就可以通过pass语句来实现。pass语句是一个空操作语句,表示什么也不做。在执行到pass语句时,程序不会有任何操作,直接跳过并继续执行下一条语句。

【例3-8】 条件语句中pass语句的使用举例。

```
age = int(input("请输入您的年龄: "))
if age > 18:
    pass
else:
    print("您还未成年!")
```

运行上述程序代码,所得的输出结果如下。

```
请输入您的年龄: 20
```

【例3-9】 循环语句中pass语句的使用举例。

```
for i in range(5):
    if i == 3:
        pass
    else:
        print(i,end=",")
```

运行上述程序代码,所得的输出结果如下。

```
0,1,2,4,
```

3.8.4 循环语句的else子句

Python的循环语句中可以带有else子句。在循环语句中使用else子句时,else子句只有在序列遍历结束(for语句)或循环条件为假(while语句)时才执行,但在循环被break语句终止时不执行。带有else子句的while循环语句的语法格式如下所示。

```
while 循环继续条件:
    循环体
else:
    语句体
```

当 while 语句带有 else 子句时，如果 while 子句内嵌的“循环体”在整个循环过程中没有执行 break 语句（“循环体”中没有 break 语句，或者“循环体”中有 break 语句但始终未执行），那么循环过程结束后，就会执行 else 子句中的语句体。否则，如果 while 子句内嵌的“循环体”在循环过程中一旦执行 break 语句，那么程序的流程将跳出循环结构，因为这里的 else 子句也是该循环结构的组成部分，所以 else 子句内嵌的“语句体”也就不会被执行了。

下面是带有 else 子句的 for 语句的语法格式。

```
for 控制变量 in 可遍历序列:
    循环体
else:
    语句体
```

与 while 语句类似，如果 for 语句在遍历所有元素的过程中，从未执行 break 语句，那么在 for 语句结束后，else 子句内嵌的“语句体”将得以执行；否则，一旦执行 break 语句，程序流程将连带 else 子句一并跳过。下面通过例子来说明循环中使用 else 子句的效果。

【例 3-10】 判断给定的自然数是否为素数。

```
import math
number = int(input('请输入一个大于 1 的自然数: '))
#math.sqrt(number)返回 number 的平方根
for i in range(2, int(math.sqrt(number))+1):
   if number % i == 0:
      print(number, '具有因子', i, ',所以', number,'不是素数')
      break                              #跳出循环,包括 else 子句
else:                                    #如果循环正常退出,则执行该子句
   print(number, '是素数')
```

运行上述程序代码，所得的输出结果如下。

```
请输入一个大于 1 的自然数: 28
28 具有因子 2 ,所以 28 不是素数
```

【例 3-11】 for 循环正常结束执行 else 子句。

```
for i in range(2, 11):
    print(i)
else:
    print('for statement is over.')
```

运行上述程序代码，所得的输出结果如下。

```
2,3,4,5,6,7,8,9,10,
for statement is over.
```

【例 3-12】 for 循环执行过程中被 break 语句终止时不会执行 else 子句。

```
for i in range(10):
    if(i == 5):
        break
    else:
        print(i, end=' ')
else:
    print('for statement is over')
```

运行上述程序代码,所得的输出结果如下。

```
0 1 2 3 4
```

3.9 实战:简易购物

【例 3-13】 设计一个模拟购物的程序。请完成以下任务:

(1) 创建一个元组 products 包含商品信息,每个商品是一个字典,包含商品的名称、价格和库存量。

```
products = (
    {'name': '手机', 'price': 1999.99, 'stock': 50},
    {'name': '电脑', 'price': 4999.99, 'stock': 20},
    {'name': '平板', 'price': 999.99, 'stock': 30},
    {'name': '台灯', 'price': 329.88, 'stock': 30},
    #添加更多商品信息
)
```

(2) 创建一个空集合 cart 用于存储用户购物车中的商品名称。

(3) 模拟用户的购物行为,将一些商品添加到购物车中。

(4) 创建一个字典 price_discounts 包含商品名称和对应的折扣价格。例如,'手机'的折扣价格是 1800.00。

```
price_discounts = {'手机': 1800.00, '电脑': 4500.00, '平板': 900.00}
```

(5) 计算用户购物车中每个商品的折扣价格,更新购物车中商品的价格。

(6) 打印输出购物车中商品的名称、原始价格、折扣价格以及购物后该商品的库存量。

```
#1.创建一个元组表示库存商品信息
products = (
    {'name': '手机', 'price': 1999.99, 'stock': 50},
    {'name': '电脑', 'price': 4999.99, 'stock': 20},
    {'name': '平板', 'price': 999.99, 'stock': 30},
    {'name': '台灯', 'price': 329.88, 'stock': 30},
    #添加更多商品信息
)

#2.创建一个空集合表示购物车
cart = set()

#3.向 cart 添加物品模拟用户的购物行为
cart.add('手机')
cart.add('电脑')
cart.add('平板')
cart.add('台灯')

#4.创建一个字典表示部分商品的折扣价格
price_discounts = {'手机': 1800.00, '电脑': 4500.00, '平板': 900.00}
```

```
#5.计算购物车中商品的折扣价格并更新购物车中商品的价格
for product in products:
    if product['name'] in cart:
        original_price = product['price']
        discount_price = price_discounts.get(product['name'], original_price)
        product['price'] = discount_price

#6.打印输出购物车中商品的名称、原始价格、折扣价格以及购物后该商品的库存量
print("用户购物车中商品的信息:")
for product in products:
    if product['name'] in cart:
        print(f"商品的名称: {product['name']}")
        print(f"原始价格: {original_price:.2f}")
        print(f"折扣价格: {product['price']:.2f}")
        print(f"库存量: {product['stock']-1}")
        print("---------------")
```

运行上述程序代码,所得的输出结果如下。

```
用户购物车中商品的信息:
商品名称: 手机
原始价格: 329.88
折扣价格: 1800.00
库存量: 49
---------------
商品名称: 电脑
原始价格: 329.88
折扣价格: 4500.00
库存量: 19
---------------
商品名称: 平板
原始价格: 329.88
折扣价格: 900.00
库存量: 29
---------------
商品名称: 台灯
原始价格: 329.88
折扣价格: 329.88
库存量: 29
---------------
```

3.10 习　题

一、选择题

1. for 或者 while 与 else 搭配使用时,关于执行 else 语句块的描述正确的是(　　)。

A. 仅循环非正常结束后执行(以 break 结束)

B. 仅循环正常结束后执行

C. 总会执行

D. 永不执行

2. 字典 d={'Name': 'Kate','No': '1001','Age': '20'},表达式 len(d)的值为(　　)。

A. 12　　B. 9　　C. 6　　D. 3

3. 元组变量 t=("cat","dog","tiger","human"),t[::-1]的结果是(　　)。

A. {'human','tiger','dog','cat'}　　B. ['human','tiger','dog','cat']

C. 运行出错　　D. ('human','tiger','dog','cat')

4. 以下程序的输出结果是(　　)。

```
ls =list({'shandong':200, 'hebei':300, 'beijing':400})
print(ls)
```

A. ['300','200','400']　　B. ['shandong','hebei','beijing']

C. [300,200,400]　　D. 'shandong','hebei','beijing'

二、编程题

1. 编写程序,生成 1000 个 0 到 100 之间(含 0 和 100)的随机整数,并统计每个元素的出现次数。

2. 已知字典对象 dicdic = {'Python': 91,'Java': 94,'C': 99},据此用程序解答下面的题目。

(1) 字典的长度是多少?

(2) 请将'Java' 这个 key 对应的 value 值修改为 98。

(3) 删除 C 这个 key。

(4) 增加一个 key-value 对,key 为 Scala、value 为 90。

(5) 获取所有对象的 key 值,并存储在列表里。

(6) 获取所有对象的 value 值,并存储在列表里。

(7) 判断 C++ 是否在字典中。

(8) 获得字典里所有 value 值的和。

(9) 获取字典里最大的 value 值。

(10) 字典 dic1={'C++': 97},将 dic1 的数据更新到 dic 中。

第4章 chapter 4

函　数

函数是组织好的，可重复使用的，用来实现单一或相关联功能的代码段。函数能提高应用的模块性和代码的重复利用率。本章主要介绍：定义函数，函数调用，向函数传递实参，通过传引用来传递实参，生成器函数，lambda 表达式定义匿名函数，变量的作用域，函数的递归调用，常用内置函数，pyinstaller 打包生成可执行文件。

4.1 定义函数

定义函数

通过前面章节的学习，我们已经能够编写一些简单的 Python 程序了。但如果程序的功能比较多，规模比较大，那么把所有的代码都写在一个程序文件里，就会使文件中的程序变得庞杂，使我们阅读和维护程序变得困难。此外，有时程序要多次实现某一功能，就要多次重复编写实现此功能的程序代码，这会使程序冗长、不精练，这时可考虑用函数的数据结构将重复的代码封装起来，需要这些代码时只需调用函数就可以了。

函数可简单地理解成：编写了一些语句，为了方便重复使用这些语句，把这些语句组合在一起，给它起一个名字。只要调用(使用)这个名字，就可以利用这些语句的功能了。另外，每次调用函数时可以指定不同的参数作为输入，以便处理不同的数据；函数对数据处理后，还可以将相应的处理结果反馈给调用函数的调用者。在前面章节中，我们已经学习了像 range(a,b)、int(x)和 abs(x)这样的函数。当调用 abs(x)函数时，系统就会执行该函数里的语句，并返回结果。

在 Python 程序中，函数必须“先定义，后使用”。例如，想用 rectangle 函数去求长方形的面积和周长，必须事先按 Python 的函数规范对它进行定义，指定函数的名称、参数、函数体。在 Python 中定义函数的语法格式如下。

```
def 函数名([参数列表]):
    '''注释'''
    函数体
```

在 Python 中，定义函数时需要注意以下几个事项。

(1) Python 使用 def 关键字来定义函数。

(2) def 之后是函数名，这个名字由用户自己指定，def 和函数名中间至少要键入一个空格。

(3) 函数名后跟圆括号,圆括号后要加冒号,圆括号内用于定义函数形式参数,简称形参,如果有多个参数,参数之间用逗号隔开;参数是可选的,函数可以没有参数,没有参数时圆括号也需要保留。形式参数就像一个占位符,当调用函数时,就会将值传递给形式参数,这个值被称为实际参数或实参。在 Python 中,不需要声明形参的数据类型。

(4) 函数体,是函数每次被调用时执行的代码块,通常用来处理调用函数时传递过来的实参,由一行或多行语句组成。函数体中的语句相对于 def 向右至少缩进一个空格。

(5) 函数可以有返回值,也可以没有返回值,函数体结束后会将控制权返回给调用者。要使函数有返回值,需要在函数体书写以关键字 return 开头的返回语句来返回值,执行 return 语句意味着函数中语句执行的终止。函数返回值的类型由 return 后要返回的表达式的值的类型决定,若表达式的值是整型,函数返回值的类型就是整型。

(6) 在定义函数时,函数体的起始位置可以用三引号标记一段话,用来介绍该函数的功能,此时的注释在 Python 中被称为文档字符串,但这些注释并不是定义函数时必需的,可以将函数名传递给内置函数 help()来查看函数开头部分的文档字符串。

【例 4-1】 help()查看函数开头部分的文档字符串。

```
def printHelloWorld():
    """输出 Hello World!"""
    print("Hello World!")

help(printHelloWorld)
```

运行上述程序代码,得到的输出结果如下。

```
Help on function printHelloWorld in module __main__:
printHelloWorld()
    输出 Hello World!
```

【例 4-2】 定义返回两个数中较小数的函数。

分析:设定函数名为 min,设定两个形式参数:num1 和 num2,函数体中通过 return 语句返回这两个数中较小的那个。图 4-1 解释了 min()函数的定义及函数的调用。

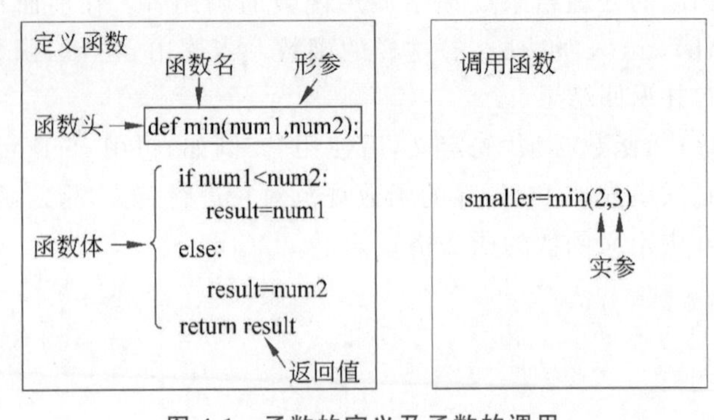

图 4-1 函数的定义及函数的调用

Python 允许嵌套定义函数,即在一个函数中定义了另外一个函数。内层函数可以访问外层函数中定义的变量,但不能重新赋值,内层函数的局部命名空间不能包含外层函数定义的变量。嵌套函数定义举例如下:

```
def f1():               #定义函数 f1
    m=3                 #定义变量 m=3
    def f2():           #在 f1 内定义函数 f2
        n=4             #定义局部变量 n=4
        print(m+n)
    f2()                #f1 函数内调用函数 f2
f1()                    #调用 f1 函数
```

运行上述程序代码,得到的输出结果如下。

```
7
```

4.2 函数调用

函数调用

在函数的定义中,定义了函数体,在函数体中编写了实现特定处理功能的一系列语句。定义后的函数不能直接运行,需要经过"调用"才能运行,调用函数的程序被称为调用者。调用函数的方式是函数名(实参列表),实参的个数要与形参的个数相同并一一对应,实参的类型也要与形参在函数中所表现出来的类型一致。当程序调用一个函数时,程序的控制权就会转移到被调用的函数中。当执行完函数的返回值语句或函数体中的语句执行完时,函数就会将程序的控制权交还给调用者,调用者继续执行后面的语句。如果函数有返回值,可以在表达式中把函数调用当作值使用;如果函数没有返回值,则可以把函数调用作为表达式语句使用。表达式和语句的区别:"表达式"是一个值,结果不是值的代码则称为"语句",如赋值语句、选择语句、循环语句等。根据函数是否有返回值,函数调用有两种方式:带有返回值的函数调用和不带返回值的函数调用。

4.2.1 带有返回值的函数调用

对这种函数的调用通常当作一个值处理,例如:

```
>>>smaller = min(2, 3)      #这里的 min 函数指的是图 4-1 里面定义的函数
```

smaller = min(2,3) 赋值语句表示调用 min(2,3),并将函数的返回值赋值给变量 smaller。

另外一个把函数当作值处理的调用函数的例子如下。

```
print(min(2, 3))
```

这条语句将调用函数 min(2,3)后的返回值输出。

【例 4-3】 简单的函数调用。

```
def fun():      #定义函数
    print('简单的函数调用 1')
    return  '简单的函数调用 2'
a=fun()         #调用函数 fun
print(a)
```

运行上述程序代码,得到的输出结果如下。

```
简单的函数调用 1
简单的函数调用 2
```

注意:即使函数没有参数,调用函数时也必须在函数名后面加上(),只有见到这个圆括号(),才会根据函数名从内存中找到函数体,然后执行它。

【例 4-4】 函数的执行顺序。

```
def fun():
  print('第一个 fun 函数')
def fun():
  print('第二个 fun 函数')
fun()
```

运行上述程序代码,得到的输出结果如下。

```
第二个 fun 函数
```

从上述的执行结果可以看出,fun()调用函数时执行的是第二个 fun()函数,下面的fun()将上面的 fun()覆盖掉了。也就是说,程序中如果有多个同函数名同参数的函数,调用函数时只有最近的函数发挥作用。

在 Python 中,一个函数可以返回多个值,实际上,函数返回的多个值会被打包成一个元组。

【例 4-5】 定义了返回 3 个值的函数。

```
def get_user_info():
    name = "孙悟空"
    gender = "男"
    address = "花果山"
    return name, gender, address

user_info = get_user_info()                        #调用函数并接收多个返回值
print(user_info)
name, gender, address = get_user_info()            #通过解包的方式获取各个返回值
print(name, gender, address)
```

运行上述程序代码,得到的输出结果如下。

```
('孙悟空', '男', '花果山')
孙悟空 男 花果山
```

【例 4-6】 定义求两个正整数之间的整数和(包括这两个整数),并调用该函数分别求 1 到 10、11 到 20、21 到 30 的整数之间的整数和。

```
1.    def sum(num1, num2):                         #定义 sum 函数
2.        result = 0
3.        for i in range(num1, num2 + 1):
4.            result += i
5.        return result
6.    def main():                                  #定义 main 函数
```

```
7.        print("Sum from 1 to 10 is", sum(1, 10))          #调用 sum 函数
8.        print("Sum from 11 to 20 is", sum(11, 20))        #调用 sum 函数
9.        print("Sum from 21 to 30 is", sum(21, 30))        #调用 sum 函数
10.   main()                                                 #调用 main 函数
```

运行上述程序代码,得到的输出结果如下。

```
Sum from 1 to 10 is 55
Sum from 11 to 20 is 155
Sum from 21 to 30 is 255
```

这个程序文件包含 sum()函数和 main()函数,在 Python 中 main()也可以写成其他任何合适的标识符。程序文件在第 10 行调用 main()函数。习惯上,程序里通常定义一个包含程序主要功能的名为 main()的函数。

这个程序的执行流程是:解释器从程序文件的第一行开始一行一行地读取程序语句并执行;读到第 1 行的函数头时,将函数头以及函数体(第 1 到 5 行)存储在内存中。然后,解释器将 main()函数的定义(第 6 到 9 行)读取到内存。最后,解释器读取到第 10 行时,调用 main()函数,main()函数中的语句被执行。程序的控制权转移到 main()函数,main()函数中的三条 print 输出语句分别调用 sum 函数求出 1～10、11～20、21～30 之间的整数和并将计算结果输出。例 4-6 中函数调用的流程图如图 4-2 所示,执行"return result"语句后,会将 result 返回给函数调用的位置,即将 result 返回给调用者。

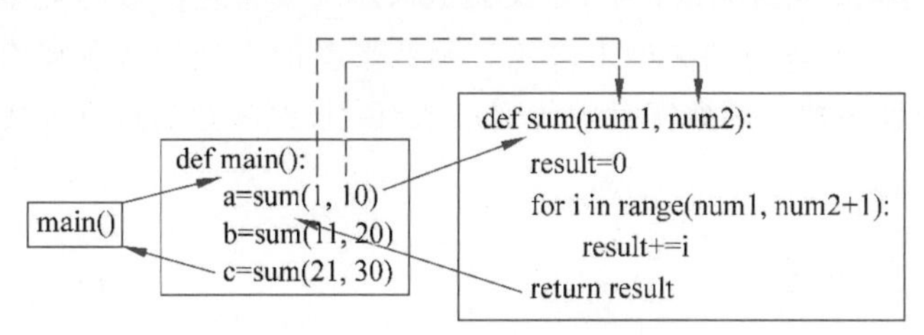

图 4-2 例 4-6 中函数调用的流程图

注意:这里的 main()函数是定义在 sum()函数之后,也可以定义在 sum()函数之前。

在 Python 中,函数在内存中被调用,在调用某个函数之前,该函数必须已经调入内存,否则系统会出现函数未被定义的错误。也就是说:在 Python 中不允许前向引用,即在函数定义之前,不允许调用该函数。下面编写 test FunctionCall.py 程序文件进一步举例说明。

```
print(printhello())          #在函数 printhello 定义之前调用该函数
def printhello():            #定义 printhello 函数
  print('hello')
```

运行上述程序代码,得到的输出结果如下。

```
Traceback (most recent call last):
  File "C:\Users\cao\Desktop\test FunctionCall.py", line 1, in <module>
    print(printhello())
NameError: name 'printhello' is not defined
```

4.2.2 不带返回值的函数调用

如果函数没有返回值,对函数的调用是通过将函数调用当作一条语句来使用的,例如下面含有一个形式参数的printStr(str1)函数的调用。

【例4-7】 无参函数定义与调用。

```
def printStr(str1) :
  "打印任何传入的字符串"
  print(str1)
printStr('Hello World')     #调用函数printStr(),将'Hello World'传递给形参
```

运行上述程序代码,得到的输出结果如下。

```
Hello World
```

向函数传递实参

4.3 向函数传递实参

函数的作用就在于它处理参数的能力,当调用函数时,需要将实参传递给形参。函数参数的使用可以分为两个方面,一是函数形参是如何定义的,二是函数在调用时实参是如何传递给形参的。在Python中,定义函数时不需要指定参数的类型,形参的类型完全由调用者传递的实参本身的类型来决定。函数形参的表现形式主要有:位置参数、默认值参数、可变长度参数。函数实参的传递形式有:按照参数名称方式传递参数、序列解包传递参数。

4.3.1 位置实参传递

位置参数函数的定义方式如下。

```
def functionName(参数1, 参数2, …)
    函数体
```

调用位置参数形式的函数时,实参默认按位置顺序传递给形参,即第1个实参传递给第1个形参,第2个实参传递给第2个形参,剩余参数类似传递。

【例4-8】 位置参数形式的函数定义与调用举例。

```
def print_person(name, sex):
  sex_dict={1:'先生',2:'女士'}
  print('来人的姓名是%s,性别是%s'%(name,sex_dict[sex]))
print_person('李明', 1)     #必须包括两个实参
```

运行上述程序代码,得到的输出结果如下。

```
来人的姓名是李明,性别是先生
```

例4-8中定义的print_person(name,sex)函数中,name和sex这两个参数都是位置参数。通过print_person('李明',1) 调用函数时,两个实参值按照顺序,依次赋值给name

和 sex，即'李明'传递给 name，1 传递给 sex，实参与形参的含义要相对应，即不能颠倒'李明'和 1 的顺序。

4.3.2 关键字实参传递

关键字实参传递是调用函数时向形参传递实参的一种方式，即以"形参名＝实参值"的形式向形参传递实参。使用关键字实参传递调用函数时，是按形参名称传递实参值，"形参名＝实参值"的顺序可以和形参顺序不一致，避免了用户需要牢记实参顺序与形参顺序相对应的麻烦。

【例 4-9】 关键字实参传递举例。

```
def person(name,age,sex):
  print('name:',name,'age:',age,'sex:',sex)
person(age=18,sex='M',name='John')              #按照关键字实参传递的形式调用函数
```

运行上述程序代码，得到的输出结果如下。

```
name: John age: 18 sex: M
```

4.3.3 默认值实参传递

对于位置参数形式的函数，在调用函数时如果实参个数与形参个数不相同时，Python 解释器会抛出异常。为了解决这个问题，Python 允许为形式参数设置默认值，即在定义函数时，给形式参数指定一个默认值。调用含有默认值参数的函数时，如果没有给指定默认值的形参传递实参，这个形参就将使用函数定义时设置的默认值，Python 解释器不会抛出异常。Python 中很多内置函数都是带有默认值参数的函数，带默认值参数的函数定义如下。

```
def functionName (..., 形参名, 形参名=默认值):
    函数体
```

可以使用"函数名.__defaults__"查看函数所有默认值参数的当前值，其返回值为一个元组，其中的元素依次表示每个默认值参数的当前值。

【例 4-10】 定义计算 x 的 y 次方的函数，函数默认计算 x 的平方。

```
def pow(x, n = 2):
  result = 1
  while n > 0:
    result *=x
    n-=1
  return result
print("pow(2,4)=",pow(2,4))
print("pow(2)=",pow(2))          #n 采用默认值
```

运行上述程序代码，得到的输出结果如下。

```
pow(2,4)= 16
pow(2)= 4
```

注意：在定义带有默认值参数的函数时，默认值参数必须出现在函数形参列表的最右端，即任何一个默认值参数右边都不能再出现非默认值参数。

4.3.4 可变长实参传递

当函数调用时想传递任意多个实参，这就需要写一个可变长形参的函数。在Python中，有两种可变长形参，分别是：参数名前面加*的可变长形参；参数名前面加**的可变长形参。

1. 可变长形参*

定义带有可变长形参*的函数的语法格式如下：

```
def functionName (arg1,arg2, * tupleArg):
    函数体
```

说明：tupleArg前面的"*"表示tupleArg这个参数是一个可变长形参，用来接收多余的实参，并将它们以元组的形式赋值给tupleArg，称为元组形式参数。

【例4-11】 可变长参数*传递举例。

```
def num (x,y, * args):
  print("x=",x)
  print("y=",y)
  print("args=",args)
print("num(1,2,3,4,5)的结果:")
num(1,2,3,4,5)          #将1赋值给x,将2赋值给y,(3,4,5)赋值给args
```

运行上述程序代码，得到的输出结果如下。

```
num(1,2,3,4,5)的结果:
x= 1
y= 2
args= (3, 4, 5)
```

【例4-12】 编写函数，可以接收任意多个整数并输出其中的最大值和所有整数之和。

```
>>> def demo( * x):
     print("%s的最大值是%d"%(x,max(x)))
     print("%s的各元素的数值之和是%d"%(x,sum(x)))
>>> demo(1,2,3,4,5)
(1, 2, 3, 4, 5)的最大值是5
(1, 2, 3, 4, 5)的各元素的数值之和是15
```

2. 可变长形参**

定义带有可变长形参**的函数的语法格式如下。

```
def functionName (arg1,arg2, * * dictArg):
    函数体
```

说明：dictArg 前面的“**”表示 dictArg 这个参数是一个可变长形参，用来接收多余的按照参数名称传递参数的实参，并将它们以字典的形式赋值给 dictArg，称为字典形式参数。

【例 4-13】 可变长参数**传递举例。

```
def printClassNum(class1,class2, * * dictArg):
  print("class1=",class1)
  print("class2=",class2)
  print("dictArg=",dictArg)
print("printClassNum(60,58,class3=59,class4=60)的结果:")
#将 class3=59、class4=60 以字典形式赋值给 dictArg
printClassNum(60,58,class3=59,class4=60)
```

运行上述程序代码，得到的输出结果如下。

```
printClassNum(60,58,class3=59,class4=60)的结果:
class1= 60
class2= 58
dictArg= {'class3': 59, 'class4': 60}
```

【例 4-14】 可变长参数 * 和**混合传递举例。

```
>>> def varLength (arg1, * tupleArg, * * dictArg):  #定义函数
    print("arg1=",arg1)
    print("tupleArg=",tupleArg)
    print("dictArg=",dictArg)
>>> varLength ("Python ")
arg1= Python        #表明函数定义中的 arg1 是位置参数
tupleArg= ()        #表明函数定义中的 tupleArg 的数据类型是元组
dictArg= {}         #表明函数定义中的 dictArg 的数据类型是字典
>>> varLength('hello world','Python',a=1)
arg1= hello world
tupleArg= ('Python',)
dictArg= {'a': 1}
>>> varLength('hello world','Python','C',a=1,b=2)
arg1= hello world
tupleArg= ('Python', 'C')
dictArg= {'a': 1, 'b': 2}
```

4.3.5 序列解包实参传递

使用序列解包传递实参时，调用的函数通常是一个位置参数函数，序列解包实参由一个“ * ”和一个序列连接而成，Python 解释器自动将序列解包成多个元素，并一一传递给各个位置参数。

```
>>> x, y, z = (1,2,3)             #元组解包赋值
>>> print('x:%d, y:%d, z:%d'%(x, y, z))
x:1, y:2, z:3
>>> def printk(x, y, z):
    print(x, y, z)
>>> tuple1=('姓名', '性别', '籍贯')
```

```
>>> printk(*tuple1)
姓名 性别 籍贯
>>> printk(*[1, 2, 3])
1 2 3
```

4.4 通过传引用来传递实参

Python中一切都是对象,函数调用时的参数传递可以说是传可变对象或传不可变对象。因此,函数调用时,传递的实参对象的类型分为可变类型和不可变类型。

当调用一个带参数的函数时,每个实参的引用值就被传递给形参。如果实参是对数字、字符串、元组这三种不可变类型的值的引用,那么不管函数体中的语句是否改变形参的值,这个实参的引用值都是不变的。

【例4-15】 实参是不可变类型的值的引用举例。

```
b=2
def changeInt(x):
  x = 2*x
print("b作为函数实参之前的值:",b)
changeInt(b)
print("执行changeInt(b)之后b的值:",b)
```

运行上述程序代码,得到的输出结果如下。

```
b作为函数实参之前的值: 2
执行changeInt(b)之后b的值: 2
```

若实参a是列表、集合、字典这三种类型中的值的引用,则调用函数fun(a)时,传递给形参的是a所引用的对象,在fun(a)内部修改该形参,fun(a)外部的a也会进行同样的修改。

【例4-16】 可变类型的变量作实参举例。

```
c=[1, 2, 3]
def changeList(x):
  x.append(4)
print("c作为函数实参之前的值:",c)
changeList(c)
print("执行changeList(c)之后c的值:",c)
```

运行上述程序代码,得到的输出结果如下。

```
c作为函数实参之前的值: [1, 2, 3]
执行changeList(c)之后c的值: [1, 2, 3, 4]
```

4.5 生成器函数

假如要创建一个返回偶数数列的函数,普通函数的做法如下。

```
def even_numbers(n):
    even_num_list = []
    for i in range(n):
        if (i % 2) == 0:
            even_num_list.append(i)
    return even_num_list

for j in even_numbers(10):
    print(j,end=" ")
```

运行上述代码,得到的输出结果如下。

```
0 2 4 6 8
```

当将上述函数中的 return 语句改为 yield 语句时,普通函数就变成了一个生成器函数了。此时调用函数 even_numbers(10),不会立即执行 even_numbers()函数,而是返回一个生成器对象 generator。

```
def even_numbers(n):
    for x in range(n):
        if (x % 2) == 0:
            print(x," ")
            yield x

num = even_numbers(10)
print(num)
```

运行上述代码,得到的输出结果如下。

```
<generator object even_numbers at 0x00000000030BDF48>
```

为了从生成器 generator 对象获取值,可以使用 for 循环遍历、调用 next()方法或者 list()方法将生成器对象转换为列表查看,这时候包含 yield 语句的函数才会被执行。

1. for 循环遍历生成器对象

```
def even_numbers(n):
    for x in range(1,n+1):
        if (x % 2) == 0:
            print(x,end=" ")
            yield x * 10
            print("继续执行",end=" ")

num = even_numbers(10)
for i in num:
    print(i,end=" ")
```

运行上述代码,得到的输出结果如下。

```
2 20 继续执行 4 40 继续执行 6 60 继续执行 8 80 继续执行 10 100 继续执行
```

2. 调用 next()方法查看生成器对象中的值

```
def even_numbers(n):
    for x in range(1,n+1):
        if (x % 2) == 0:
            print(x,end=" ")
            yield x * 10
            print("继续执行")

num = even_numbers(10)
print(next(num))
print(next(num))
print(next(num))
print(next(num))
print(next(num))
```

运行上述代码,得到的输出结果如下。

```
2 20
继续执行
4 40
继续执行
6 60
继续执行
8 80
继续执行
10 100
```

3. list()方法查看生成器对象中的值

```
def even_numbers(n):
    for x in range(1,n+1):
        if (x % 2) == 0:
            print(x,end=" ")
            yield x * 10
            print("继续执行",end=" ")


num = even_numbers(10)
for i in list(num):
    print(i,end=" ")
```

运行上述代码,得到的输出结果如下。

```
2 继续执行 4 继续执行 6 继续执行 8 继续执行 10 继续执行 20 40 60 80 100
```

当我们使用 for 循环、next()方法或者 list()方法获取生成器对象的值时,每次获取值都会执行 even_numbers()函数的代码,执行到 yield x * 10 时,就会返回一个值,下一次执行时,从 yield x 的下一条语句继续执行,函数的状态和上次中断执行前是一样的,于是继续执行,直到再次遇到 yield x * 10。

注意:生成器对象只能被遍历一次,当我们再次使用时,生成器对象为空。

包含 yield 语句和包含 return 语句的函数的功能区别如表 4-1 所示。

表 4-1 包含 yield 语句和包含 return 语句的函数的功能区别

包含 yield 语句的函数	包含 return 语句的函数
包含 yieldy 语句的函数在被调用时,返回生成器对象给调用者,只有在遍历生成器对象时,函数的代码才会被执行	包含 return 语句的函数被调用时,会返回值给调用者
生成器对象不占用内存	需要给返回的值分配内存
适合处理数据量比较大的情况	适合处理数据量较小的情况

4.6 lambda 表达式定义匿名函数

lambda 表达式定义匿名函数

Python 使用 lambda 表达式来创建匿名函数,即没有函数名字的临时使用的函数。lambda 表达式的语法格式如下。

```
lambda [参数 1 [,参数 2,...,参数 n]]:表达式
```

可以看出 lambda 表达式一般形式: 关键字 lambda 后面敲一个空格,后跟一个或多个参数,支持默认值参数和关键字参数,紧跟一个冒号,之后是一个表达式。

lambda 表达式的主体是一个表达式,而不是一个语句块,但在表达式中可以调用包含 return 返回语句的 def 函数,不包含 return 返回语句的 def 函数不可以放在表达式中。lambda 表达式拥有自己的名字空间,不能访问自有参数列表之外的参数,表达式的计算结果相当于函数的返回值。

lambda 表达式返回函数对象,但没有函数名,需要将这个函数对象赋值给某个变量,建立变量对函数对象的引用,用变量名来表示 lambda 表达式所创建的匿名函数,通过变量来调用匿名函数,调用的同时可以传递实参。

单个参数的 lambda 表达式:

```
>>> g = lambda x:x * 2
>>> g(3)
6
```

多个参数的 lambda 表达式:

```
>>> f=lambda x,y,z:x+y+z                #定义一个 lambda 表达式,求三个数的和
>>> f(1,2,3)
6
>>>h = lambda x,y=2,z=3 : x+y+z         #创建带有默认值参数的 lambda 表达式
>>> print(h(1,z=4,y=5))
10
```

注意: lambda 表达式中“:”后面只能有一个表达式。

4.6.1 lambda 表达式定义的匿名函数和 def 函数的区别

(1) def 创建的函数是有名称的,而 lambda 创建的是匿名函数。

(2) def 创建函数后会返回一个函数对象给一个标识符,这个标识符就是定义函数时的"函数名",lambda 表达式也会返回一个函数对象,但这个对象不会赋给一个标识符。下面举例说明。

```
>>> def f(x,y):
    return x+y
>>> a=f
>>> a(1,2)
3
```

(3) lambda 表达式只是一个表达式,而 def 函数则是一个语句块。

正是由于 lambda 表达式只是一个表达式,它可以直接作为列表或字典的成员,即创建带有行为的列表或字典。

【例 4-17】 创建带有行为的列表。

```
>>> info = [lambda x: x * 2, lambda y: y * 3]      #创建带有行为的列表
>>> print(info[0](2), info[1](2))
4 6
```

【例 4-18】 创建带有行为的字典。

```
>>> D = {'f1':(lambda x, y: x + y),
    'f2':(lambda x, y: x - y),
    'f3':(lambda x, y: x * y)}
>>> print(D['f1'](5, 2),D['f2'](5, 2),D['f3'](5, 2))
7 3 10
```

lambda 表达式可以用在列表对象的 sort()方法中。

```
>>> import random
>>> data=list(range(0,20,2))
>>> data
[0, 2, 4, 6, 8, 10, 12, 14, 16, 18]
>>> random.shuffle(data)
>>> data
[2, 12, 10, 6, 16, 18, 14, 0, 4, 8]
>>> data.sort(key=lambda x: x)              #使用 lambda 表达式指定排序规则
>>> data
[0, 2, 4, 6, 8, 10, 12, 14, 16, 18]
>>> data.sort(key = lambda x: -x)           #使用 lambda 表达式指定排序规则
>>> data
[18, 16, 14, 12, 10, 8, 6, 4, 2, 0]
```

假定有一个元素是三元组的列表,三元组为(class,number,name),现在要根据 name 和 number 对列表进行排序,具体实现如下。

```
>>> elements=[(2,103,"Me"),(3,105,"Li"),(3,101,"Li"),(2,106,"Liu")]
>>> elements.sort(key=lambda e:(e[2],e[1]))
>>> elements
[(3, 101, 'Li'), (3, 105, 'Li'), (2, 106, 'Liu'), (2, 103, 'Me')]
```

(4) lambda 表达式中,":"后面只能有一个表达式,返回一个值;而 def 则可以在 return 后面有多个表达式,返回多个值。

```
>>> def function(x):
    return x+1,x*2,x**2
>>> print(function(3))
(4, 6, 9)
>>> (a,b,c) = function(3)    #通过元组接收返回值,需要三个变量接收函数返回的三个值
>>> print(a,b,c)
4 6 9
```

4.6.2 自由变量对 lambda 表达式的影响

Python 中函数是一个对象,和整数、字符串等对象有很多相似之处,例如,可以作为其他函数的参数。Python 中的函数还可以携带自由变量,通过下面的测试用例来分析 Python 函数在执行时是如何确定自由变量的值的。

```
>>> i = 1
>>> def f(j):
    return i+j
>>> print(f(2))
3
>>> i = 5
>>> print(f(2))
7
```

可见,当定义函数 f()时,Python 不会记录函数 f()里面的自由变量"i"对应什么对象,只会告诉我们函数 f()有一个自由变量,它的名字叫"i"。接着,当函数 f()被调用执行时,Python 告诉函数 f():①空间上,需要在被定义时的外层命名空间(也称作用域)里面查找 i 对应的对象,这里将这个外层命名空间记为 S;②时间上,在函数 f()运行时,在 S 里面查找 i 对应的最新对象。在上面测试用例中的 i=5 之后,f(2)随之返回 7,恰好反映了这一点。继续看下面类似的例子。

```
>>> fTest = map(lambda i:(lambda j: i**j),range(1,6))
>>> print([f(2) for f in fTest])
[1, 4, 9, 16, 25]
```

在上面的测试用例中,fTest 是一个行为列表,里面的每个元素是一个 lambda 表达式,每个表达式中的 i 值通过 map()函数映射确定下来,执行 print([f(2) for f in fTest])语句时,f 依次在 fTest 中选取里面的 lambda 表达式并将 2 传递给 lambda 表达式中的 j,所以输出结果为[1,4,9,16,25]。再如下面的例子。

```
>>> fs = [lambda j:i*j for i in range(6)]
#fs 中的每个元素相当于是含有参数 j 和自由变量 i 的函数
>>> print([f(2) for f in fs])
[10, 10, 10, 10, 10, 10]
```

之所以会出现[10,10,10,10,10,10]这样的输出结果,是因为列表 fs 中的每个函数

在定义时,其包含的自由变量 i 是都是循环变量。因此,列表中的每个函数被调用执行时,其自由变量 i 都是对应循环结束 i 所指对象值 5。

4.7 变量的作用域

变量声明的位置不同,其可被访问的范围也不同。变量可被访问的范围称为变量的作用域。变量按作用域的不同可分为全局变量和局部变量。

4.7.1 全局变量

在一个源代码文件中,在函数之外定义(声明)的变量称为全局变量。全局变量的作用域(范围)为其所在的源代码文件。不属于任何函数的变量一般为全局变量,它们在所有的函数之外被创建,可以被所有的函数访问。

【例 4-19】 全局变量使用举例。

```
name = 'Jack'            #全局变量,具有全局作用域
def f1():
    age = 18             #局部变量
    print(age,name)
def f2():
    age = 19             #局部变量
    print(age,name)
f1()
f2()
```

运行上述程序代码,得到的输出结果如下。

```
18 Jack
19 Jack
```

在函数内部可改变全局变量所引用的可变对象(如列表、字典等)的值,如果需要对全局变量重新赋值,需要在函数内部使用 global 声明该变量。

【例 4-20】 global 使用举例。

```
name = ['Chinese','Math']                    #全局变量
name1 = ['Java','Python']                    #全局变量
name2 = ['C','C++']                          #全局变量
def f1():
    name.append('English')                   #列表的 append 方法可改变外部全局变量的值
    print('函数内 name: %s'%name)
    name1 = ['Physics','Chemistry'] #重新赋值无法改变外部全局变量的值
    print('函数内 name1: %s'%name1)
    global name2          #如果需重新给全局变量 name2 赋值,需使用 global 声明全局变量
    name2 = '123'
    print('函数内 name2: %s'%name2)
f1()
```

```
print('函数外输出 name: %s'%name)
print('函数外输出 name1: %s'%name1)
print('函数外输出 name2: %s'%name2)
```

运行上述程序代码，得到的输出结果如下。

```
函数内 name: ['Chinese', 'Math', 'English']
函数内 name1: ['Physics', 'Chemistry']
函数内 name2: 123
函数外输出 name: ['Chinese', 'Math', 'English']
函数外输出 name1: ['Java', 'Python']
函数外输出 name2: 123
```

4.7.2 局部变量

在函数内部声明的变量(包括函数参数)被称为局部变量，其有效范围为函数内部从创建变量的地方开始，直到包含该变量的函数结束为止。当函数运行结束后，在该函数内部定义的局部变量被自动删除且不可再访问。

(1) 在函数内部，变量 x 被创建之后，不论全局变量中是否有变量 x，此后函数中使用的 x 都是在该函数内定义的这个 x。例如：

```
x = 1
def func():
x = 2
print(x)
func()
```

输出结果是 2，说明函数 func 中定义的局部变量 x 覆盖全局变量 x。

(2) 函数内部的变量名如果是第一次出现，且出现在赋值符号“=”后面，且在之前已被定义为全局变量，则这里将引用全局变量。例如：

```
num = 10
def func():
  x = num + 10
  print(x)
func()
```

运行上述程序代码，输出结果是 20。

(3) 函数中使用某个变量时，如果该变量名既有全局变量也有局部变量，则默认使用局部变量。例如：

```
num = 10                    #全局变量
def func():
  num = 20                  #局部变量
  x = num * 10              #此处的 num 为局部变量
  print(x)
func()
```

运行上述程序代码，得到的输出结果是 200。

4.8 函数的递归调用

在调用一个函数的过程中又出现直接或间接地调用该函数本身,称为函数的递归调用。递归函数就是一个调用自己的函数。递归常用来解决结构相似的问题。所谓结构相似,是指构成原问题的子问题与原问题在结构上相似,可以用类似的方法求解。具体地,整个问题的求解可以分为两部分:第一部分是一些特殊情况(也称为最简单的情况),有直接的解法;第二部分与原问题相似,但规模比原问题的小,并且依赖第一部分的结果。每次递归调用都会简化原始问题,让它不断地接近最简单的情况,直至它变成最简单的情况。实际上,递归是把一个大问题转化成一个或几个小问题,再把这些小问题进一步分解成更小的小问题,直至每个小问题都可以直接解决。因此,递归有以下两个基本要素。

(1) 边界条件:确定递归到何时终止,也称为递归出口。

(2) 递归模式:大问题是如何分解为小问题的,也称为递归体。

递归函数只有具备了这两个要素,才能在有限次计算后得出结果。

许多数学函数都是使用递归来定义的。如数字 n 的阶乘 n!可以按下面的递归方式进行定义:

$$n! = \begin{cases} n! = 1 & (n = 0) \\ n \times (n-1)! & (n > 0) \end{cases}$$

对于给定的 n 如何求 n!呢?

求 n!可以用递推方法,即从 1 开始,乘 2,再乘 3……一直乘到 n。这种方法既容易理解,也容易实现。递推法的特点是从一个已知的事实(如 1 !=1)出发,按一定规律推出下一个事实(如 2!=2×1!),再从这个新的已知的事实出发,再向下推出一个新的事实(3!=3×1!),直到推出 n!=n×(n−1)!。

求 n!也可以用递归方法,即假设已知(n−1)!,使用 n!=n×(n−1)! 就可以立即得到 n!。这样,计算 n!的问题就简化为计算(n−1)!。当计算(n−1)! 时,可以递归地应用这个思路直到 n 递减为 0。

假定计算 n!的函数是 factorial(n)。如果 n=1,调用这个函数,立即就能返回它的结果,这种不需要继续递归就能知道结果的情况称为基础情况或终止条件。如果 n>1,调用这个函数,它会把这个问题简化为计算 n−1 的阶乘的子问题。这个子问题和原问题本质上是一样的,具有相同的计算特点,但比原问题更容易计算、计算规模更小。

计算 n!的函数 factorial(n)可简单地描述如下:

```
def factorial (n):
    if n==0:
        return 1
    return n * factorial (n - 1)
```

一个递归调用可能导致更多的递归调用,因为这个函数会持续地把一个子问题分解为规模更小的新的子问题,但这种递归不能无限地继续下去,必须有终止的那一刻,即通过若干次递归调用之后能终止继续调用,也就是说要有一个递归调用终止的条件,这时候就很容易求出问题的结果。当递归调用达到终止条件时,就将结果返回给调用者。然后调用者据此进行计算并将计算的结果返回给它自己的调用者。这个过程持续进行,直到结果被传回给原始的调用者为止。如 y=factorial(n),y 调用 factorial(n),结果被传回给原始的调用者,即传给 y。

如果我们计算 factorial(5),可以根据函数定义看到如下计算 5! 的过程。

```
===> factorial (5)
===> 5 * factorial (4)                              #递归调用 factorial (4)
===> 5 * (4 * factorial (3))                        #递归调用 factorial (3)
===> 5 * (4 * (3 * factorial (2)))                  #递归调用 factorial (2)
===> 5 * (4 * (3 * (2 * factorial (1))))            #递归调用 factorial (1)
===> 5 * (4 * (3 * (2 * (1 * factorial (0)))))      #递归调用 factorial (0)
===> 5 * (4 * (3 * (2 * (1 * 1))))      #factorial (0)结果已经知道,返回结果,
                                        #接着计算 1 * 1
===> 5 * (4 * (3 * (2 * 1)))            #返回 1 * 1 的计算结果,接着计算 2 * 1
===> 5 * (4 * (3 * 2))                  #返回 2 * 1 的计算结果,接着计算 3 * 2
===> 5 * (4 * 6)                        #返回 3 * 2 的计算结果,接着计算 4 * 6
===> 5 * 24                             #返回 4 * 6 的计算结果,接着计算 5 * 24
===> 120                                #返回 5 * 24 的计算结果到调用处,计算结束
```

图 4-3 以图形的方式描述了从 n=2 开始的递归调用过程。

```
factorial(2)

def factorial(2):
  if 2==0:
    return 1
  return 2*factorial(2-1)

def factorial (1):
  if 1==0:
    return 1
  return 1*factorial(1-1)

def factorial(0):
  if 0==0:
    return 1
  return n*factorial(n-1)
```

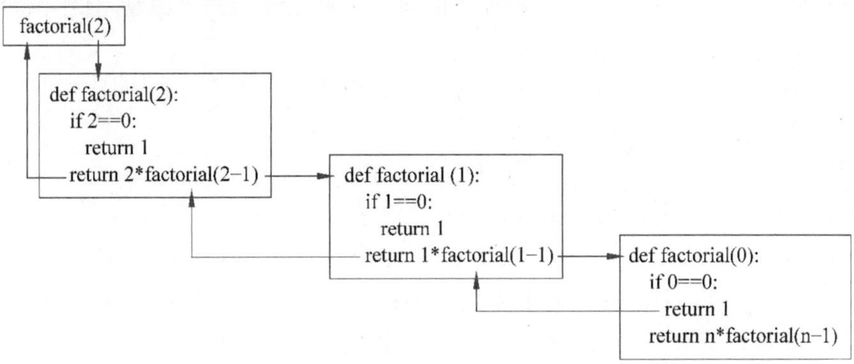

图 4-3 factorial 函数从 n=2 开始的递归调用过程

```
>>> factorial (5)                  #计算 5 的阶乘
120
```

我们可以修改一下代码,详细地输出计算 5!的每一步。

```
>>> def factorial(n):
    print("当前调用的阶乘 n = " + str(n))
    if n == 0:
        return 1
    else:
        res = n * factorial(n - 1)
        print("目前已计算出%d * factorial(%d) = %d"%(n, n - 1, res))
        return res
```

```
>>> factorial(5)
当前调用的阶乘 n = 5
当前调用的阶乘 n = 4
当前调用的阶乘 n = 3
当前调用的阶乘 n = 2
当前调用的阶乘 n = 1
当前调用的阶乘 n = 0
目前已计算出 1*factorial(0)=1
目前已计算出 2*factorial(1)=2
目前已计算出 3*factorial(2)=6
目前已计算出 4*factorial(3)=24
目前已计算出 5*factorial(4)=120
120
```

【例 4-21】 使用递归函数实现汉诺塔问题。

汉诺塔(又称河内塔)问题源于印度的一个古老传说：大梵天创造世界的时候，做了三根金刚石柱子，在一根柱子上从下往上按照大小顺序摞着64片黄金圆盘，称之为汉诺塔。大梵天命令婆罗门把圆盘从一根柱子上按大小顺序重新摆放在另一根柱子上。并且规定，小圆盘上不能放大圆盘，在三根柱子之间一次只能移动一个圆盘。这个问题称为汉诺塔问题。

汉诺塔问题可描述为：假设柱子编号为a,b,c，开始时a柱子上有n个盘子，要求把a上面的盘子移动到c柱子上，在三根柱子之间一次只能移动一个圆盘，且小圆盘上不能放大圆盘。在移动过程中可借助b柱子。

要想完成把a柱子上的n个盘子借助b柱子移动到c柱子上这一任务，只需完成以下三个子任务。

(1) 把a柱子上面的n－1个盘移动到b柱子上。

(2) 把a柱子最下面的第n个盘移动到c柱子上。

(3) 把第(1)步中移动到b柱子上的n－1个盘移动到c柱子上，任务完成。

基于上面的分析，汉诺塔问题可以用递归函数来实现。定义函数move(n,a,b,c)表示把n个圆盘从柱子a移动到柱子c，在移动过程中可借助b柱子。

递归终止的条件：当n=1时，move(1,a,b,c)该情况是最简单情况，可直接求解，即答案是直接将盘子从a移动到c。

递归过程：把move(n,a,b,c)细分为：move(n－1,a,c,b)，move(1,a,b,c)和move(n－1,b,a,c)。

实现汉诺塔问题的递归函数如下：

```
>>> def move(n,a,b,c):
    if n==1:
        print(a,'-->',c, end=';')          #将a上面的第一个盘子移动到c上
    else:
        move(n-1, a, c, b)      #将a柱子上面的n-1个盘子从a柱子移动到b柱子上
        move(1, a, b, c)        #将a柱子剩下的最后一个盘子从a柱子移动到c柱子上
        move(n-1, b, a, c)      #将b柱子上的n-1个盘子移动到c柱子上
>>> move(3,'A','B','C')
```

```
A --> C; A --> B; C --> B; A --> C; B --> A; B --> C; A --> C;
>>> move(4,'A','B','C')
A --> B; A --> C; B --> C; A --> B; C --> A; C --> B; A --> B; A --> C; B --> C;
B --> A; C --> A; B --> C; A --> B; A --> C; B --> C;
```

4.9 常用内置函数

4.9.1 map()映射函数

map(func,seq1[,seq2,…])：第 1 个参数接受一个函数名,后面的参数接受一个或多个可迭代的序列,将 func 依次作用在序列 seq1[,seq2,…]同一位置处的元素上,得到一个新的序列。

(1) 当只有一个序列 seq 时,返回一个由函数 func 作用于 seq 的每个元素上所得到的返回值组成的新序列。

```
>>> L=[1,2,3,4,5]
>>> list(map((lambda x: x+5),L))        #将 L 中的每个元素加 5
[6, 7, 8, 9, 10]
>>> def f(x):
    return x * 2
>>> L = [1, 2, 3, 4, 5]
>>> list(map(f, L))
[2, 4, 6, 8, 10]
```

(2) 当序列 seq 多于一个时,每个 seq 的同一位置的元素传入多元的 func 函数(有几个序列,func 就应该是几元函数),每个返回值都是将要生成的序列中的元素。

```
>>> def add(a,b):          #定义一个二元函数
   return a+b
>>> a=[1,2,3]
>>> b=[4,5,6]
>>> list(map(add,a,b)) #将 a,b 两个列表同一位置的元素相加求和
[5, 7, 9]
>>> list(map(lambda x , y : x ** y, [2,4,6],[3,2,1]))
[8, 16, 6]
>>> list(map(lambda x , y, z : x + y + z, (1,2,3), (4,5,6), (7,8,9)))
[12, 15, 18]
```

(3) 如果函数有多个序列参数,且每个序列的元素数量不一样多,则会根据最少元素的序列进行 map()函数计算。

```
>>> list1 = [1, 2, 3, 4, 5, 6, 7]                #7 个元素
>>> list2 = [10, 20, 30, 40, 50, 60]             #6 个元素
>>> list3 = [100, 200, 300, 400, 500]            #5 个元素
>>> list(map(lambda x,y,z : x* * 2 + y + z,list1, list2, list3))
[111, 224, 339, 456, 575]
```

4.9.2 reduce()函数

reduce()函数在库functools里,如果要使用它,要从这个库里导出。reduce()函数的语法格式:

```
reduce(function, sequence[, initializer])
```

参数说明如下。

function:有两个参数的函数名。

sequence:序列对象。

initializer:可选,初始参数。

(1) 不带初始参数initializer的reduce()函数:reduce(function,sequence),先将sequence的第1个元素作为function()函数的第1个参数,sequence的第2个元素作为function()函数第2个参数进行function()函数运算,然后将得到的返回结果作为下一次function()函数运算的第1个参数,并将序列sequence的第3个元素作为function()函数的第2个参数进行function()函数运算,得到的结果再与sequence的第4个元素进行function()函数运算,依次进行下去,直到sequence中的所有元素都得到处理。

【例4-22】 不带初始参数initializer的reduce()函数使用举例。

```
>>> from functools import reduce
>>> def add(x,y):
    return x+y
>>> reduce(add, [1,2,3,4,5])                    #计算列表中元素的和: 1+2+3+4+5
15
>>> reduce(lambda x, y: x * y, range(1, 11))    #求得10的阶乘
3628800
```

(2) 带初始参数initializer的reduce()函数:reduce(function,sequence,initializer),先将初始参数initializer作为function()函数的第1个参数,sequence的第1个元素作为function()函数的第2个参数进行function()函数运算,然后将得到的返回结果作为下一次function()函数运算的第1个参数,并将序列sequence的第2个元素作为function()的第2个参数进行function()函数运算,得到的结果再与sequence的第3个元素进行function ()函数运算,依次进行下去,直到sequence中的所有元素都得到处理。

【例4-23】 带初始参数initializer的reduce()函数使用举例。

```
>>> from functools import reduce
>>> reduce(lambda x, y: x + y, [2, 3, 4, 5, 6], 1)
21
```

【例4-24】 统计一段文字的词频。

```
>>> from functools import reduce
>>> import re
>>> str1="Youth is not a time of life; it is a state of mind; it is not a matter of rosy cheeks, red lips and supple knees; it is a matter of the will, a quality of the imagination, a vigor of the emotions; it is the freshness of the deep springs of life. "
```

```
>>> words=str1.split()      #以空字符为分隔符对 str1 进行分隔
>>> words
    ['Youth', 'is', 'not', 'a', 'time', 'of', 'life;', 'it', 'is', 'a', 'state',
'of', 'mind;', 'it', 'is', 'not', 'a', 'matter', 'of', 'rosy', 'cheeks,', 'red',
'lips', 'and', 'supple', 'knees;', 'it', 'is', 'a', 'matter', 'of', 'the', 'will,',
'a', 'quality', 'of', 'the', 'imagination,', 'a', 'vigor', 'of', 'the',
'emotions;', 'it', 'is', 'the', 'freshness', 'of', 'the', 'deep', 'springs',
'of', 'life.']
>>> words1=[re.sub('\W', '', i) for i in words]  #将字符串中的非单词字符替换为''
>>> words1
    ['Youth', 'is', 'not', 'a', 'time', 'of', 'life', 'it', 'is', 'a', 'state',
'of', 'mind', 'it', 'is', 'not', 'a', 'matter', 'of', 'rosy', 'cheeks', 'red',
'lips', 'and', 'supple', 'knees', 'it', 'is', 'a', 'matter', 'of', 'the', 'will',
'a', 'quality', 'of', 'the', 'imagination', 'a', 'vigor', 'of', 'the',
'emotions', 'it', 'is', 'the', 'freshness', 'of', 'the', 'deep', 'springs', 'of',
'life']
>>> def fun(x,y):
    if y in x:
        x[y]=x[y]+1
    else:
        x[y]=1
    return x
>>> result=reduce(fun, words1, {})        #统计词频
>>> result
{'Youth': 1, 'is': 5, 'not': 2, 'a': 6, 'time': 1, 'of': 8, 'life': 2, 'it': 4,
'state': 1, 'mind': 1, 'matter': 2, 'rosy': 1, 'cheeks': 1, 'red': 1, 'lips': 1, '
and': 1, 'supple': 1, 'knees': 1, 'the': 5, 'will': 1, 'quality': 1, 'imagination':
1, 'vigor': 1, 'emotions': 1, 'freshness': 1, 'deep': 1, 'springs': 1}
```

4.9.3 filter()过滤函数

filter()函数用于过滤序列,过滤掉不符合条件的元素,返回由符合条件的元素组成的新序列,语法格式如下。

```
filter(func, sequence)
```

参数说明如下。

func：函数。

sequence：序列对象。

函数功能：序列 iterable 的每个元素作为参数传递给 func 函数进行判断,func 函数返回 True 或 False,由所有使 func 函数的返回值为 True 的元素组成的新的序列即为 filter()函数的返回值。

【例 4-25】 过滤出列表中的所有奇数。

```
>>> def is_odd(n):
    return n%2 == 1
>>> newlist = filter(is_odd, range(1,20))
>>> list(newlist)
[1, 3, 5, 7, 9, 11, 13, 15, 17, 19]
```

【例 4-26】 过滤出列表中的所有回文数。

分析：回文数是一种正读倒读都一样的数，如 98789 倒读也为 98789。

```
>>> def is_palindrome(n):                          #定义判断是不是回文数的函数
    n=str(n)
    m=n[::-1]
    return n==m
>>> newlist = filter(is_palindrome, range(100,200)) #过滤出列表中的所有回文数
>>> list(newlist)
[101, 111, 121, 131, 141, 151, 161, 171, 181, 191]
```

4.10 pyinstaller 打包生成可执行文件

使用 pyinstaller 模块能够将 Python 源文件打包成可脱离 Python 环境直接运行的 exe 可执行文件。pyinstaller 是第三方模块，需要安装后才能使用，安装命令如下。

```
pip install pyinstaller
```

需要注意的是，pyinstaller 模块需要在命令行窗口下使用，其将 Python 源文件打包成可脱离 Python 环境直接运行的 exe 可执行文件的语法格式如下。

```
pyinstaller [参数] Python 源文件
```

打包成功后会在 Python 源文件同级目录下生成一个 dist 文件夹，里面就是一个和代码文件名同名的可执行文件。在代码里面尽量不要用 import，尽量使用 from... import...，因为如果使用 import，那么在打包的时候，会将整个包都打包到 exe 里面。

pyinstaller 命令常用参数如表 4-2 所示。

表 4-2 pyinstaller 命令常用参数

参数	说　明
-F	在 dist 文件夹中只生成单个的可执行文件
-D	生成 dist 目录，默认值
-w	指定程序运行时不显示命令行窗口，使用图形窗口运行程序
-c	指定使用命令行窗口运行程序
-i	指定打包使用的图标文件(icon 文件)，生成自定义图标的 exe 可执行文件
-n	指定打包后生成文件的名称

下面给出使用 pyinstaller 打包 Python 源文件的例子。先创建一个 app 目录，在该目录下创建一个 hello.py 文件，文件中包含如下代码：

```
def main():
    print('hello world')
#调用 main()函数
main()
```

接下来打开命令行窗口，当前路径切换到 app 目录下，执行如下命令打包。

```
pyinstaller -F -c hello.py
```

执行以上命令，将看到详细的生成过程。默认情况下，打包会在当前目录下生成 dist 和 build 文件夹以及 hello.spec 文件。dist 中有一个 hello.exe 文件，这就是使用 pyinstaller 工具生成的 exe 程序，双击 hello.exe 文件即可运行程序，该文件在任何计算机上（即使没有安装 Python）都可以执行。build 文件夹下为构建过程临时文件目录，hello.spec 为打包的配置文件。

在命令行窗口中进入 dist 目录，在该目录执行 hello.exe，将会看到如下输出结果。

```
C:\Users\caojie\Desktop\app\dist>hello.exe
hello world
```

4.11 实战：哥德巴赫猜想

1742 年，哥德巴赫在给欧拉的信中提出了以下猜想：任一大于 2 的整数都可写成三个素数之和。自 1742 年提出至今，哥德巴赫猜想已经困扰数学界长达三个世纪之久。作为数论领域存在时间最久的未解难题之一，哥德巴赫猜想俨然成为一面旗帜，激励着无数数学家向着真理的彼岸前行。

我国数学家陈景润在数论研究中，对哥德巴赫猜想问题进行精心解析和科学推算，证明了任何一个充分大的偶数，都可表示一个素数加上顶多是两个素数的乘积（简称“1＋2”），攻克了数学界 200 多年悬而未决的世界级难题——哥德巴赫猜想中的“1＋2”，成为哥德巴赫猜想研究史上的里程碑。

常见的哥德巴赫猜想为欧拉版本的哥德巴赫猜想，即任一大于 2 的偶数都可写成两个素数之和，亦称为“强哥德巴赫猜想”或“关于偶数的哥德巴赫猜想”。比如：$24=5+19$。其中 5 和 19 都是素数。

【例 4-27】 在一行中按照格式“$N=p+q$”输出大于 2 的偶数 N 的素数分解，其中，$p\leqslant q$ 且 p 与 q 均为素数。

```
import math
shuzi = eval(input('请输入一个大于 2 的偶数:'))
#创建一个函数,用来判断是否为素数
def suShu(n):
    flag = 0
    if n <=1:
        return False
    else:
        for i in range(2,int(math.sqrt(n))+1):
            if n%i == 0:
                flag = 1
                break
    if flag == 1:
        return False
    else:
```

```
        return True

for i in range(2,shuzi):
    if suShu(i) == True and suShu(shuzi-i) == True:
        print("%s = %s + %s" % (shuzi,i,shuzi-i))
        break
```

运行上述程序代码,得到的输出结果如下。

```
请输入一个大于 2 的偶数: 16
16 = 3 + 13
```

4.12 习 题

一、选择题

1. 关于函数,以下选项中描述错误的是( )。
   A. 函数能完成特定的功能,对函数的使用不需要了解函数内部实现原理,只要了解函数的输入输出方式即可
   B. 使用函数的主要目的是降低编程难度和代码重用
   C. Python 使用 del 保留字定义一个函数
   D. 函数是一段具有特定功能的、可重用的语句组
2. 关于 Python 的 lambda 表达式,以下选项中描述错误的是( )。
   A. 可以使用 lambda 表达式定义列表的排序原则
   B. f=lambda x,y:x+y 执行后,f 的类型为数字类型
   C. lambda 表达式将函数名作为函数结果返回
   D. lambda 用于定义简单的、能够在一行内表示的函数
3. 下面代码实现的功能描述的是( )。

```
def fact(n):
    if n==0:
        return 1
    else:
        return n * fact(n-1)
num =eval(input("请输入一个整数: "))print(fact(abs(int(num))))
```

   A. 接受用户输入的整数 n,判断 n 是否是素数并输出结论
   B. 接受用户输入的整数 n,判断 n 是否是完数并输出结论
   C. 接受用户输入的整数 n,判断 n 是否是水仙花数
   D. 接受用户输入的整数 n,输出 n 的阶乘值
4. 关于函数的可变参数,可变参数 *args 传入函数时存储的类型是( )。
   A. list　　B. set　　C. dict　　D. tuple

5. 执行以下代码,运行结果是(　　)。

```
def split(s):
    return s.split("a")
s = "Happy birthday to you!"
print(split(s))
```

A. ['H','ppy birthd','y to you!']　　B. "Happy birthday to you!"
C. 运行出错　　D. ['Happy','birthday','to','you!']

二、编程题

1. 刚上大一的小李同学一家外出旅游,行驶到合肥时突然发现油量不足,此时他们一家到杭州、南京、上海的剩余里程分别是435km、175km、472km。假设汽车的油耗是8升/百公里,请你写一个函数,根据输入的油量,帮助他们选择最远能去的城市。

要求:根据可行驶里程进行判断,打印出最远能去的城市名。如果油量哪里都不能去,打印出“先去加油站吧”。

2. 写一个自己的upper函数,将一个字符串中所有的小写字母变成大写字母。

3. 编写函数,从键盘输入一个整数,判断其是否为完全数。所谓完全数,是指该数的各因子(除该数本身外)之和正好等于该数本身,例如:6=1+2+3,28=1+2+4+7+14。

4. 编写函数,从键盘输入参数x和n,计算并显示形如“x+xx+xxx+xxxx+xxxxx+xxx…xxx+”的表达式前n项的值。

第5章 chapter 5

正则表达式

正则表达式描述了一种匹配字符串的模式，可以用来检查一个字符串是否含有正则表达式描述的字符串。本章主要介绍：正则表达式的构成，正则表达式的分组匹配，正则表达式的选择匹配，正则表达式的贪婪匹配与懒惰匹配，正则表达式模块 re，正则表达式中的(?:pattern)、(?=pattern)、(?!pattern)、(?<=pattern)和(?<!pattern)。

正则表达式的构成

5.1 正则表达式的构成

正则表达式(Regular Expression，通常缩写为 Regex 或 RegExp)是一种用于文本匹配和模式搜索的强大工具。正则表达式是由普通字符(例如大写和小写字母、数字等)、预定义字符(例如\d 表示 0 到 9 的十个数字集[0-9]，用于匹配数字)以及元字符(例如 * 表示匹配位于 * 之前的字符或子表达式 0 次或多次出现)组成的字符串，该字符串描述一个可以识别某些字符串的模式(pattern)，也称为模板。这些模式可以用于如下方面。

(1) 搜索文本。可以使用正则表达式搜索文本中是否包含特定的字符串、子字符串或模式。

(2) 替换文本。可以使用正则表达式来查找并替换文本中的特定模式。

(3) 验证文本。正则表达式可用于验证文本是否符合特定格式或规则，如电子邮件地址、电话号码或日期。

(4) 数据提取。正则表达式可以从文本中提取特定的信息，如从 HTML 中提取链接、从日志文件中提取关键信息等。

若正则表达式是“Python 3”，该正则表达式仅仅由普通字符组成，没有使用任何预定义字符以及元字符，因此，该正则表达式只能匹配所描述的内容，即能够匹配这个正则表达式的只有“Python 3”字符串。正则表达式的强大之处在于引入预定义字符和元字符来定义正则表达式，使得正则表达式可以匹配众多不同的字符串，而不仅仅只是某一个字符串。

5.1.1 预定义字符

正则表达式中的预定义字符是一组用于匹配常见字符类型的特殊字符。这些预定义字符类非常有用，因为它们可以简化正则表达式的编写，使我们能够更轻松地匹配数字、字母、空白字符等。一些用反斜杠字符(\)开始的字符表示预定义字符，表5-1列出了在正则表达式中常用的预定义字符。

表5-1 正则表达式中常用的预定义字符

预定义字符	功能
\d	匹配任一数字字符，相当于0到9的十个数字集[0-9]
\D	匹配任一非数字字符，相当于[^0-9]
\w	匹配单词字符(即字母、数字、下画线)中任意一个字符，相当于[a-zA-Z0-9_]
\W	匹配任一非单词字符，相当于 [^a-zA-Z0-9_]
\s	匹配任一空白字符，包括空格、换页符\f、换行符\n、回车符\r等，相当于[\f\n\r\t\v]
\S	匹配任一非空白字符，相当于[^ \f\n\r\t\v]
\A	匹配字符串开始位置，忽略多行模式
\Z	匹配字符串结束位置，忽略多行模式
\b	表示单词字符与非单词字符的边界，不匹配任何实际字符，在正则表达式中使用\b时需在其前面加\
\B	表示单词字符与单词字符的边界，非单词字符与非单词字符的边界

在Python中，是通过re模块让正则表达式发挥处理功能的。导入re模块后，可使用其中的findall()函数在字符串中查找满足模式的所有子字符串。

```
re.findall(pattern, string[, flags])
```

函数功能：扫描整个字符串string，并返回string中所有与模式(pattern)匹配的子字符串，并把它们作为一个列表返回。

参数说明如下。

pattern：模式，一个正则表达式。

string：要匹配的字符串。

flags：标志位，用于控制正则表达式的匹配方式，如：是否区分大小写、多行匹配等。

```
>>> import re
>>> string="hello2worldhello3worldhello4"
#获取 string 中所有"hello"后跟一个数字的子字符串
>>> re.findall("hello\d", string)
['hello2', 'hello3', 'hello4']
>>> re.findall("\Ahello\d", string)     #在字符串开始位置查找
['hello2']
>>> re.findall("hello\d\Z", string)     #在字符串结束位置查找
['hello4']
```

5.1.2 元字符

元字符就是一些有特殊含义的字符。若要匹配元字符，必须对元字符“转义”，即，将

反斜杠字符\放在它们前面,使之失去特殊含义,成为一个普通字符。表5-2列出了一些常用的元字符。

表5-2 常用的元字符

元字符	描述
\	转义字符,将其后字符标记为特殊字符、或原义字符、或向后引用等。例如,'\n'匹配换行符,'\\'匹配"\"
.	匹配任一字符,除了换行符(\n),要匹配'.',需使用'\.'
^...	在字符串开头匹配...
...$	在字符串结尾匹配...
(...)	标记一个子表达式的开始和结束位置,即将位于()内的字符作为一个整体看待
*	匹配位于*之前的字符或子表达式0次或多次
+	匹配位于+之前的字符或子表达式1次或多次
?	匹配位于?之前的字符或子表达式0次或1次
{m}	匹配{m}之前的字符或子表达式m次
{m,n}	匹配{m,n}之前的字符或子表达式m至n次,m和n可以省略,若省略m,则匹配0至n次,若省略n,则匹配m至无限次
[...]	匹配位于[...]中的任意一个字符
[^...]	匹配不在[...]中的任意一个字符,[^abc]表示匹配除了a、b、c之外的任一字符
|	匹配位于|之前或之后的字符或子表达式

下面给出正则表达式的应用实例。

1. 匹配字符串字面值

正则表达式最为直接的功能就是用一个或多个字符的字面值来匹配字符串,这和在Word等字符处理程序中使用关键字查找类似。

```
>>> import re
>>> re.findall("java", "javacjava")      #获取"javacjava"中所有的字符串"java"
['java', 'java']
```

2. 匹配数字

预定义的字符'\d'用于匹配任一数字,也可用字符组'[0-9]'替代'\d'来匹配任一数字。

```
>>> re.findall("\d", "12java34java56")                      #匹配所有的数字
['1', '2', '3', '4', '5', '6']
>>> re.findall("\\b\d{3}\\b", " 123 a*456#b789")            #匹配3位数字
['123', '456']
>>> re.findall("\\b\d{3,}\\b", " 123 a*4567#b7890*")        #匹配至少3位的数字
['123', '4567']
#匹配非零开头的最多带两位小数的数字
>>> re.findall("[1-9][0-9]*\.\d{1,2}\\b", " 1.23 a*45.6#b7.892*")
```

```
['1.23', '45.6']
#匹配正数、负数和小数
>>> re.findall("-?\d+\.?\d+", "1.23@0.7g1897f-1.32")
['1.23', '0.7', '1897', '-1.32']
```

3. 匹配非数字字符

预定义的字符'\D'用于匹配一个非数字字符，与'[^0-9]'与'[^\d]'的作用相同。

```
>>> re.findall("\D", "1java2java3")
['j', 'a', 'v', 'a', 'j', 'a', 'v', 'a']
#匹配汉字
>>> re.findall("[\u4e00-\u9fa5]+", "凡事总需研究，才会明白。")
['凡事总需研究', '才会明白']
```

4. 匹配单词和非单词字符

预定义字符'\w'用于匹配单词字符，用'[a-zA-Z0-9_]'可达到同样的效果。预定义字符'\W'用于匹配非单词字符。'\W'与'[^a-zA-Z0-9_]'的作用一样。

'a\we'可以匹配'afe'、'a3e'、'a_e'。

'a\We'可以匹配'a.e'、'a，e'、'a * e'等字符串，'\W'用于匹配非单词字符。

'a[bcd]e'可以匹配'abe'、'ace'和'ade'，'[bcd]'匹配'b'、'c'和'd'中的任意一个。

5. 匹配空白字符

预定义的字符'\s'用于匹配空白字符，与'\s'匹配内容相同的字符组为'[\f\n\r\t\v]'，包括空格、制表符、换页符等。用'\S'匹配非空白字符，或者用'[^\s]'，或者用'[^\f\n\r\t\v]'。

'a\se'可以匹配'a e'。

6. 匹配任意字符

用正则表达式匹配任意字符的一种方法是使用点号'.'，点号可以匹配任何单字符(换行符'\n'之外)。要匹配"hello world"这个字符串，可使用11个点号'...........'。但这种方法太麻烦，推荐使用量词'.'{11}，{11}表示匹配{11}之前的字符11次。

'ab{2}c'可以匹配'abbc'。'ab{1,2}c'，可完整匹配的字符串有'abc'和'abbc'，{1,2}表示匹配{1,2}之前的字符"b"1次或2次。

'abc * '可以匹配'ab'、'abc'、'abcc'等字符串，' * '表示匹配位于' * '之前的字符"c"0次或多次。

'abc+'可以匹配'abc'、'abcc'、'abccc'等字符串，'+'表示匹配位于'+'之前的字符"c"1次或多次。

'abc? '可以匹配'ab'和'abc'字符串，'? '表示匹配位于'? '之前的字符"c"0次或1次。

如果想查找元字符本身，比如用'.'查找'.'，就会出现问题，因为它们会被解释成特殊含义。这时我们就得使用'\'来取消该元字符的特殊含义。因此，查找'.'应该使用'\.'。要查找'\'本身，需要使用'\\'。

例如：'baidu\.com'匹配 baidu.com，'C:\\Program Files'匹配 C:\Program Files。

7. 正则表达式的边界匹配

匹配字符串的起始位置要使用字符'^'，匹配字符串的结尾位置要使用字符'$'。

```
>>> import re
#匹配字符串的起始位置为 Ea 的一句话
>>> re.findall('^Ea[a-zA-Z ]*\.',"Each of us holds a unique place in the world. You are special, no matter what others say or what you may think. So forget about being replaced. You can't be.")
['Each of us holds a unique place in the world.']
#匹配字符串的起始位置为 Ea 的字符串
>>> re.findall('^Ea.*\.$',"Each of us holds a unique place in the world. You are special,no matter what others say or what you may think. So forget about being replaced. You can't be.")
["Each of us holds a unique place in the world. You are special,no matter what others say or what you may think. So forget about being replaced. You can't be."]
```

匹配单词边界要使用'\b'，如正则表达式'\bWe\b'匹配单词 We，而当它是其他单词的一部分的时候不匹配。

```
>>> re.findall('\\bWe\\b',"We Week Weekend.")
['We']
```

可以使用'\B'匹配非单词边界，'\B'表示单词字符与单词字符的边界，非单词字符与非单词字符的边界。

```
>>> re.findall('\\B\d*\d\\B',"#W12345e#")
['12345']
```

正则表达式的分组匹配

5.2 正则表达式的分组匹配

在前面已经知道了怎么重复单个字符，即直接在字符后面加上诸如+、*、{m,n}等重复操作符就行了。但如果想要重复一个字符串，则需要使用圆括号来指定子表达式(也叫作分组或子模式)，然后就可以通过在圆括号后面加上重复操作符来指定这个子表达式的重复次数了。如'(abc){2}'可以匹配'abcabc'，{2}表示匹配{2}之前的表达式(abc)两次。

在正则表达式中，分组就是用一对圆括号“()”括起来的子正则表达式，匹配出的内容就表示匹配出了一个分组。从正则表达式的左边开始，遇到第一个左括号“(”表示该正则表达式的第1个分组，遇到第二个左括号“(”表示该正则表达式的第2个分组，以次类推。需要注意的是，有一个隐含的全局分组(即0分组)，就是整个正则表达式匹配的结果。可以使用 Match 对象的 group(num)方法获取正则表达式中分组号为 num 的分组匹配的内容，这是因为分组匹配到的内容会被临时存储到内存中，所以能够在需要的时候被提取。

5.2.1 无名分组匹配

正则表达式基本分组匹配指的是把正则表达式中括号内的正则表达式作为一个分组,系统自动分配组号,可以通过分组号引用该分组匹配的内容。

【例 5-1】 无名分组匹配举例 1。

```
>>> import re
>>> text = "My email addresses are cjjiecao@qq.com and cjjiecao@163.com"
>>> pattern = "(\w+@\w+\.\w+)"
>>> matches = re.findall(pattern, text)
>>> text = "My email addresses are cjjiecao@qq.com and cjjiecao@163.com"
>>> pattern = "(\w+@\w+\.\w+)"
>>> matches = re.findall(pattern, text)
>>> for match in matches:
    print("Email:", match)
```

执行上述 for 循环,得到的输出结果如下。

```
Email: cjjiecao@qq.com
Email: cjjiecao@163.com
```

【例 5-2】 无名分组匹配举例 2。

```
>>> text = "现在是北京时间 2023 年 12 点 10 分"
>>> pattern = '\D*(\d{1,4})\D*(\d{1,2})\D*(\d{1,2})\D*'
>>> m =re.match(pattern,text)
>>> m
<re.Match object; span=(0, 18), match='现在是北京时间 2023 年 12 点 10 分'>
>>> print(m.group(1))                    #提取分组 1 的内容
2023
>>> print(m.group(2))                    #提取分组 2 的内容
12
>>> print(m.group(3))                    #提取分组 3 的内容
10
>>> print(m.group(0))                    #提取分组 0 的内容
现在是北京时间 2023 年 12 点 10 分
```

5.2.2 命名分组匹配

按照正则表达式进行匹配后,就可以通过分组提取到想要的内容,但是如果正则表达式中括号比较多,在提取想要的内容时,就需要挨个数想要的内容是第几个括号中的正则表达式匹配的,这样会很麻烦。这个时候 Python 又引入了另一种分组,也就是命名分组,前面的叫无名分组。

命名分组的语法格式如下。

```
(?P<name>正则表达式)        #name 是用户给分组命名的名字,一个合法的标识符
```

re.search(pattern,string[,flags])方法用于扫描整个字符串 string,找到与样式 pattern 相匹配的第一个字符串的位置,返回一个相应的 Match 对象。如果没有匹配的内容,则返回 None。

【例 5-3】 命名分组匹配举例。

```
import re
text = "My email address is cjjiecao@163.com"
pattern = r"(?P<name>\w+)@(?P<域名>\w+\.\w+)"
match = re.search(pattern, text)
if match:
    username = match.group("name")
    domain = match.group("域名")
    print("用户名:", username)
    print("域名  :", domain)
```

运行上述程序代码,得到的输出结果如下。

```
用户名: cjjiecao
域名  : 163.com
```

5.2.3 分组后向引用匹配

正则表达式中,用圆括号"()"括起来的内容表示一个组。当用"()"定义了一个正则表达式分组后,正则引擎就会把被匹配到的组按照顺序编号,然后存入缓存中。这样就可以在正则表达式的后面引用前面分组已经匹配出的内容,这就叫分组后向引用匹配。

想在后面对已经匹配过的分组内容进行引用时,可以用"\数字"的方式或者通过命名分组"(?P=name)"的方式进行引用。'\1'表示引用第一个分组,'\2'表示引用第二个分组,以此类推。而'\0'则引用整个正则表达式匹配出的内容。这些引用都必须是在正则表达式中才有效,用于匹配一些重复的字符串。

【例 5-4】 分组引用匹配举例 1。

```
>>> import re
>>> re.search('(?P<name>\w+)\s+(?P=name)\s+(?P=name)', 'python python
python').group(1)
'python'
>>> re.search('(?P<name>\w+)\s+(?P=name)\s+(?P=name)', 'python python
python').group(0)
'python python python'
>>> s = 'Python.Java'
>>> re.sub(r'(.*)\.(.*)', r'\2.\1', s)
'Java.Python'
```

【例 5-5】 分组引用匹配举例 2。

```
import re
text = "abcabc"
pattern = r"(a\wc)(\1)"
result = re.search(pattern, text)
print(result.group(0))         #输出: abcabc
print(result.group(1))         #输出: abc
print(result.group(2))         #输出: abc
```

运行上述代码，得到的输出结果如下。

```
abcabc
abc
abc
```

5.3 正则表达式的选择匹配

正则表达式的选择匹配

选择匹配根据可以选择的情况有二选一或多选一，这涉及“()”和“|”两种元字符，“|”表示逻辑或的意思。如'a(123|456) b'可以匹配'a123b'和'a456b'。

假如要统计文本“When the fox first saw1 the lion he was2 terribly3 frightened4. He ran5 away,and hid6 himself7 in the woods.”中的 he 出现了多少次，he 的形式应包括 he 和 He 两种形式。查找 he 和 He 两个字符串的正则表达式可以写成：(he|He)。另一个可选的模式是：(h|H) e。

假如要查找一个高校具有博士学位的教师，在高校的教师数据信息中，博士的写法可能有 Doctor、doctor、Dr.或 Dr，要匹配这些字符串可用下面的模式。

```
(Doctor|doctor|Dr\. |Dr)
```

借助不区分大小写选项可使上述分组匹配更简单，选项(?i)可使匹配模式不再区分大小写，上述模式的另一个可选的模式是：

```
"(?i)Doctor|Dr\.?"
```

再如，带选择操作的模式(he|He)可以简写成(?i)he。

```
>>> import re
>>> re.findall("(?i)he","When the fox first saw1 the lion he was2 terribly3
frightened4. He ran5 away, and hid6 himself7 in the woods.")
['he', 'he', 'he', 'he', 'He', 'he']
>>> re.findall("(?i)Doctor|Dr\.?","Doctor doctor Dr. Dr")
['Doctor', 'doctor', 'Dr.', 'Dr']
```

5.4 正则表达式的贪婪匹配与懒惰匹配

正则表达式中的贪婪匹配和懒惰匹配是指匹配模式的两种不同行为，它们决定了正则表达式在匹配字符时是尽可能多地匹配字符（贪婪匹配），还是尽可能少地匹配字符（懒惰匹配）。

5.4.1 贪婪匹配

默认情况下，正则表达式是贪婪匹配的，这意味着它会尽可能多地匹配符合条件的字符，即正则表达式中包含重复的限定符时，通常的行为是匹配尽可能多的字符。例如'a. * b'，它将会匹配最长的以 a 开始、以 b 结束的字符串，如果用它来匹配 aabab，它会匹配整个字符串 aabab,这被称为贪婪匹配。

```
>>> import re
>>> text = "Hope for the best, but prepare for the worst."
>>> pattern = ".*st"
>>> re.findall(pattern, text)
['Hope for the best, but prepare for the worst']
```

在这个示例中,正则表达式".*st"匹配以 "st" 结尾的字符串。但由于是贪婪匹配,它会匹配整个字符串中的最长匹配,即 "Hope for the best,but prepare for the worst"。

5.4.2 懒惰匹配

有时我们也需要懒惰匹配,也就是匹配尽可能少的字符。前面给出的重复限定符都可以被转化为懒惰限定符,称为懒惰匹配模式,只需在这些限定符后面加上一个问号"?"即可。例如'a.*? b'是匹配最短的以 a 开始、以 b 结束的字符串,如果把它应用于 aabab,它会匹配 aab(第 1 到第 3 个字符)和 ab(第 4 到第 5 个字符)。匹配的结果为什么不是最短的 ab 而是 aab 和 ab,这是因为正则表达式有另一条规则,它比懒惰、贪婪规则的优先级更高,即"最先开始的匹配拥有最高的优先权"。表 5-3 列出了常用的懒惰限定符。

表 5-3 常用的懒惰限定符

懒惰限定符	描 述
*?	重复任意次,但尽可能少地重复
+?	重复 1 次或更多次,但尽可能少地重复
??	重复 0 次或 1 次,但尽可能少地重复
{m,n}?	重复 m 到 n 次,但尽可能少地重复
{m,}?	重复 m 次以上,但尽可能少地重复

```
>>> import re
>>> text = "Hope for the best, but prepare for the worst."
>>> pattern = ".*?st"
>>> re.findall(pattern, text)
['Hope for the best', ', but prepare for the worst']
```

在这个示例中,正则表达式 ".*?st" 匹配以 "st" 结尾的字符串,但由于是懒惰匹配,它会尽可能少地匹配字符,因此会输出两个匹配,分别是 "Hope for the best"和 ", but prepare for the worst"。

再看一个懒惰匹配的示例。

```
>>> s = "abcdakdjd"
>>> re.findall("a.*d",s)          #贪婪匹配
['abcdakdjd']
>>> re.findall("a.*?d",s)         #懒惰匹配
['abcd', 'akd']
```

5.5 正则表达式模块 re

Python 的 re 模块提供了对正则表达式的支持，表 5-4 列出了 re 模块中常用的函数。

表 5-4 re 模块中常用的函数

函 数	描 述
re.findall(pattern,string[,flags])	找到模式 pattern 在字符串 string 中的所有匹配项，并把它们作为一个列表返回。如果没有找到匹配项，则返回空列表
re.search(pattern,string[,flags])	扫描整个字符串 string，找到与样式 pattern 相匹配的第一个字符串的位置，返回一个相应的 Match 对象。如果没有匹配，则返回 None
re.match(pattern,string[,flags])	从字符串 string 的起始位置匹配模式 pattern，如果 string 的开始位置能够找到这个模式 pattern 的匹配，返回一个相应的匹配对象。如果不匹配，则返回 None
re.sub(pattern,repl,string[,count=0,flags])	替换匹配到的字符串，即用 pattern 在 string 中匹配要替换的字符串，然后把它替换成 repl
re.compile(pattern[,flags])	把正则表达式 pattern 转化为正则表达式对象
re.split(pattern,string[,maxsplit=0,flags])	用匹配 pattern 的子字符串来分割 string，并返回一个列表
re.escape(string)	对字符串 string 中的非字母数字进行转义，返回非字母数字前加反斜杠字符的字符串

函数参数说明。

pattern：匹配的正则表达式。

string：要匹配的字符串。

flags：用于控制正则表达式的匹配方式，flags 的值可以是 re.I(忽略大小写)、re.M(多行匹配模式，改变'^'和'$'的行为)、re.S(使元字符"."匹配任意字符，包括换行符)、re.X(忽略模式中的空格和#后面的注释，这个模式下正则表达式可以是多行并可以加入注释)的不同组合(使用"|"进行组合)。

repl：用于替换的字符串，也可为一个函数。

count：模式匹配后替换的最大次数，默认"0"表示替换所有的匹配。

5.5.1 search()与 match()函数匹配字符串

1. search()函数

re.search(pattern,string[,flags])函数会在字符串 string 内查找与正则表达式 pattern 相匹配的字符串，只要找到第一个和该正则表达式相匹配的字符串就立即返回一个 Match 对象，Match 对象中包括匹配的字符串以及匹配的字符串在 string 中所处的位置。如果没有匹配的字符串，则返回 None。

re 模块的 search()与 match()函数成功获得匹配后，返回值是 Match 对象，即匹配对象，其包含了很多关于此次匹配的信息，可以使用 Match 提供的可读属性或方法来获取这些信息。

Match 对象提供的可读属性如下。

(1) string：匹配时使用的文本。

(2) re：匹配时使用的正则表达式 pattern。

(3) pos：文本中正则表达式开始搜索的索引。

(4) endpos：文本中正则表达式结束搜索的索引。

(5) lastindex：最后一个被匹配的分组的整数索引值，如果没有被匹配的分组，将为 None。

(6) lastgroup：最后一个被匹配的分组的命名分组名，如果这个分组没有被命名或者没有被匹配的分组，将为 None。

```
>>> s = '13579helloworld13579helloworld'
>>> p = '(\d*)([a-zA-Z]*)'
>>> m = re.search(p,s)
>>> m
<_sre.SRE_Match object; span=(0, 15), match='13579helloworld'>
>>> m.string
'13579helloworld13579helloworld'
>>> m.re
re.compile('(\\d*)([a-zA-Z]*)')
>>> m.pos
0
>>> m.endpos
30
>>> print(m.lastindex)
2
>>> print(m.lastgroup)
None
```

Match 对象提供的方法如下。

(1) group([group1,…])：获得一个或多个分组匹配到的字符串；指定多个参数时将以元组形式返回；group1 可以使用分组编号，也可以使用分组名(如果有的话)；编号 0 代表和 pattern 相匹配的整个字符串，不填写参数时，和 group(0)等价；没有匹配到的字符串时返回 None。

```
>>> m.group()                    #返回整个匹配的字符串
'13579helloworld'
>>> m.group(0)
'13579helloworld'
>>> m.group(1)
'13579'
>>> m.group(2)
'helloworld'
>>> m.group(3)                   #出错,没有这一组
Traceback (most recent call last):
IndexError: no such group
```

(2) groups()：以元组形式返回全部分组截获的字符串，相当于调用 group(1,2,…,last)。没有截获字符串的组默认为 None。

```
>>> m.groups()
('13579', 'helloworld')
```

(3) groupdict()：返回以有命名的分组的分组名为键、以该分组匹配的子字符串为值的字典，没有命名的分组不包含在内。

```
>>>n=re.search('(?P<name>\w+)\s+(?P=name)\s+(?P=name)', 'python python')
>>>n.groupdict()
{'name': 'python'}
```

(4) start([group])：返回指定的分组截获的子字符串在 string 中的起始索引(子字符串第一个字符的索引)。group 默认值为 0。

```
#返回与第 2 分组匹配的 helloworld 在'13579helloworld13579helloworld'中的起始
#索引
>>> m.start(2)
5
```

(5) end([group])：返回与指定的分组匹配的子字符串在 string 中的结束索引(子字符串最后一个字符的索引+1)。group 默认值为 0。

```
>>> m.end(2)       #返回与第 2 分组匹配的子字符串 helloworld 在 string 中的结束索引
15
```

(6) span([group])：返回指定的组截获的子字符串在 string 中的起始索引和结束索引的元组(start(group),end(group))。

(7) expand(template)：将匹配到的分组代入 template 中返回。template 中可以使用\id 或\g<id>、\g<name>引用分组，但不能使用编号 0。\id 与\g<id>是等价的。

```
>>> m.expand(r"\1 is \2")
'13579 is helloworld'
>>> m.expand("\g<1> is \g<2>")
'13579 is helloworld'
```

2. match()函数

re.match(pattern,string[,flags])从字符串 string 的起始位置匹配模式 pattern，如果 string 的开始位置能够找到这个模式 pattern 的匹配，就返回一个相应的匹配对象。如果不匹配，就返回 None。

```
>>> import re
>>> print(re.match('www', 'www.baidu.com'))        #在起始位置匹配
<_sre.SRE_Match object; span=(0, 3), match='www'>
>>> print(re.match('com', 'www.baidu.com'))        #不能在起始位置匹配
None
>>> s = '23432werwre2342werwrew'
>>> matches= re.match('(\d*)([a-zA-Z]*)',s)      #匹配成功
```

```
>>> matches.group()
'23432werwre'
>>> matches.group(1)
'23432'
>>> matches.group(2)
'werwre'
```

【例 5-6】 换行符匹配举例。

```
import re
content = '''Hello is a number.
          Regex String 1234567'''          #字符串由两行组成
result1 = re.match('.*?(\d+).*', content)
if result1:
    print("result1:",result1.group(1))  #没有输出结果
result2 = re.match('.*?(\d+).*', content, flags=re.S)
                                        #re.S 设置'.'可以匹配换行符
if result2:
    print("result2.group():",result2.group())
    print("result2.group(1):",result2.group(1))
```

运行上述程序代码,得到的输出结果如下。

```
result2.group(): Hello is a number.
          Regex String 1234567
result2.group(1): 1234567
```

5.5.2 findall()与 finditer()函数获取所有匹配子串

re.findall(pattern,string[,flags])函数扫描整个字符串 string,并返回 string 中所有与模式 pattern 匹配的子字符串,并把它们作为一个列表返回。前文已重点介绍,此处不再赘述,下面重点介绍 finditer()函数。

finditer()函数与 findall()函数的功能类似,在字符串中找到正则表达式所匹配的所有子串,但 finditer()函数把 pattern 所匹配的所有子串作为一个迭代器返回。

```
>>> import re
>>> s = 'This and that this and that.'
>>> pattern='(th\w+) and (th\w+)'
>>> re.findall(pattern, s, re.I)
[('This', 'that'), ('this', 'that')]
>>> s1 = 'This or that this and that.'
>>> re.findall(pattern, s1, re.I)
[('this', 'that')]
```

对于 pattern 一个成功的匹配,每个子组匹配是 findall()返回的结果列表中的单一元素;对于 pattern 多个成功的匹配,每个子组匹配是返回的一个元组中的单一元素,而且每个元组(每个元组都对应 pattern 一个成功的匹配)是结果列表中的元素。

下面给出 finditer()函数的用法举例,注意它与 findall()函数返回结果的区别。

【例 5-7】 finditer()函数的用法举例 1。

```
>>> s = 'This and that this and that.'
>>> matches=re.finditer('(th\w+) and (th\w+)', s, re.I)
>>> matches.__next__()
<re.Match object; span=(0, 13), match='This and that'>
>>> matches.__next__()
<re.Match object; span=(14, 27), match='this and that'>
```

【例 5-8】 finditer()函数的用法举例 2。

```
import re
s = 'This and that this and that.'
matches=re.finditer('(th\w+) and (th\w+)', s, re.I)
for match in matches:
    print(match.group())
```

运行上述程序代码,得到的输出结果如下。

```
This and that
this and that
```

5.5.3 sub()函数搜索与替换

sub 是 substitute(替换)的缩写,表示将匹配到的字符串进行替换。sub()函数的语法格式如下。

```
re.sub(pattern, repl, string[, count=0, flags])
```

函数功能:将 string 中与正则表达式 pattern 匹配的字符串替换成 repl 所表示的字符串(也可为一个函数);count 是可选参数,表示要替换的最大次数,必须是非负整数,如果省略这个参数或设为 0,所有的匹配都会被替换;flags 是可选参数,用于控制正则表达式的匹配方式,如:是否区分大小写、多行匹配等。

```
>>> import re
>>> re.sub("\d+", '98', "python = 78")
'python = 98'
>>> s = '1234567890'
>>> s1 = re.sub(r'(...)',r'\1,',s)          #在字符串中从前往后每隔 3 个字符插入
                                             #一个","符号
>>> s1
'123,456,789,0'
>>> s2 = 'Python.Java'
>>> re.sub('(.*)\.(.*)', r'\2.\1', s2)      #交换字符串位置,在 re 模块中,r 表示
                                             #'\2.\1'是正则表达式
'Java.Python'
```

注意:若不在 re 模块的相关函数中字符串前面添加 r,表示 r 后面的字符串中的每个字符都是普通字符,即如果字符串里面有"\n"就表示一个反斜杠字符\和一个字母 n,而不是表示换行了。

【例 5-9】 为 re.sub()函数的 repl 形式参数传递函数举例。

```
import re
def add(temp):
    strNum = temp.group()
    num = int(strNum) + 20
    return str(num)
ret = re.sub("\d+", add, "Python = 68")
print(ret)
ret = re.sub("\d+", add, "Python = 79")
print(ret)
```

运行上述程序代码,得到的输出结果如下。

```
Python = 88
Python = 99
```

【例 5-10】 将字符串中的“元”“人民币”“RMB”替换为“￥”。

```
>>> import re
>>> str1="10 元 1000 人民币 10000 元 100000RMB"
>>> re.sub('(元|人民币|RMB)','￥',str1)
'10￥ 1000￥ 10000￥ 100000￥'
```

5.5.4 compile()函数编译正则表达式

compile()函数用于编译正则表达式,生成一个正则表达式对象。使用编译后的正则表达式对象进行匹配,不仅速度快,还可以提供更强大的字符串处理功能。通过生成的正则表达式对象调用 match()、search()和 findall()等方法进行匹配时,不用重复写匹配模式。

```
p = re.compile(pattern)        #把正则表达式 pattern 编译成正则表达式对象 p
```

result=p.match(string)与 result=re.match(pattern, string)是等价的。

【例 5-11】 re.compile()函数使用举例 1。

```
>>> import re
>>> s = "Miracles sometimes occur, but one has to work terribly for them"
>>> reObj = re.compile('\w+\s+\w+')        #把正则表达式'\w+\s+\w+'编译成正则
                                           #表达式对象
>>> print(reObj.match(s))                  #匹配成功
<_sre.SRE_Match object; span=(0, 18), match='Miracles sometimes'>
>>> reObj.findall(s)
['Miracles sometimes', 'but one', 'has to', 'work terribly', 'for them']
```

【例 5-12】 re.compile()函数使用举例 2。

```
>>> import re
>>> s='The man who has made up his mind to win will never say " Impossible".'
>>> pattern = re.compile (r'\bw\w+\b')     #编译建立正则表达式对象,查找以 w
                                           #开头的单词
```

```
>>> pattern.findall (s) #使用正则表达式对象的 findall()方法查找所有以 w 开头的单词
['who', 'win', 'will']
>>> pattern1 = re.compile (r'\b\w+e\b')  #查找以字母 e 结尾的单词
>>> pattern1.findall (s)
['The', 'made', 'Impossible']
>>> pattern2 = re.compile (r'\b\w{3,5}\b'#查找 3~5 个字母长的单词
>>> pattern2.findall (s)
['The', 'man', 'who', 'has', 'made', 'his', 'mind', 'win', 'will', 'never', 'say']
>>> pattern3 = re.compile (r'\b\w*[id]\w*\b')    #查找含有字母 i 或 d 的单词
>>> pattern3.findall (s)
['made', 'his', 'mind', 'win', 'will', 'Impossible']
>>> pattern4=re.compile('has')             #编译生成正则表达式对象,匹配 has
>>> pattern4.sub('*',s)                    #将 has 替换为 *
'The man who * made up his mind to win will never say " Impossible".'
>>> pattern5=re.compile(r'\b\w*s\b')       #编译生成正则表达式对象,匹配以 s
                                           #结尾的单词
>>> pattern5.sub('**',s)                   #将符合条件的单词替换为**
'The man who ** made up ** mind to win will never say " Impossible".'
>>> pattern5.sub('**',s,1)                 #将符合条件的单词替换为**,只替换 1 次
'The man who ** made up his mind to win will never say " Impossible".'
```

【例 5-13】 统计一篇文档中各单词出现的频次,并按频次由高到低排序。

```
>>> import re
>>> str1='Whether you come from a council estate or a country estate, your
success will be determined by your own confidence and fortitude.'
>>> str1=str1.lower()
>>> words=str1.split()
>>> words
['whether', 'you', 'come', 'from', 'a', 'council', 'estate', 'or', 'a',
'country', 'estate,', 'your', 'success', 'will', 'be', 'determined', 'by',
'your', 'own', 'confidence', 'and', 'fortitude.']
>>> words1=[re.sub('\W','',i)for i in words]  #将字符串中的非单词字符替换为''
>>> words1
['whether', 'you', 'come', 'from', 'a', 'council', 'estate', 'or', 'a',
'country', 'estate', 'your', 'success', 'will', 'be', 'determined', 'by',
'your', 'own', 'confidence', 'and', 'fortitude']
>>> words_index=set(words1)
>>> dict1={i:words1.count(i) for i in words_index}
                                             #生成字典,键值是单词出现的次数
>>> re=sorted(dict1.items(),key=lambda x:x[1],reverse=True)
>>> print(re)
[('your', 2), ('a', 2), ('estate', 2), ('and', 1), ('country', 1), ('whether', 1),
('council', 1), ('own', 1), ('from', 1), ('fortitude', 1), ('by', 1), ('you',
1), ('will', 1), ('be', 1), ('confidence', 1), ('success', 1), ('come', 1), ('
determined', 1), ('or', 1)]
```

5.5.5 split()函数分隔字符串

re.split(pattern,string[,maxsplit=0,flags])函数用 pattern 匹配的字符串来分隔

string,并返回一个分隔后的字符串所组成的列表。

```
>>> import re
#\W表示非单词字符集[^a-zA-Z0-9_],用于匹配非单词字符
>>> re.split('\W+', 'Words,,, words1. words2? words3')
['Words', 'words1', 'words2', 'words3']
#若pattern里使用了圆括号,那么被pattern匹配到的字符串也将作为返回值列表的一部分
>>> re.split('(\W+)', 'Words,,, words1. words2? words3')
['Words', ',,, ', 'words1', '. ', 'words2', '? ', 'words3']
```

5.6 正则表达式中的(?:pattern)、(?=pattern)、(?!pattern)、(?<=pattern)和(?<!pattern)

正则表达式中的分组匹配(pattern)用于捕获分组,Python会把pattern匹配的每个值保存起来,当用到这些匹配的值时可通过调用Match对象的group()方法获取具体分组匹配到的值。下面给出几种特殊的分组匹配方法。

1. (?:pattern)

(?:pattern)表示匹配pattern但不获取其匹配结果,也就是说这是一个非获取匹配,不进行存储供以后使用,即不会把pattern匹配的结果放到匹配结果集中。

```
>>> import re
>>> s = "123hello456world"
>>> pattern = "([0-9]*)([a-z]*)([0-9]*)"
>>> print(re.search(pattern,s).group(0,1,2,3))
('123hello456', '123', 'hello', '456')
>>> pattern1 = "(?:[0-9]*)([a-z]*)([0-9]*)"
>>> print(re.search(pattern1,s).group(0,1,2))
('123hello456', 'hello', '456')  #可以看到 (?:[0-9]*) 匹配到的'123'没有保存下来
```

再举一个例子。

```
>>> s="industry abc industries"
>>> pattern1="industr(?:y|ies)"
>>> print(re.findall(pattern1,s))    #注意输出结果
['industry', 'industries']
>>> pattern2="industr(y|ies)"
>>> print(re.findall(pattern2,s))    #注意输出结果
['y', 'ies']
```

2. (?=pattern)

(?=pattern)为正向肯定预查,它用于查找满足某个条件(即模式pattern)的文本,但不捕获该条件的文本作为匹配的一部分。以xxx(?=pattern)为例,就是捕获以pattern结尾的内容xxx。

```
>>> s="industry abc industries"
>>> pattern3="industr(?=y|ies)"
>>> print(re.findall(pattern3,s))
['industr', 'industr']
```

【例 5-14】 (?=pattern)用法举例。

```
import re
text = "java python scala"
pattern = r"\w+(?= python)"
matches = re.finditer(pattern, text)
for match in matches:
    word = match.group(0)
    print(f"Word before 'python': {word}")
```

运行上述程序代码,得到的输出结果如下。

```
Word before 'python': java
```

正则表达式 r"\w+(?=python)"匹配在"python"之前的单词。然而,正向预查(?=python)不会包括 "python"本身作为匹配的一部分,只匹配它前面的单词。

正向预查是一种非常有用的工具,它允许人们在不捕获条件(即模式 pattern)本身的情况下查找文本,这对于需要执行匹配但不包括条件本身的操作时非常有用。

3. (?!pattern)

(?!pattern)为正向否定预查,它用于查找不满足某个条件(即模式 pattern)的文本,只匹配不符合条件的文本。以 xxx(?!pattern)为例,就是捕获不以 pattern 结尾的内容 xxx。

```
>>> pattern2="Windows(?!7|8|9|10)"
>>> s2="Windows2023"
>>> print(re.search(pattern2,s2).group(0))
Windows
```

【例 5-15】 (?!pattern)举例。

```
import re
text = "best better good"
pattern = r"\w+(?!better)"   #捕获不以 better 结尾的单词
matches = re.search(pattern, text)
print(matches.group())
```

运行上述程序代码,得到的输出结果如下。

```
best
```

4. (?<=pattern)

(?<=pattern)为反向肯定预查,与正向肯定预查类似,只是方向相反。以(?<=pattern)xxx 为例,就是捕获以 pattern 开头的内容 xxx。

```
>>> import re
>>> pattern3="(?<=7|8|9|10)Class"
>>> s3="10Class"
>>> print(re.search(pattern3,s3).group(0))    #可能报如下错误
re.error: look-behind requires fixed-width pattern
```

在Python中,这个意思就是需要将候选项改为相同位数才行,如下所示。

```
>>> pattern4="(?<=07|08|09|10)Class"
>>> print(re.search(pattern4,s3).group(0))
Class
```

5.(?<!pattern)

反向否定预查,与正向否定预查类似,只是方向相反。以(?<!pattern)xxx为例,就是捕获不以pattern开头的内容xxx。

```
>>> s4="3.1XP"
>>> pattern4="(?<!07|08|09|10)XP"
>>> print(re.search(pattern4,s4).group(0))
XP
```

5.7 实战:提取HTML文件中的歌手和歌名

【例5-16】 提取HTML文件中的歌手和歌名。

```
import re
#提取HTML文件中的歌手和歌名
html = '''<div id="songs-list">
    <h1 class="title">经典老歌</h2>
    <p class="introduction">
        经典老歌列表
    </p>
    <ul id="list" class="list-group">
        <li data-view="2">一路上有你</li>
        <li data-view="7">
            <a href="/2.mp3" singer="毛阿敏">烛光里的妈妈</a>
        </li>
        <li data-view="6" class="active">
            <a href="/3.mp3" singer="李谷一">我和我的祖国</a>
        </li>
        <li data-view="5">
            <a href="/4.mp3" singer="张明敏">我的中国心</a>
        </li>
        <li data-view="4">
            <a href="/5.mp3" singer="童安格">把根留住</a>
        </li>
```

```
        <li data-view="3">
            <a href="/6.mp3" singer="阎维文">小白杨</a>
        </li>
    </ul>
</div>'''
#search()函数只能返回匹配到的第一个结果
result = re.search('<a.*singer="(.*)">(.*)</a>', html)
#歌手名和歌名都在<a>标签中，从 <a 开始匹配
if result:
    print("re.search 函数输出结果:\n",result.group(1), result.group(2))
#findall()函数结合正则表达式分组会返回所有匹配组成的列表
result = re.findall('<a.*singer="(.*)">(.*)</a>', html)
if result:
    print("re.findall 函数输出结果:\n",result)
```

运行上述程序代码，得到的输出结果如下。

```
re.search 函数输出结果:
毛阿敏 烛光里的妈妈
re.findall 函数输出结果:
[('毛阿敏', '烛光里的妈妈'), ('李谷一', '我和我的祖国'), ('张明敏', '我的中国心'),
('童安格', '把根留住'), ('阎维文', '小白杨')]
```

5.8 习　　题

1. 不定项选择题。

(1) 能够完全匹配字符串"(010)-62661617"和字符串"01062661617"的正则表达式包括(　　)。

A. r"\(?\d{3}\)?-?\d{8}"　　B. r"[0-9()-]+"

C. r"[0-9(-)]*\d*"　　D. r"[(]?\d*[)-]*\d*"

(2) 能够完全匹配字符串"back"和"back-end"的正则表达式包括(　　)。

A. r'\w{4}-\w{3}|\w{4}'　　B. r'\w{4}|\w{4}-\w{3}'

C. r'\S+-\S+|\S+'　　D. r'\w*\b-\b\w*|\w*'

(3) 能够在字符串中匹配"aab"，而不能匹配"aaab"和"aaaab"的正则表达式包括(　　)。

A. "a*?b"　　B. "a{,2}b"　　C. "aa??b"　　D. "aaa??b"

2. search()方法返回什么？

3. 通过 Match 对象，如何得到匹配该模式的实际字符串？

4. 用 r'(\d\d\d)-(\d\d\d-\d\d\d\d)' 创建的正则表达式中，分组 0 表示什么？分组 1 呢？分组 2 呢？

5. 判断一个给定的字符串是否为末尾是两个重复数字的手机号码(靓号)。

6. 验证输入用户名和 QQ 号是否有效并给出对应的提示信息。用户名必须由字母、

数字或下画线构成且长度在6～20个字符之间,QQ号是5～12位的数字且首位不能为0。

7. 已知有字符串"杨雪 李强 13508866126 zhangsan@163.com 426755@qq.com 2023-10-16《人生》《平凡的世界》",设计正则表达式,并编写代码完成以下功能:

(1) 提取其中邮箱账号。

(2) 提取手机号码。

(3) 提取小说名称。

(4) 提取日期。

第6章 chapter 6

文件与文件夹操作

程序中使用的数据都是暂时的，当程序执行终止时它们就会丢失，除非这些数据被保存起来。为了能永久地保存程序中创建的数据，需要将它们存储到磁盘或光盘上的文件中。本章主要介绍：文件的概念，文件读写，文件与文件夹操作，CSV 文件的读取和写入(使用原文件)。

6.1 文件的概念

6.1.1 文件的分类

文件是以计算机硬盘为载体、存储在计算机上的信息集合。文本文件和二进制文件是计算机中常见的两种文件类型。

文本文件是指以字符编码(也称文本方式，常见的字符编码有 ASCII 编码、Unicode 编码、UTF-8 编码等)存储的文件，每个字符表示一个字节，可以被文本编辑器或文本处理软件打开，内容易于人们阅读和编辑。文本文件中除了存储文件有效字符信息(包括能用 ASCII 码字符表示的回车、换行等信息)外，不能存储其他任何信息。在 Windows 平台中，扩展名为 txt、log、ini 的文件都属于文本文件，可以使用文本处理软件(如 gedit、记事本)进行编辑。

二进制文件是以二进制数据形式存储的，二进制文件直接存储字节码，可以根据具体应用指定某个字节是什么意思(这样一个过程，可以看作是自定义编码)。二进制文件可看成是变长编码的，多少个字节代表一个值，完全由用户决定。二进制文件变长编码，存储利用率高，但译码难(不同的二进制文件格式，有不同的译码方式)。常见的图形图像文件、音频和视频文件、可执行文件、资源文件、各种数据库文件等均属于二进制文件，一般无法通过文本编辑器或文本处理软件打开，内容不易于人们阅读和编辑。

文本文件和二进制文件的区别如下。

(1) 存储方式不同。文本文件是以字符为单位存储的，而二进制文件是以二进制数据为单位存储的。

(2) 编码方式不同。文本文件一般使用 ASCI 码或 Unicode 码表示字符，而二进制文件不依赖于编码方式。在处理文本文件时，我们通常需要指定字符编码(如 utf-8)，以确保正确解释文件中的文本数据。在处理二进制文件时,不需要字符编码,因为数据是原始的二进制数据。

(3) 打开方式不同。文本文件可以用文本编辑器打开、查看和编辑,而二进制文件需要使用特定的软件或编程语言进行处理。

(4) 大小不同。文本文件通常比二进制文件小,因为文本文件中的字符可以被压缩成较短的编码。

【例 6-1】 文本文件和二进制文件在编码方面的区别。

文本文件 textfile.txt 以 utf-8 的编码格式存储了一句话"英雄所见略同 Great minds think alike",分别用文本文件方式和二进制文件方式打开文件,读出其中的数据。

```
#以文本文件方式读取文本文件(使用 utf-8 编码)
with open('textfile.txt', 'r', encoding='utf-8') as file:
    text_data = file.read()
    print("文本文件方式的结果:\n",text_data)
#以二进制文件方式读取文本文件
with open('textfile.txt', 'rb') as file:
    binary_data = file.read()
    print("二进制文件方式的结果:\n",binary_data)
```

运行上述程序代码,得到的输出结果如下。

```
文本文件方式的结果: 英雄所见略同 Great minds think alike
二进制文件方式的结果: b'\xef\xbb\xbf\xe8\x8b\xb1\xe9\x9b\x84\xe6\x89\x80\xe8\
xa7\x81\xe7\x95\xa5\xe5\x90\x8cGreat minds think alike'
```

输出结果表明:采用文本文件方式打开文件,读入经过编码后形成的字符串,输出的字符串与在文本编辑软件中看到的内容一样。采用二进制方式打开文件,文件的内容被解析为字节码(bytes 类型),输出的内容以字母 b 开头,意味着按二进制输出,每个字节由"\x"开头,后接两位十六进制数,字符串中的英文字符按原样输出。

6.1.2 字符编码与解码

由于计算机只能处理数字,若要处理文本,就必须先把文本转换为数字才能处理。最早的计算机采用 8 比特(b)作为 1 字节(B),1 字节能表示的最大整数就是 255,如果要表示更大的整数,就必须用更多的字节。比如 2 字节可以表示的最大整数是 65 535,4 字节可以表示的最大整数是 4294967295。

计算机最早使用 ASCII 编码将 127 个字母编码到计算机里。ASCII 编码是 1 字节,字节的最高位作奇偶校验位,ASCII 编码实际使用 1 字节中的 7 比特来表示字符,第一个 00000000 表示空字符,因此 ASCII 编码实际上只包括了字母、标点符号、特殊符号等共 127 字符。

随着计算机的发展,非英语国家的人也需要处理他们的语言,但 ASCII 编码使出浑身解数,把 8 个比特位都用上也不够用。因此,后来出现了统一的、囊括多国语言的 Unicode 编码。Unicode 编码通常由 2 字节组成,一共可表示 256×256 个字符,某些偏僻字还会用到 4 字节。

在Unicode中，原本ASCII中的127个字符只需在前面补一个全零的字节即可，比如字符“a”：01100001，在Unicode中变成了00000000 01100001。这样原本只需1字节就能传输的英文字母现在变成2字节，非常浪费存储空间。

针对空间浪费问题，于是出现了utf-8编码，utf-8编码是可变长编码，从英文字母的1字节，到常用中文的3字节，再到某些生僻字的6字节。utf-8编码还兼容了ASCII编码。注意，英文字母在Unicode编码和utf-8编码中是相同的，但汉字通常是不同的。比如汉字的“中”字在Unicode中是01001110 00101101，而在utf-8编码中是11100100 10111000 10101101。

现在计算机系统通用的字符编码工作方式是：在计算机内存中，统一使用Unicode编码，当需要保存到硬盘或者需要传输的时候，就转换为utf-8编码。用记事本编辑的时候，从文件读取的utf-8字符被转换为Unicode字符存储到内存里，编辑完成后，保存的时候再把Unicode转换为utf-8保存到文件中。浏览网页的时候，服务器会把动态生成的Unicode内容转换为utf-8再传输到浏览器。

Python 3中的默认编码是utf-8，可以通过以下代码查看Python 3的默认编码：

```
>>> import sys
>>> sys.getdefaultencoding()          #查看 Python 3 的默认编码
'utf-8'
```

对于单个字符的编码，Python提供了ord()函数获取字符的整数表示，chr()函数把整数编码转换为对应的字符。

```
>>> ord('A')
65
>>> ord('中')
20013
>>> chr(20013)
'中'
```

由于Python的字符串类型是str，在内存中以Unicode编码格式表示字符串，一个字符串对应若干字节。如果要在网络上传输字符串，或者保存到磁盘上，就需要把字符串变为字节流(bytes类型的数据)。Python对bytes类型的数据用带b前缀的单引号或双引号字符串表示。

```
x = b'ABC'
```

注意：'ABC'和b'ABC'之间的区别，前者是str类型，后者虽然内容看起来和前者一样，但b'ABC'的每个字符只占用1字节。以Unicode表示的str类型的字符串通过encode()方法可以编码为指定编码格式的字节码类型的数据，例如：

```
>>> 'ABC'.encode('ascii')           #编码成 ASCII 格式的字节码类型的数据
b'ABC'
>>> '中国'.encode('utf-8')          #编码成 utf-8 格式的字节码类型的数据
b'\xe4\xb8\xad\xe5\x9b\xbd'
```

1个中文字符经过utf-8编码后通常会占用3字节，而1个英文字符只占用1字节。

注意：纯英文的 str 类型的字符串可以用 ASCII 编码为 bytes 类型的数据，内容是一样的，含有中文的 str 可以用 utf-8 编码为 bytes。但含有中文的 str 无法用 ASCII 编码，因为中文编码的范围超过了 ASCII 编码的范围，Python 会报错。

字节码 bytes 类型的数据的 decode()方法将字节码转换成指定编码格式的 str 类型的字符串：

```
>>> b'ABC'.decode('ascii')
'ABC'
>>> b'\xe4\xb8\xad\xe5\x9b\xbd'.decode('utf-8')
'中国'
```

在操作字符串时，我们经常遇到 str 和 bytes 的互相转换。为了避免乱码问题，应当始终坚持使用 utf-8 编码对 str 和 bytes 进行转换。Python 源代码也是一个文本文件，所以，当源代码中包含中文的时候，在保存源代码时，就必须指定保存为 utf-8 编码格式的文件。当 Python 解释器读取源代码时，为了让它按 utf-8 编码格式读取，通常在文件开头写上一行内容，如下所示。

```
#-*-coding: utf-8 -*-
```

告诉 Python 解释器，按照 utf-8 编码读取源代码。

文件读写

6.2 文件读写

6.2.1 文件的读取

向(从)一个文件写(读)数据之前，需要先创建一个和物理文件相关的文件对象，然后通过该文件对象对文件内容进行读取、写入、删除、修改等操作，最后关闭并保存文件内容。Python 内置的 open()函数可以按指定的模式打开文件得到一个文件对象。

```
file_object = open(file, mode='r')
```

open()函数打开文件 file，返回一个指向文件 file 的文件对象 file_object。

各个参数说明如下。

file：一个包含文件所在路径及文件名称的字符串值，如'c:\\User\\test.txt'。

mode：指定文件打开的方式(模式)，如只读、写入、追加等，默认文件访问方式为只读'r'。

文件打开的常用模式见表 6-1。

表 6-1 文件打开的常用模式

模式	描述
r	以只读方式打开文件，文件的指针放在文件的开头。这是默认模式，可省略
rb	以只读二进制方式打开文件，文件的指针放在文件的开头
r+	以读写方式打开文件，文件指针放在文件的开头

续表

模式	描　述
rb+	以读写二进制方式打开文件，文件指针放在文件的开头
w	以只写方式打开文件，如果文件已存在，则覆盖该文件；如果文件不存在，则创建文件
wb	以只写二进制方式打开文件，如果文件已存在，则覆盖该文件；如果文件不存在，则创建文件
w+	以写读方式打开文件，如果文件已存在，则覆盖该文件；如果文件不存在，则创建文件
wb+	以读写二进制方式打开文件，如果文件已存在，则覆盖该文件；如果文件不存在，则创建文件
a	以追加方式打开文件，如果文件已存在，文件指针放在文件尾部，也就是说，新的内容将会被写入已有内容之后；如果文件不存在，则创建文件
ab	以追加二进制方式打开文件，如果文件已存在，文件指针放在文件尾部，也就是说，新的内容将会被写入已有内容之后；如果文件不存在，则创建文件
a+	以读写方式打开一个文件，如果文件已存在，文件指针放在文件尾部；如果文件不存在，则创建文件
ab+	以读写二进制方式打开文件，如果文件已存在，文件指针放在文件尾部；如果文件不存在，则创建文件

不同模式打开文件的异同点如表 6-2 所示。

表 6-2　不同模式打开文件的异同点

模式	可做操作	若文件不存在	是否覆盖	指针位置
r	只能读	报错	否	文件的开头
r+	可读可写	报错	否	文件的开头
w	只能写	创建	是	文件的开头
w+	可写可读	创建	是	文件的开头
a	只能写	创建	否，追加写	文件的尾部
a+	可读可写	创建	否，追加写	文件的尾部

下面的语句以读的模式打开当前目录下一个名为 scores.txt 的文件。

```
file_object1=open('scores.txt','r')
```

也可以使用绝对路径文件名来打开文件，如下所示。

```
file_object=open(r'D:\Python\scores.txt','r')
```

上述语句以读的模式打开 D:\Python 目录下的 scores.txt 文件。绝对路径文件名前的 r 前缀可使 Python 解释器将文件名中的反斜杠字符理解为字面意义上的反斜杠字符。如果没有 r 前缀，需要使用反斜杠字符\转义\，使之成为字面意义上的反斜杠字符：

```
file_object=open('D:\\Python\\scores.txt','r')
```

一个文件被打开后，返回一个文件对象 file_object，通过文件对象 file_object 可以得到有关该文件的各种信息。文件对象的常用属性如表 6-3 所示。

表 6-3 文件对象的常用属性

属性	描述
closed	查看文件是否关闭，如果文件已被关闭，返回 True，否则返回 False
mode	返回文件的访问模式
name	返回文件的名称

```
>>> file_object=open('D:\\Python\\scores.txt', 'r')
>>> print('文件名：', file_object.name)
文件名： D:\Python\scores.txt
>>> print('是否已关闭：',file_object.closed)
是否已关闭：False
>>> print('访问模式：', file_object.mode)
访问模式：r
```

文件对象的常用方法如表 6-4 所示。以读的模式打开一个文本文件，读取 10 个字符，会自动把文件指针移到第 11 个字符，再次读取字符的时候总是从文件指针的当前位置开始读取，写文件的操作方法也具有相同的特点。

表 6-4 文件对象的常用方法

方法	功能说明
close()	刷新缓冲区的数据写入文件，并关闭该文件
flush()	刷新缓冲区的数据写入文件，但不关闭文件
next()	返回文件下一行
read([size])	从文件读取指定的 size 个字符，如果未给定 size，则读取所有字符，以字符串的形式返回读取的内容
readline()	读出一行内容，包括"\n"符，以字符串的形式返回读取的内容
readlines()	读取文件中的所有行，返回一个字符串列表，其中每个元素为文件中的一行内容
seek(offset[,whence])	用于移动文件读取指针到指定位置，offset 为需要移动的字节数；whence 指定从哪个位置开始移动，默认值为 0，0 代表从文件开头开始，1 代表从当前位置开始，2 代表从文件末尾开始
tell()	返回文件的当前位置，即文件指针当前位置
truncate([size])	删除从当前指针位置到文件末尾的内容。如果指定了 size，则不论指针在什么位置都只留下前 size 个字符，其余的删除
write(str)	把字符串 str 的内容写入文件中，没有返回值。由于缓冲，字符串内容可能没有加入实际的文件中，直到 flush()或 close()方法被调用
writelines([str])	用于向文件中写入字符串序列
writable()	测试当前文件是否可写
readable()	测试当前文件是否可读

这里假设在当前目录下有一个文件名为 test.txt 的文本文件，里面的数据如下：

```
攀峰之高险，岂有崖颠
搏海之明辉，何来彼岸
```

基于 test.txt 文件演示三种读文本文件的函数。

【例 6-2】 read([size])函数的使用。

```
f = open('test.txt')
contents = f.read()   #读取文件全部内容
print(contents)
print(type(contents))
f.close()
```

运行上述程序代码,得到的输出结果如下。

```
攀峰之高险,岂有崖颠
搏海之明辉,何来彼岸
<class 'str'>
```

【例 6-3】 readline()函数的使用。

```
f = open('test.txt')
line = f.readline()
while line:
    print (line)
    print(type(line))
    line = f.readline()
f.close()
```

运行上述程序代码,得到的输出结果如下。

```
攀峰之高险,岂有崖颠
<class 'str'>
搏海之明辉,何来彼岸
<class 'str'>
```

【例 6-4】 readline()函数的使用。

```
f = open('test.txt')
lines = f.readlines()
for line in lines:
    print (line)
    print(type(line))
f.close()
```

运行上述程序代码,得到的输出结果如下。

```
攀峰之高险,岂有崖颠
<class 'str'>
搏海之明辉,何来彼岸
<class 'str'>
```

6.2.2 文件的写入

当一个文件以“写”的方式打开后,可以使用 write()方法和 writelines()方法,将字符串写入文本文件。

file_object.write(string)：把字符串 string 写入文件 file_object 中，write()并不会在 string 后自动加上一个换行符。

file_object.writelines(seq)：接收一个字符串列表 seq 作为参数，把字符串列表 seq 写入文件 file_object 中，这个方法也只是忠实地写入，不会在每行后面加上换行符。

【例 6-5】 write()函数的使用。

```
#打开文本文件,写入字符串
f = open('test1.txt', 'w')
f.write('天远风朔,流云半点疏阔。')
f.close()

#打开二进制文件,写入二进制数据
fb= open('test1.bin', 'wb')
data = b'\x00\x01\x02\x03'
fb.write(data)
fb.close()

#打开文本文件,追加字符串
f = open('test1.txt','a')
f .write('\n 寒枝别过,梧桐萧落。')
f .close()

#打开二进制文件,追加二进制数据
fb = open('test1.bin','ab')
data = bytes([0x04, 0x05, 0x06])
fb.write(data)
fb.close()

#打开文本文件,读数据
f = open('test1.txt')
contents = f.read()          #读取文件全部内容
print(contents)
f.close()

#打开二进制文件,读二进制数据
fb = open('test1.bin','rb')
contents1 = fb.read()        #读取文件全部内容
print(contents1)
fb.close()
```

运行上述程序代码，得到的输出结果如下。

```
天远风朔,流云半点疏阔。
寒枝别过,梧桐萧落。
b'\x00\x01\x02\x03\x04\x05\x06'
```

注意：可以反复调用 f.write()来写入文件，写完之后一定要调用 f.close()来关闭文件。这是因为当我们写文件时，操作系统往往不会立刻把数据写入磁盘，而是先放到内存缓存起来，等空闲的时候再慢慢写入。只有调用 close()方法时，操作系统才能保证把没有写入的数据全部写入磁盘。忘记调用 close()的后果是可能只写了一部分数据到磁盘,剩下的丢失了。Python 提供了 with 语句,可以防止上述事情的发生,当 with 代码块执行完毕时,会自动关闭文件释放内存资源,不用特意加 file_object.close()。上面的语句可改写为如下 with 语句:

```
with open('test1.txt', 'w') as file_object:
file_object.write('Hello, world!')          #with 语句块
```

这里使用了 with 语句,不管在处理文件过程中是否发生异常,都能保证 with 语句块执行完之后自动关闭打开的文件 test1.txt。with 语句可以对多个文件同时操作。

【例 6-6】 writelines()函数的使用。

```
with open('test1.txt', "a") as file_object:
    file_object.writelines(["\n 魂飘万里无着,", "孤影半生蹉跎"])

f = open("test1.txt", "r")
print(f.read())
f.close()
```

运行上述程序代码,得到的输出结果如下。

```
天远风朔,流云半点疏阔。
寒枝别过,梧桐萧落。
魂飘万里无着,孤影半生蹉跎
```

6.2.3 文件指针的定位

文件对象的 tell()方法返回文件指针的当前位置。使用文件对象的 read()方法读取文件之后,文件指针到达文件的末尾,如果再使用一次 read()方法将会发现读取的是空内容,如果想再次读取全部内容,或读取文件中的某行字符,必须将文件指针移动到文件开始或某行开始,这时可通过文件对象的 seek()方法来实现,其语法格式如下:

```
seek(offset[,whence])
```

说明:用于移动文件读取指针到指定位置,offset 为需要移动的字节数;whence 指定从哪个位置开始移动,默认值为 0,0 代表从文件开头开始,1 代表从当前位置开始,2 代表从文件末尾开始。

注意:Python 3 对非二进制模式打开的文件使用 seek(offset[,whence])方法时不允许将参数 whence 指定为 2。

```
>>> f = open('file2.txt', 'a+')
>>> f.write('123456789abcdef')
15
>>> f.seek(3)          #移动文件指针,并返回移动后的文件指针的当前位置
3
>>> f.read(1)
'4'
>>> f.seek(-3,2)       #报错
Traceback (most recent call last):
```

```
  File "<pyshell #5>", line 1, in <module>
    f.seek(-3,2)
io.UnsupportedOperation: can't do nonzero end-relative seeks
>>> f.close()
>>> f = open('file2.txt', 'rb+') #以二进制模式读写文件
>>> f.seek(-3,2)                  #移动文件指针,并返回移动后的文件指针的当前位置
12                                #没有报错
>>> f.tell()                      #返回文件指针的当前位置
12
>>> f.read(1)
b'd'
```

【例 6-7】 seek()函数的使用。

其中 file2.txt 的内容如下:

```
123456789abcdef
```

程序代码:

```
f=open(r'D:\Python\file2.txt','r+')
print('文件指针在:',f.tell())
if f.writable():
    f.write('Python\n')
else:
    print("此模式不可写")
print('文件指针在:',f.tell())
f.seek(0)
print("最后的文件内容: ")
print(f.read())
f.close()
```

运行上述程序代码,得到的输出结果如下。

```
文件指针在: 0
文件指针在: 8
```

最后的文件内容:

```
Python
9abcdef
```

6.2.4 Python 数据类型与字节数据类型的转换

Python 没有二进制类型,但可以存储二进制类型的数据,方法是用字符串类型来存储二进制类型的数据。Python 通过 struct 模块来支持二进制的操作,struct 模块中最重要的两个函数是 pack()和 unpack()。

pack()用于将 Python 数据类型的值根据格式符转换为字节类型 bytes 的“字节串”,因为 Python 中没有字节(Byte)类型,可以把这里的“字节串”理解为字节流。pack()的语法格式如下:

```
pack(format, v1, v2, …)
```

函数功能：按照指定格式 format(后面有几个 v1,v2,…输入值，就设置几个格式字符)将多个 Python 数据类型的值打包(转换)成一个字节数据类型 bytes 字节串，即返回一个由 v1,v2,…按格式转换的字节所构成的字节串对象，也称为字节流。网络传输时，不能传输 int 类型的值，此时先将 int 类型的值转化为字节流，然后再发送。

unpack()做的工作刚好与 pack()相反，用于将字节流转换成 Python 数据类型的值(也称作解码、反序列化)。unpack 的语法格式如下：

```
unpack(format, string)
```

函数功能：按照指定格式 format 将字节流转换为 Python 指定的数据类型，返回转换后的 Python 数据类型的值所组成的元组。

struct 模块支持的格式符如表 6-5 所示。

表 6-5 struct 模块支持的格式符

格式符	Python 类型	字节数	格式符	Python 类型	字节数
c	长度为 1 的字符串	1	l	integer	4
b	integer	1	L	integer	4
B	integer	1	q	integer	8
?	bool	1	Q	integer	8
h	integer	2	f	float	4
H	integer	2	d	float	8
i	integer	4	s	字节串	
I	integer	4			

【例 6-8】 根据指定的格式将 Python 类型的数据换为字符串(字节流)。

```
import struct
>>> import struct
>>> buffer=struct.pack("ii", 1, 2)        #将 1、2 按 i 格式转换后得到一个字节串(流)
>>> buffer
b'\x01\x00\x00\x00\x02\x00\x00\x00'
>>> unbuffer = struct.unpack('ii', buffer)
                                          #按 i 格式将字节流转换成 Python 数据类型的值
>>> unbuffer
(1, 2)
#将 12、34、b"abc"、56 打包成一个字节串
>>> a= struct.pack("2I3sI" ,12, 34, b"abc", 56)    #2I 表示占 2 个 I 格式符
>>> b = struct . unpack("2I3sI", a)
>>> print('a:',a)
a: b'\x0c\x00\x00\x00"\x00\x00\x00abc\x008\x00\x00\x00'
>>> print('b:',b)
b: (12, 34, b'abc', 56)
```

【例 6-9】 根据指定的格式将不同类型的数据转换为字符串(字节流)。

```
import struct
bytes=struct.pack('5s6sis', b'hello', b'world!', 2, b'd')   #5s表示占5个s格式符
ret1 = struct.unpack('5s6sis', bytes)
print(bytes, ' <====> ', ret1)
```

上述代码在IDLE中运行的结果如下：

```
b'helloworld!\x00\x02\x00\x00\x00d'  <====>  (b'hello', b'world!', 2, b'd')
```

注意：在Python 3.x中，在内存中以Unicode编码格式表示字符串，不需要加前缀u，而字符串前要加标注b才会被识别为字节串。

【例6-10】 使用struct模块写入二进制文件。

```
import struct
a=16
b=True
c='Python'
buf=struct.pack('i?',a,b)   #字节流化，i表示整型格式，? 表示逻辑格式
f=open("test2.txt",'wb')
f.write(buf)
f.write(c.encode())          #c.encode()返回c编码后的字符串，它是一个bytes对象
f.close()
```

【例6-11】 使用struct模块读取前一个例子中的二进制文件内容。

```
import struct
f=open("test2.txt",'rb')
txt=f.read()
ret = struct.unpack('i?6s', txt)        #对二进制字符串进行解码
print(ret)
```

上述代码在IDLE中运行的结果如下：

```
(16, True, b'Python')
```

文件与文件夹操作

6.3 文件与文件夹操作

Python的os和shutill模块提供了大量操作文件与文件夹的方法。

6.3.1 使用os操作文件与文件夹

os是Operating System的缩写，这个模块提供了用户与操作系统交互的各种函数，我们可以通过这些函数调用操作系统的部分功能来快速、高效地管理文件及文件夹、路径、进程等。

os模块既可以对操作系统进行操作，也可以执行简单的文件夹及文件操作。通过import os导入os模块后，可用help(os)或dir(os)查看os模块的用法。os操作文件与文件夹的方法有的在os模块中，有的在os.path模块中。os模块的常用方法如表6-6

所示。

表 6-6 os 模块的常用方法

方　　法	功能说明
os.getcwd()	获取当前工作目录
os.chdir()	改变工作目录
os.listdir()	返回指定目录中的文件和文件夹名称列表
os.mkdir()	创建单个目录
os.makedirs()	创建多级目录
os.rmdir()	删除空目录
os.removedirs()	递归删除文件夹(目录),必须都是空目录
os.rename()	重命名文件或文件夹
os.walk()	列出目录和子目录中的所有文件
os.scandir()	获取目录中的文件

(1) getcwd():返回一个字符串,表示 Python 当前的工作目录(一般为程序文件当前的所在目录)。

```
>>> import os
>>> os.getcwd()        #获取 Python 的安装目录,即 Python 的默认目录
'D:\\Python'
```

(2) chdir(x):将 Python 的工作目录更改为 x。

```
>>> os.chdir('D:\\Python_os_test')   #写目录时用'\\'或'/'
>>> os.getcwd()
'D:\\Python_os_test'
```

(3) listdir(x):返回 x 目录下的文件和文件夹名称列表。

```
>>> os.listdir('D:\\Python')
['12.py', 'aclImdb', 'add.py', 'DLLs', 'Doc', 'include', 'iris.dot', 'iris.pdf',
'Lib', 'libs', 'LICENSE.txt', 'mypath.pth', 'NEWS.txt', 'python.exe',
'python3.dll', 'python36.dll', 'pythonw.exe', 'Scripts', 'share', 'tcl',
'Tools', 'vcruntime140.dll', '__pycache__']
```

(4) mkdir(x):在 x 指定位置创建一个空目录(空文件夹),且只能创建一级目录。

```
>>> os.mkdir('D:\\Python_os_test\\python1')    #创建文件夹 python1
>>> os.mkdir('D:\\Python_os_test\\python2')    #创建文件夹 python1
>>> os.listdir('D:\\Python_os_test')           #获取文件夹中所有文件的名称列表
['01.txt', '02.txt', 'python1', 'python2']
```

(5) makedirs(x):递归创建路径 x 中的多级目录,即一次性创建多级目录。

```
>>> os.makedirs('D:/Python_os_test/a/b/c/d')
>>> os.listdir('D:\\Python_os_test')
['01.txt', '02.txt', 'a', 'python1', 'python2']
```

(6) rmdir(x)：删除指定路径 x 的空目录。

```
>>> os.rmdir('D:/Python_os_test/a/b/c/d')      #删除 d 目录
```

(7) removedirs(x)：递归删除路径 x 中所有空目录。

removedirs()：递归删除文件夹，要删除的文件夹必须都是空的。

```
>>> os.removedirs('D:/Python_os_test/a/b/c')  #递归删除 a、b、c 目录
>>> os.listdir('D:\\Python_os_test')          #a 目录已经不存在了
['01.txt', '02.txt', 'python1', 'python2']
```

(8) rename(x,y)：将指定路径的文件或目录重命名为 y。

os.rename()函数还可以实现文件或文件夹的移动。

```
>>> os.rename('D:/Python_os_test/01.txt','011.txt')  #将 01.txt 重命名为 011.txt
#将文件夹 python1 重命名为 python11
>>> os.rename('D:/Python_os_test/python1','python11')
>>> os.listdir('D:\\Python_os_test')
['011.txt', '02.txt', 'python11', 'python2']
```

(9) os.walk()：列出目录和子目录中的所有文件。

os.walk()函数的语法格式如下。

```
os.walk(top, topdown=True)
```

函数功能：返回一个生成器，该生成器创建一个三元组(当前目录、当前目录中的所有目录的列表、当前目录中的所有文件的列表)。walk()函数是一个递归函数，即每次调用生成器时，它都会递归地跟随每个目录以获取它的文件和目录的列表，直到初始目录中没有更多的子目录可用。

参数说明如下。

top：需要遍历的顶层目录路径。

topdown：可选参数，默认为 True，表示遍历顺序是自顶向下，如果设置为 False，遍历顺序将是自底向上。

【例 6-12】 walk()函数使用举例。

```
from os import walk
dir_path = r'C:\Users\caojie\Desktop\a'
res = []  #记录查到的每个文件名
for (dir_path, dir_names, file_names) in walk(dir_path):
    print(dir_path, dir_names, file_names)
    res.extend(file_names)
print("查找到的所有文件名:",res)
运行上述程序代码,得到的输出结果如下。
C:\Users\caojie\Desktop\a ['b1', 'b2'] ['b.txt']
C:\Users\caojie\Desktop\a\b1 ['c1'] ['c1.txt']
C:\Users\caojie\Desktop\a\b1\c1 [] ['d11.txt']
C:\Users\caojie\Desktop\a\b2 ['c2'] ['c2.txt']
C:\Users\caojie\Desktop\a\b2\c2 [] ['d21.txt']
查找到的所有文件名: ['b.txt', 'c1.txt', 'd11.txt', 'c2.txt', 'd21.txt']
```

（10）os 模块的常用属性。

curdir：表示当前文件夹，“.”表示当前文件夹，一般情况下可以省略。

```
>>> os.curdir
'.'
```

pardir：表示上一层文件夹，“..”表示上一层文件夹，不可省略。

```
>>> os.pardir
'..'
```

sep：获取系统路径间隔符号，Windows 系统下为反斜杠字符\，Linux 系统下为斜杠字符/。

```
>>> os.sep
'\\'
>>> print(os.sep)
\
```

6.3.2 使用 os.path 操作文件与文件夹

os.path 模块主要用于文件的属性获取，在编程中经常用到。os.path 模块提供了大量用于路径判断、切分、连接以及文件夹遍历的方法，os.path 模块的常用方法如表 6-7 所示。

表 6-7 os.path 模块的常用方法

方　法	功能说明
os.path.abspath(path)	绝对路径生成函数，返回 path 的绝对路径，支持特殊路径，当前目录"."，上一层目录".."
os.path.dirname(path)	目录提取函数，返回 path 路径当中的目录部分
os.path.basename(path)	获取路径 path 最后的文件名
os.path.exists(path)	判断 path 对应的文件是否存在，如果存在，则返回 True，否则返回 False
os.path.split(path)	路径切割函数，将路径 path 分隔成目录和文件名，将其作为二元组返回
os.path.splitext (path)	扩展名分隔函数，返回路径名和文件扩展名的元组
os.path.splitdrive(path)	驱动器名分隔函数，返回驱动器名和路径组成的元组
os.path.join(path1,path2,...)	路径合并函数，返回所有参数合并而成的路径字符串
os.path.isfile(path)	判断路径 path 是否为文件，如果是文件，则返回 True，否则返回 False
os.path.isdir(path)	判断路径 path 是否为目录，如果是目录，则返回 True，否则返回 False
os.path.getctime(path)	获取文件的创建时间
os.path.getmtime(path)	获取文件的修改时间
os.path.getatime(path)	获取文件的访问时间
os.path.getsize(path)	返回文件大小，如果文件不存在就返回错误

(1) os.path.abspath(path)返回 path 的绝对路径。

```
>>> import os
>>> os.chdir('D:/Python_os_test')    #改变当前目录
>>> os.getcwd()
'D:\\Python_os_test'
>>> path = './02.txt'                #相对路径
>>> os.path.abspath(path)            #相对路径转化为绝对路径
'D:\\Python_os_test\\02.txt'
```

(2) os.path.dirname(path)获取路径 path 当中的目录部分,os.path.basename(path)获取路径 path 最后的文件名。

```
>>> path="D:\\Python_os_test\\a\\b\\c\\d.txt"
>>> os.path.dirname(path)
'D:\\Python_os_test\\a\\b\\c'
>>> os.path.basename(path)
'd.txt'
```

(3) os.path.split(path)将路径 path 分隔成目录和文件名,将其作为二元组返回。

```
>>> path='D:\\Python_os_test\\02.txt'
>>> os.path.split(path)
('D:\\Python_os_test', '02.txt')
```

(4) os.path.join(path1,path2,...)返回所有参数合并而成的路径字符串。

```
>>> path1='D:\\Python_os_test'
>>> path2='02.txt'
>>> result = os.path.join(path1,path2)
>>> result
'D:\\Python_os_test\\02.txt'
>>> print(result)
D:\Python_os_test\02.txt          #注意和前一个输出结果的差异
>>> os.path.join('c:\\', 'User', 'test.py')
'c:\\User\\test.py'
```

(5) os.path.getsize(path)返回文件大小。

```
>>> os.path.getsize('D:\\Python_os_test\\02.txt')
0
```

(6) os.path.splitext (path) 扩展名分隔函数,返回路径名和文件扩展名的元组。

```
>>> path = 'D:\\Python_os_test\\02.txt'
>>> result = os.path.splitext(path)
>>> print(result)
('D:\\Python_os_test\\02', '.txt')
```

【例 6-13】 列出指定目录下的所有文件。

```
import os
def get_filelists(file_dir):
  list_directory = os.listdir(file_dir)
  filelists = []
```

```
    for directory in list_directory:
        if(os.path.isfile(os.path.join(file_dir, directory))):  #判断是否是文件
            filelists.append(directory)
            print(directory)
    return filelists
get_filelists(r'D:\mypython')                                  #调用函数
```

运行上述程序代码,得到的输出结果如下。

```
AirPassengers.csv
calculateComentropy.py
yuanfang.docx
学生成绩.accdb
标记线和标记点柱形图.html
```

【例 6-14】 将指定目录下扩展名为 txt 的文件重命名为扩展名为 html。

```
import os
def rename_files(filepath):
    os.chdir(filepath)                    #改变当前目录
    filelist =os.listdir()                #获取当前文件夹中所有文件的名称列表
    print('更名前%s 目录下的文件列表'%filepath)
    print(filelist)
    for item in filelist:
        if item[item.rfind('.')+1:]=='txt':
        #rfind('.')返回'.'最后一次出现在字符串中的位置
            newname = item[:item.rfind('.')+1] +'html'
            os.rename(item,newname)

def main():
    while True:
        filepath = input('请输入路径:').strip()
        if os.path.isdir(filepath) == True:
            break
    rename_files(filepath)
    print('更名后%s 目录下的文件列表'%filepath)
    print(os.listdir(filepath))

main()
```

运行上述程序代码,得到的输出结果如下。

```
请输入路径:D:\\Python_os_test
更名前 D:\\Python_os_test 目录下的文件列表
['011.txt', '02.txt', '03.txt', '04.txt', 'a', 'fff', 'python1', 'python2',
'www.tar']
更名后 D:\\Python_os_test 目录下的文件列表
['011.html', '02.html', '03.html', '04.html', 'a', 'fff', 'python1', 'python2',
'www.tar']
```

6.3.3 使用 shutil 操作文件与文件夹

shutil 模块是 os 模块的补充，提供了复制、移动、删除、压缩、解压等操作。

1. 复制文件或文件夹

(1) shutil.copyfileobj (fsrc，fdst)将源文件 fsrc 的内容复制到目标文件 fdst 中，fsrc、fdst 参数是打开的文件对象。

```
>>> import shutil
>>> f1=open('D:\\Python_os_test\\01.txt','w')
>>> f1.write("满怀梦想,你我皆风华正茂。")
13
>>> f1.close()
>>> shutil.copyfileobj(open('D:\\Python_os_test\\01.txt','r'), open('D:\\
Python_os_test\\02.txt', 'w'))
>>> f2=open('D:\\Python_os_test\\02.txt','r')
>>> print(f2.read())
满怀梦想,你我皆风华正茂。
```

(2) shutil.copy(src，dst)将源文件 src 复制到目标文件夹 dst 中。如果 dst 是一个文件名称，那么它会被用来当作复制后的文件名称，相当于“复制 ＋ 重命名”。

```
>>> import shutil
>>> import os
>>> os.chdir('D:\\Python_os_test')    #改变当前目录
>>> shutil.copy('01.txt', 'python1') #将当前目录下的 01.txt 文件复制到 python1
                                      #文件夹下
'python1\\01.txt'
>>> shutil.copy('01.txt', '03.txt')  #将文件复制到当前目录下,即"复制 + 重命名"
'03.txt'
```

(3) shutil.copytree(src，dst)文件夹复制，将文件夹 src 中的文件复制到目标文件夹 dst 中，dst 必须是一个空文件夹。

注意：如果 dst 文件夹已经存在，该操作会返回一个 FileExistsError 错误，提示文件已存在。shutil.copytree(src，dst)实际上相当于备份一个文件夹。

```
>>> shutil.copytree('python1', 'python2')
#生成新文件夹 python2,和 python1 的内容一样
'python2'
```

2. 移动文件或文件夹

shutil.move(src，dst)函数将 src 文件或文件夹移动到目标文件夹 dst 中，返回值是移动后的文件或文件夹的绝对路径字符串。

```
>>> import shutil
>>> shutil.move('D:\\Python_os_test\\python1', 'D:\\Python_os_test\\python3')
'D:\\Python_os_test\\python3\\python1'
```

上例中，如果 D:\\Python_os_test\\python3 文件夹中已经存在了同名文件 python1，将产生 shutil.Error：Destination path 'D:\Python_os_test\python3\python1' already exists。

如果 dst 文件夹不存在，那么它会被当作 src 文件夹的新名称，相当于"移动+重命名"。

```
>>> shutil.move('D:\\Python_os_test\\python1', 'D:\\Python_os_test\\python4')
'D:\\Python_os_test\\python4'
```

如果 src 指向一个文件，dst 指向一个文件，那么 src 文件将被移动并重命名。

```
>>> shutil.move('D:\\Python_os_test\\01.txt', 'D:\\Python_os_test\\python5\
\04.txt')
'D:\\Python_os_test\\python5\\04.txt'
```

3. 删除文件夹

shutil.rmtree(src)删除文件夹 src。注意它和 os 模块中的 remove()、rmdir()函数的区别，remove()函数只能删除某个文件，mdir()只能删除某个空文件夹，但是 shutil 模块中的 rmtree()可以删除非空文件夹。

```
>>> shutil.rmtree('D:\\Python_os_test\\python3')
```

4. 创建和解压压缩包

(1) shutil. make_archive(base_name，format，root_dir=None)创建压缩包并返回压缩包的绝对路径。各参数的含义如下。

base_name：压缩打包后的文件名。

format：压缩或者打包格式，如"zip""tar""bztar""gztar"等。

root_dir：将某个目录或者文件打包(也就是源文件)。

```
>>> import shutil
>>> import os
>>> os.getcwd()
'D:\\Python_os_test'
>>> os.listdir()
['02.txt', '03.txt', 'python2', 'python5']
#将 D:\\Python_os_test 目录下的所有文件压缩到当前目录下取名为 www,压缩格式为 tar
>>> ret = shutil.make_archive("www",'tar',root_dir='D:\\Python_os_test')
>>> ret          #压缩包的绝对路径
'D:\\Python_os_test\\www.tar'
>>> os.listdir()
['02.txt', '03.txt', 'python2', 'python5', 'www.tar']
```

(2) shutil.unpack_archive(filename[，extract_dir[，format]])解包操作。各参数的含义如下。

filename：要解压的压缩包的名称。

extract_dir：解包到何处的目标文件夹，文件夹不存在会新建文件夹。

format:解压格式。

```
>>> import shutil
>>> import os
>>> os.getcwd()
'D:\\Python_os_test'
>>> os.listdir()
['02.txt', '03.txt', 'python2', 'python5', 'www.tar']
>>> shutil.unpack_archive("www.tar", 'python6')
>>> os.listdir()
['02.txt', '03.txt', 'python2', 'python5', 'python6', 'www.tar']
```

6.4 CSV文件的读取和写入(使用原文件)

CSV(Comma Separated Value,逗号分隔值)文件是一种用来存储表格数据(数字和文本)的纯文本格式文件,文档的内容是由逗号分隔的一列列的数据构成,它可以被导入各种电子表格和数据库中。纯文本意味着该文件是一个字符序列。在CSV文件中,数据"栏"(数据所在列,相当于数据库的字段)以逗号分隔,可允许程序通过读取文件为数据重新创建正确的栏结构(如把两个数据栏的数据组合在一起)。CSV文件由任意数目的记录组成,记录之间以某种换行符分隔,一行即为数据表的一行;每条记录由字段组成,字段间的分隔符最常见的是逗号或制表符。可使用Word、记事本、Excel等方式打开CSV文件。

创建CSV文件的方法有很多,最常用的方法是用电子表格创建,如Microsoft Excel。在Microsoft Excel中,选择"文件"→"另存为",然后在"文件类型"下拉选择框中选择"CSV(逗号分隔)(*.csv)",最后单击"保存",就创建了一个CSV格式的文件。

Python的CSV模块提供了多种读取和写入CSV格式文件的方法。

本节基于consumer.csv文件,其内容为:

```
客户年龄,平均每次消费金额,平均消费周期
23,318,10
22,147,13
24,172,17
27,194,67
```

6.4.1 使用csv.reader()读取CSV文件

csv.reader()用来读取CSV文件,其语法格式如下:

```
csv.reader(csvfile, dialect='excel', **fmtparams)
```

返回值:一个reader对象,这个对象是可以迭代的,有个line_num参数,表示当前行数。

参数说明如下。

csvfile:可以是文件(file)对象或者列表(list)对象,如果csvfile是文件对象,要求该

文件要以 newline=''的方式打开。

dialect：编码风格，默认为 Excel 的风格，也就是用逗号分隔，dialect 方式也支持自定义，通过调用 register_dialect 方法来注册。

fmtparams：用于指定特定格式，以覆盖 dialect 中的格式。

【例 6-15】 使用 reader 读取 CSV 文件。

```
import csv
with open('consumer.csv',newline='') as csvfile:
    spamreader = csv.reader(csvfile)        #返回的是迭代类型
    for row in spamreader:
        print(', '.join(row))              #以逗号连接各字段
    csvfile.seek(0)                        #文件指针移动到文件开始
    for row in spamreader:
        print(row)
```

说明：newline 用来指定换行控制方式，可取值 None,'\n','\r'或'\r\n'。读取时，不指定 newline，文件中的\n、\r、或\r\n 被默认转换为\n；写入时，不指定 newline，则换行符为各系统默认的换行符(\n,\r,或\r\n)，指定为 newline='\n'，则都替换为\n；若指定 newline=''，不论读或者写，都表示不转换换行符。

运行上述程序代码，得到的输出结果如下。

```
客户年龄, 平均每次消费金额, 平均消费周期
23, 318, 10
22, 147, 13
24, 172, 17
27, 194, 67
['客户年龄', '平均每次消费金额', '平均消费周期']
['23', '318', '10']
['22', '147', '13']
['24', '172', '17']
['27', '194', '67']
```

6.4.2 使用 csv.writer()写入 CSV 文件

csv.writer()用来写入 CSV 文件，其语法格式如下：

```
csv.writer(csvfile, dialect='excel', * * fmtparams)
```

说明：返回一个 writer 对象，使用 writer 对象可将用户的数据写入该 writer 对象所对应的文件中。

csvfile：可以是文件(file)对象或者列表(list)对象。

dialect：编码风格，默认为 Excel 的风格，也就是用逗号分隔，dialect 方式也支持自定义，通过调用 register_dialect 方法来注册。

fmtparams：用于指定特定格式，以覆盖 dialect 中的格式。

csv.writer()所生成的 csv.writer 文件对象支持以下写入 CSV 文件的方法。

writerow(row)：写入一行数据。

writerows(rows)：写入多行数据。

【例 6-16】 使用 writer 写入 CSV 文件。

```
import csv
with open('consumer.csv', 'w', newline='') as csvfile:
                                            #写入的数据将覆盖 consumer.csv 文件
    spamwriter = csv.writer(csvfile)                    #生成 csv.writer 文件对象
    spamwriter.writerow(['55','555','55'])               #写入一行数据
    spamwriter.writerows([('35','355','35'),('18','188','18')])
with open('consumer.csv',newline='') as csvfile:        #重新打开文件
    spamreader = csv.reader(csvfile)
    for row in spamreader:              #输出用 writer 对象的写入方法写入数据后的文件
        print(row)
```

运行上述程序代码,得到的输出结果如下。

```
['55', '555', '55']
['35', '355', '35']
['18', '188', '18']
```

【例 6-17】 使用 writer 向 CSV 文件追加数据。

```
import csv
with open('consumer.csv', 'a+', newline='') as csvfile:
    spamwriter = csv.writer(csvfile)
    spamwriter.writerow(['55','555','55'])
    spamwriter.writerows([('35','355','35'),('18','188','18')])
with open('consumer.csv',newline='') as csvfile:     #重新打开文件
    spamreader = csv.reader(csvfile)
    for row in spamreader:              #输出用 writer 对象的写入方法写入数据后的文件
        print(row)
```

运行上述程序代码,得到的输出结果如下。

```
['客户年龄', '平均每次消费金额', '平均消费周期']
['23', '318', '10']
['22', '147', '13']
['24', '172', '17']
['27', '194', '67']
['55', '555', '55']
['35', '355', '35']
['18', '188', '18']
```

6.4.3 使用 csv.DictReader()读取 CSV 文件

把一个关系型数据库保存为 CSV 文档,再用 Python 读取数据或写入新数据,在数据处理中是很常见的。很多情况下,读取 CSV 数据时,往往先把 CSV 文件中的数据读成字典的形式,即为读出的每条记录中的数据添加一个说明性的关键字,这样便于理解。为此,CSV 库提供了能直接将 CSV 文件读取为字典的函数：DictReader(),也有相应将字典写入 CSV 文件的函数：DictWriter()。csv.DictReader()的语法格式如下：

```
csv.DictReader(csvfile, fieldnames=None, dialect='excel')
```

说明：DictReader()返回一个 DictReader 对象，该对象的操作方法与 reader 对象的操作方法类似，可以将读取的信息映射为字典，其关键字由可选参数 fieldnames 来指定。

参数说明如下：

csvfile：可以是文件(file)对象或者列表(list)对象。

fieldnames：是一个序列，用于为输出的数据指定字典关键字，如果没有指定，则以第一行的各字段名作为字典关键字。

dialect：编码风格，默认为 Excel 的风格，也就是用逗号“,”分隔，dialect 方式也支持自定义，通过调用 register_dialect 方法来注册。

【例 6-18】 使用 csv.DictReader 读取 CSV 文件。

```
import csv
with open('consumer.csv', 'r') as csvfile:
    dict_reader = csv.DictReader(csvfile)
    for row in dict_reader:
        print(row)
```

运行上述程序代码，得到的输出结果如下。

```
OrderedDict([('客户年龄', '23'), ('平均每次消费金额', '318'), ('平均消费周期',
'10')])
OrderedDict([('客户年龄', '22'), ('平均每次消费金额', '147'), ('平均消费周期',
'13')])
OrderedDict([('客户年龄', '24'), ('平均每次消费金额', '172'), ('平均消费周期',
'17')])
OrderedDict([('客户年龄', '27'), ('平均每次消费金额', '194'), ('平均消费周期',
'67')])
```

【例 6-19】 使用 csv.DictReader 读取 CSV 文件，并为输出的数据指定新的字段名。

```
import csv
print_dict_name=['年龄','消费金额','消费频率']
with open('consumer.csv', 'r') as csvfile:
    dict_reader = csv.DictReader(csvfile,fieldnames=print_dict_name)
    for row in dict_reader:
        print(row)
print("\nconsumer.csv 文件内容: ")
with open('consumer.csv',newline='') as csvfile:      #重新打开文件
    spamreader = csv.reader(csvfile)
    for row in spamreader:
        print(row)
```

运行上述程序代码，得到的输出结果如下。

```
OrderedDict([('年龄', '客户年龄'), ('消费金额', '平均每次消费金额'), ('消费频率',
'平均消费周期')])
OrderedDict([('年龄', '23'), ('消费金额', '318'), ('消费频率', '10')])
OrderedDict([('年龄', '22'), ('消费金额', '147'), ('消费频率', '13')])
```

```
OrderedDict([('年龄', '24'), ('消费金额', '172'), ('消费频率', '17')])
OrderedDict([('年龄', '27'), ('消费金额', '194'), ('消费频率', '67')])
```

consumer.csv 文件内容：

```
['客户年龄', '平均每次消费金额', '平均消费周期']
['23', '318', '10']
['22', '147', '13']
['24', '172', '17']
['27', '194', '67']
```

从上述输出的结果可以看出，consumer.csv 文件中第一行的数据并没发生变化。

6.4.4 使用 csv.DictWriter()写入 CSV 文件

如果需要将字典形式的记录数据写入 CSV 文件，则可以使用 csv.DictWriter()来实现，其语法格式如下：

```
csv.DictWriter(csvfile, fieldnames, dialect='excel')
```

说明：DictWriter ()返回一个 DictWriter 对象，该对象的操作方法与 writer 对象的操作方法类似。参数 csvfile、fieldnames 和 dialect 的含义与 DictReader()函数的参数类似。

【例 6-20】 使用 csv.DictWriter()写入 CSV 文件。

```
import csv
dict_record = [{'客户年龄': 23, '平均每次消费金额': 318, '平均消费周期': 10}, {'客户年龄': 22, '平均每次消费金额': 147, '平均消费周期': 13}]
keys = ['客户年龄','平均每次消费金额','平均消费周期']
#在该程序文件所在目录下创建 consumer1.csv 文件
with open('consumer1.csv', 'w+',newline='') as csvfile:
    #文件头以列表的形式传入函数,列表的每个元素表示每一列的标识
dictwriter = csv.DictWriter(csvfile, fieldnames=keys)
    #若此时直接写入内容,会导致没有数据名,须先执行 writeheader()将文件头写入
    #writeheader()没有参数,因为在建立对象 dictwriter 时,已设定了参数 fieldnames
dictwriter.writeheader()
    for item in dict_record:
dictwriter.writerow(item)

print("以 csv.DictReader()方式读取 consumer1.csv: ")
with open('consumer1.csv', 'r') as csvfile:
    reader = csv.DictReader(csvfile)
    for row in reader:
        print(row)

print("\n以 csv.reader()方式读取 consumer1.csv: ")
with open('consumer1.csv',newline='') as csvfile: #重新打开文件
    spamreader = csv.reader(csvfile)
    for row in spamreader:
        print(row)
```

csv_ DictWriter.py 在 IDLE 中运行的结果如下：

```
以 csv.DictReader()方式读取 consumer1.csv:
OrderedDict([('客户年龄', '23'), ('平均每次消费金额', '318'), ('平均消费周期',
'10')])
OrderedDict([('客户年龄', '22'), ('平均每次消费金额', '147'), ('平均消费周期',
'13')])

以 csv.reader()方式读取 consumer1.csv:
['客户年龄', '平均每次消费金额', '平均消费周期']
['23', '318', '10']
['22', '147', '13']
```

6.4.5 CSV 文件的格式化参数

创建 csv.reader 或 csv.writer 对象时，可以指定 CSV 文件格式化参数。CSV 文件格式化参数包括以下几项。

delimiter：默认值为','，用来分隔字段。

doublequote：如果为 True(默认值)，字符串中的双引号用""表示，若为 False，则使用转义字符 escapechar 指定的字符。

escapechar：转义字符，当 quoting 被设置成 QUOTE_NONE、doublequote 被设置成 False 时，被 writer 用来转义 delimiter。

lineterminator：被 writer 用来换行，默认值为'\r\n'。

quotechar：用于包含特殊符号的引用字段，默认值为“"”。

quoting：用于指定使用双引号的规则，可取值 QUOTE_ALL(全部)、QUOTE_MINIMAL(仅特殊字符字段)、QUOTE_NONNUMERIC(非数字字段)、QUOTE_NONE(全部不)。

skipinitialspace：如果为 True，省略分隔符前面的空格，默认值为 False。

【例 6-21】 使用 delimiter 和 quoting 来配置分隔符和使用双引号的规则。

```
import csv
def read(file):
    with open(file, 'r+', newline='') as csvfile:
        reader = csv.reader(csvfile)
        return [row for row in reader]

def write(file, lst):
    with open(file, 'w+', newline='') as csvfile:
          #delimiter=':'指定写入文件的分隔符,quoting 指定双引号的规则
        writer = csv.writer(csvfile, delimiter=':',quoting=csv.QUOTE_ALL)
        for row in lst:
            writer.writerow(row)

def main():
    columns = int(input("请输入要输入的列数: "))
    input_list = []
    i=1
```

```
    with open('consumer.csv', 'r', newline='') as csvfile:
        spamreader = csv.reader(csvfile)
        for row in spamreader:
            if i<=columns+1:
                input_list.append(row)
            else:
                break
            i+=1
    print(input_list)
    write('consumer1.csv', input_list)
    written_value = read('consumer1.csv')
    print(written_value)

main()
```

运行上述程序代码,得到的输出结果如下。

```
请输入要输入的列数: 3
[['客户年龄', '平均每次消费金额', '平均消费周期'], ['23', '318', '10'], ['22',
'147', '13'], ['24', '172', '17']]
[['客户年龄:"平均每次消费金额":"平均消费周期"'], ['23:"318":"10"'], ['22:"147":
"13"'], ['24:"172":"17"']]
```

程序运行后,在当前目录下创建了 consumer1.csv 文件,其文件内容是:

```
"客户年龄":"平均每次消费金额":"平均消费周期"
"23":"318":"10"
"22":"147":"13"
"24":"172":"17"
```

6.4.6 自定义 dialect

dialect 用来指定 CSV 文件的编码风格,默认为 Excel 的风格,也就是用逗号","分隔,dialect 支持自定义,即通过调用 register_dialect 方法来注册 CSV 文件的编码风格,其语法格式如下:

```
csv.register_dialect(name[, dialect], **fmtparams)
```

说明:这个函数是用来自定义 dialect 的。

name:是新格式的名称,如定义成'mydialect'。

dialect:格式参数,是 dialect 的一个子类。

fmtparams:关键字格式的参数。

假定在 consumer2.csv 中存储如下数据:

```
客户年龄:平均每次消费金额,平均消费周期
23:318,10
22:147,13
24:172,17
27:194,67
```

【例 6-22】 自定义一个名为 mydialect 的 dialect。

```
import csv
'''自定义了一个命名为 mydialect 的 dialect,参数只设置了 delimiter 和 quoting 这两个,其他的仍然采用默认值,其中以':'为分隔符'''
csv.register_dialect('mydialect', delimiter=':', quoting=csv.QUOTE_ALL)
with open('consumer.csv', newline='') as f:
    spamreader = csv.reader(f,dialect= 'mydialect')
    for row in spamreader:
        print(row)
```

运行上述程序代码,得到的输出结果如下。

```
['客户年龄', '平均每次消费金额,平均消费周期']
['23', '318,10']
['22', '147,13']
['24', '172,17']
['27', '194,67']
```

从上面的输出结果可以看出：现在是以':'为分隔符,':'后面的两列数据合成了一个字符串,因为第 1 列和第 2 列之间的分隔符是':',而 mydialect 风格的分隔符是':',第 1 列单独一个字符串。

对于 writer()函数,同样可以传入 mydialect 作为参数,这里不再赘述。

6.5 实战：递归遍历文件夹获取指定后缀的文件名列表

【例 6-23】 遍历文件夹及其子文件夹中的所有文件,获取后缀是 py 的文件的名称列表。

```
import os
import os.path
ls = []

def get_file_list (path,ls):
    fileList = os.listdir(path)   #获取 path 指定的文件夹中所有文件的名称列表
    for tmp in fileList:
        pathTmp = os.path.join ('%s/%s'% (path, tmp))
        if os.path.isdir(pathTmp)==True:        #判断 pathTmp 是否是目录
            get_file_list (pathTmp,ls)
        elif pathTmp[pathTmp.rfind('.')+1:]=='py':
            ls.append(pathTmp)


def main():
    while True:
        path = input('请输入路径:').strip()      #移除字符串头尾的空格
```

```
        if os.path.isdir(path) == True:
            break
    get_file_list (path,ls)
    print(ls)

main()
```

运行上述程序代码,得到的输出结果如下。

```
请输入路径:D:/Python/Scripts
['D:/Python/Scripts/f2py.py', 'D:/Python/Scripts/runxlrd.py',
'D:/Python/Scripts/wordcloud_cli.py']
```

6.6 习　　题

一、选择题

1. 关于以下代码的描述,错误的选项是(　　)。

```
with open('abc.txt','r+') as f:
    lines = f.readlines()
for item in lines:
    print(item)
```

A. 执行代码后,abc.txt 文件未关闭,必须通过 close()函数关闭
B. 打印输出 abc.txt 文件内容
C. item 是字符串类型
D. lines 是列表类型

2.假设 file 是文本文件对象,下列选项中,哪个用于读取一行内容?(　　)
A. file.read()　　B. file.read(200)
C. file.readline()　　D. file.readlines()

3. 下列语句打开文件的位置应该在(　　)。

```
f = open('itheima.txt','w')
```

A. C 盘根目录下　　B. D 盘根目录下
C. Python 安装目录下　　D. 与源文件在相同的目录下

4. 以下关于文件的描述,错误的是(　　)。
A. 二进制文件和文本文件的操作步骤都是“打开→操作→关闭”
B. open()函数打开文件之后,文件的内容并没有在内存中
C. open()函数只能打开一个已经存在的文件
D .文件读写之后,要调用 close()函数才能确保文件被保存在磁盘中

5. 以下程序输出到文件 text.csv 中的结果是(　　)。

```
fo = open("text.csv",'w')
x = [90,87,93]
z = []
for y in x:
    z.append(str(y))
fo.write(",".join(z))
fo.close()
```

A. [90,87,93]　　B. 90,87,93　　C. '[90,87,93]'　　D. '90,87,93'

二、编程题

1. 编写一个程序,实现将指定文件的内容复制到新文件的功能,要求用户输入源文件名和目标文件名。

2. 编写一个程序,列出指定目录下所有的文件和文件夹,要求用户输入目标目录。

3. 编写一个程序,实现在指定目录下创建一个新的文件夹,要求用户输入目标目录和新文件夹名。

4. 编写一个程序,实现将指定文件夹下所有文件的名称输出到一个文本文件中,每个文件名占一行。

第7章 chapter 7

面向对象程序设计

面向对象程序设计，是把计算机程序视为一组对象的集合，计算机程序的执行就是一系列消息在各个对象之间传递以及和这些消息相关的处理。本章主要介绍：编程范式，创建和使用类，类中的属性，类中的方法，类的继承，object类，对象的浅复制和深复制，自定义分类感知器，自定义数据结构。

7.1 编程范式

编程范式指的是一种程序或者程序语言的组织风格、方式，编程范式代表了程序设计者认为程序应该如何被构建和执行的看法。过去的几十年，随着高级编程语言的诞生，编程范式经历了面向过程编程、面向对象编程、函数式编程等演进。

7.1.1 面向过程编程

面向过程编程是一种以过程(步骤)为中心的编程范式，它将程序视为一系列按照特定顺序执行的操作或函数调用。在面向过程编程中，程序由一系列函数或过程组成，这些函数按照特定的顺序依次执行。

面向过程编程的主要特点如下。

(1) 过程或函数。程序被分解为一系列函数或过程，每个函数执行一个特定的任务。这些函数通常按某种顺序调用，从而实现所需的操作。

(2) 顺序执行。程序中的语句按照它们在程序中的出现顺序依次执行。控制流程通常从一个函数移动到下一个函数，直到程序完成。

(3) 数据和操作的分离。面向过程编程通常将数据和操作分开，数据通常存储在变量中，而操作以函数或过程的形式定义。

(4) 有限的数据共享。在面向过程编程中，通常将数据作为参数传递给函数，因此数据共享是有限的。

(5) 重用性。面向过程编程鼓励编写可重用的函数，以便在程序中多次使用相同的操作。

以下是一个简单的Python示例，演示面向过程编程的原则。

【例 7-1】 创建一个面向过程的程序来计算学生的平均成绩。

```
#定义函数来计算平均成绩
def calculate_average(scores):
    total = sum(scores)
    average = total / len(scores)
    return average

#主程序
student_scores = [85, 90, 88, 92, 88]          #学生成绩列表
avg = calculate_average(student_scores)       #调用函数计算平均成绩
print("学生的平均成绩是:", avg)                 #打印结果
```

运行上述程序代码,得到的输出结果如下。

```
学生的平均成绩是: 88.6
```

在这个示例中,定义了一个名为 calculate_average 的函数,该函数接受一个成绩列表作为参数,计算这些成绩的平均值,然后返回平均值。主程序中,创建了一个学生成绩列表,然后调用 calculate_average 函数来计算平均成绩,并打印结果。

7.1.2 面向对象编程

面向对象编程使用类和对象的概念来组织和管理代码,数据和与数据相关的操作封装在对象中。面向对象编程将程序看作一组对象的集合,每个对象都可以接收消息、处理数据,并与其他对象进行交互。面向对象编程强调对象的行为(方法)和状态(属性),并通过对象之间的交互来构建程序。

面向对象编程的关键概念如下。

(1) 类。类是面向对象编程的基本概念,它定义了对象的蓝图或模板。类描述了对象的属性(成员变量或属性)和方法(成员函数),它们共同决定了对象的行为和状态。

(2) 对象。对象是类的实例,是类的具体化,是类的一种个体,具有类定义的属性和方法。我们每个人,都是人类的个体,具有人类的一般特征和行为。

(3) 继承。继承是一种机制,它允许一个类继承另一个类的属性和方法。

(4) 多态。多态允许不同对象对相同的方法进行不同的实现。

7.1.3 函数式编程

函数式编程强调函数的纯粹性和不可变性,避免使用可变状态和共享状态,以此实现代码的简洁、可靠和可重用性。函数式编程的基本原理是将计算视为函数的运算,函数可以像数据一样被传递和操作。

函数式编程的关键概念如下。

(1) 纯函数。纯函数是指一个函数的输出完全取决于其输入,而且它不会产生副作用。这意味着相同的输入始终产生相同的输出,而且不会修改外部状态。纯函数易于测试、理解和并行化。

(2) 不可变性。不可变性是指数据一旦创建就不能被修改。在函数式编程中,数据通常是不可变的,而任何修改数据的操作都会创建新的数据。这有助于防止数据竞争和提高程序的可靠性。

(3) 高阶函数。高阶函数是函数可以接受其他函数作为参数,或者返回函数作为结果。这允许在函数式编程中使用函数作为数据,进行函数组合和抽象。

(4) 函数组合。函数组合是将多个函数连接在一起,以创建更复杂的函数。这有助于将程序拆分为小的、可组合的部分。

(5) 递归。递归是函数式编程中常见的控制结构,用于迭代和解决问题。函数式编程通常更倾向于使用递归而不是循环。

(6) 惰性求值。惰性求值是指只在需要时才计算表达式的值,这有助于提高性能和减少不必要的计算。

【例 7-2】 Python 函数式编程示例,其中使用了高阶函数和 lambda 匿名函数。

```
from functools import reduce
numbers = [1, 2, 3, 4, 5]              #创建一个列表
#使用 map 函数将列表中的每个元素加倍
doubled_numbers = list(map(lambda x: x * 2, numbers))
print(doubled_numbers)                 #输出 [2, 4, 6, 8, 10]
#使用 filter 函数筛选出列表中的偶数
even_numbers = list(filter(lambda x: x % 2 == 0, numbers))
print(even_numbers)                    #输出 [2, 4]

#使用高阶函数 reduce 计算列表中所有元素的和
sum_of_numbers = reduce(lambda x, y: x + y, numbers)
print(sum_of_numbers)                  #输出 15

#函数组合示例
#定义两个函数
def add_one(x):
    return x + 1

def double(x):
    return x * 2

#函数组合使用
combined_function = lambda x: double(add_one(x))
result = combined_function(3)
print(result)                          #输出 8
```

运行上述程序代码,得到的输出结果如下。

```
[2, 4, 6, 8, 10]
[2, 4]
15
8
```

7.2 创建和使用类

7.2.1 定义类

在面向对象编程中，对现实世界中的一类事物进行抽象编写类，类是一种蓝图、一种模板，它描述了一类对象的属性和方法。有了定义好的类后，就可以使用该类来创建具有不同属性值(状态、特征)的对象。

Python 使用 class 关键字定义类，定义类的语法格式如下所示：

```
class 类名:
    类体
```

在 Python 中，定义类时需要注意以下几个事项。

(1) class 是关键字，用来定义类，“class 类名”是类的声明部分，class 和类名中间至少要敲一个空格。

(2) 类名由用户指定，必须是合法的 Python 标识符。类名最好容易识别、见名知意，如果类名使用英文字母，那么名字的首字母使用大写字母，如 Person、Time、Rectangle 等。当类名由几个单词组成时，每个单词的首字母大写，其余的字母均小写。

(3) 类名后跟冒号，类体由缩进的语句块组成。在类体内定义类的属性(也称状态)和方法，分别称为类的数据成员和方法成员。属性用定义的变量表示，用来存储由类生成的对象的属性值；方法用定义的函数表示，类中的函数称为方法，用来体现类的行为，通常用于处理类中定义的变量。

(4) 一个类通常包含一种特殊的方法：__init__()。这个方法被称为初始化方法，又称为构造方法，每当使用类创建对象时就会调用该方法，完成为属性变量赋值的工作。类中的方法的命名也符合驼峰命名规则，但是方法的首字母小写。

(5) Python 解释器为每个类创建一个名字为类名的类对象，类对象调用构造方法并为构造方法传递实参就可以创建类的对象，也称类的实例。

【例 7-3】 定义一个矩形类 Rectangle。

```
class Rectangle:
    #初始化方法,用于创建对象并设置属性的值
    def __init__(self,width1,height1):
        #self.width 定义数据成员 width,由类创建对象时存储传递给形参 width1 的值
        self.width=width1
        self.height=height1
    def getArea(self):          #定义方法成员 getArea,返回矩形的面积
        return self.width * self.height
    def getPerimeter(self):     #定义方法成员 getPerimeter,返回矩形的周长
        return 2 * (self.width+self.height)
```

注意：类中定义的每个方法都必须至少有一个名为 self 参数，并且必须是方法的第一个参数(如果有多个形参)，self 指向调用方法的类的对象。虽然每个方法的第一个参

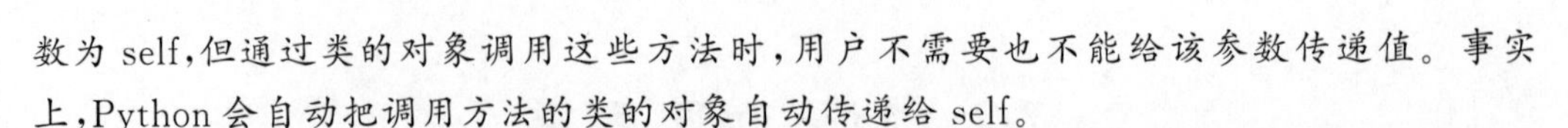

数为 self,但通过类的对象调用这些方法时,用户不需要也不能给该参数传递值。事实上,Python 会自动把调用方法的类的对象自动传递给 self。

在 Python 中,函数和方法是有区别的。方法一般指与特定对象绑定的函数,通过对象调用方法时,对象将被传递给方法的第一个参数 self,通常的函数并不具备这个特点。

7.2.2 创建类的对象

类是抽象的,要使用类定义的功能,就必须进行类的实例化,即创建类的对象。创建类的对象后,就可以使用成员运算符"."来调用对象的属性和方法。

使用类创建类的对象通常要完成两个任务:在内存中创建类的对象;调用类的对象(也称实例对象)的__init__()方法来初始化对象的属性,__init__()方法中的 self 参数被自动设置为引用刚刚创建的类的对象。

创建类的对象的方式类似调用函数的方式,创建类的对象的方式如下:

```
对象名 = 类名(参数列表)
```

注意:执行上述语句会调用类的__init__()方法接受(参数列表)中的参数,参数列表中的参数要与无 self 的__init__()方法中的参数匹配。

调用对象的属性和方法的格式如下:

```
对象名.对象的属性
对象名.对象的方法()
```

以下使用矩形类 Rectangle 创建类的对象并调用对象的属性和方法。

```
>>> rec = Rectangle(1,3)    #创建一个 width 为 1、height 为 3 的 Rectangle 类的对象
>>> rec.width               #调用对象 rec 的 width,获得 width 的值
1
>>> rec.height
3
>>> rec.getPerimeter()      #获取对象 rec 的周长
8
```

类中的属性

7.3 类中的属性

类的数据成员是在类中定义的成员变量,用来存储描述类的状态的值,也称为属性。属性可以被该类中定义的方法访问,也可以通过类的对象进行访问。而在非构造方法体中定义的局部变量,则只能在其定义的范围内进行访问。

7.3.1 对象属性和类属性

在类的构造方法中通过"self.变量名"定义的属性"变量名",称为类的对象属性,对象属性属于类实例化后得到的特定对象,不同对象的对象属性值可能不一样,对象属性在类的内部通过"self.变量名"访问,在外部通过"对象名.变量名"访问。

Python允许声明属于类本身的变量，即类属性，也称为类变量、静态属性。类属性属于整个类，是在类中所有方法之外定义的变量，所有实例之间共享一个副本。在类内部用“类名.类属性名”调用。对于公有的类属性，在类外可以通过类对象访问(即“类名.类属性名”的方式来访问)和实例对象访问。对于私有的类属性，既不能在类外通过类对象访问，也不能通过实例对象访问。

可以使用以下内置函数来访问类的对象的属性：

getattr(obj,'name')：访问对象obj的属性名为'name'的值。

hasattr(obj,'name')：检查对象是否存在一个属性'name'。

setattr(obj,'name',value)：设置对象的'name'属性的属性值为value，如果属性不存在，则会创建一个新属性。

delattr(obj,'name')：删除对象的属性'name'。

```
>>> getattr(rec, 'width')
1
>>> hasattr(rec, 'width')
True
>>> setattr(rec, 'color', 'red')   #为 rec 对象添加属性 color,初始值为 red
>>> getattr(rec, 'color')
'red'
>>> delattr(rec, 'color')          #删除对象 rec 的 color 属性
>>> getattr(rec, 'color')          #将报错
Traceback (most recent call last):
  File "<pyshell                   #49>", line 1, in <module>
    getattr(rec, 'color')
AttributeError: 'Rectangle' object has no attribute 'color'
```

【例7-4】 定义Student类，其中包括对象属性、类属性和成员方法，创建Student类的对象，调用对象的属性和方法。

```
>>> class Student:
    '''定义 Student 类'''
    number=0                    #定义公有类属性 number
    def __init__(self, name,age):
        self.name = name        #定义成员变量 name,用参数 name 进行初始化
        self.age = age
        Student.number+=1
    def getName(self):          #定义成员方法 getName(),返回数据成员 name 的值
        return self.name
    def getNumber(self):
        print("已经生成的 Person 类的对象的数量:",self.number)
    def setAge(self,age):       #定义设置 age 的方法
        self.age=age
    def sayMe(self):
      print(f"我的名字是{self.name},我的年龄是{self.age},我是第{self.number}
个对象.")

>>> s1 = Student('李晓', 18)     #创建一个 Student 类的对象
>>> s1.name                      #获取属性 name 的值
'李晓'
```

```
>>> s1.getName()                          #调用对象的 getName()方法
'李晓'
>>> s1.setAge(20)                         #设置 age 属性的值为 20
>>> s1.sayMe()
我的名字是李晓,我的年龄是 20,我是第 1 个对象.
>>> s2 = Student('杨雪', 19)              #再创建一个 Student 类的对象
>>> s2.number                             #访问类属性
2
#为 Student 类添加类属性 nationality,该属性将被类和所有实例共有
>>> Student.nationality="China"
>>> s1.nationality                        #返回对象 s1 的类属性值
'China'
>>> s2.nationality
'China'
```

虽然类属性可以使用"对象名.类属性名"的方式来访问,但这样感觉像是访问实例的属性,容易造成困惑,建议不要这样使用,提倡使用"类名.类属性名"的方式来访问。

关于类属性和类的对象属性,可以总结如下。

(1) 类属性属于类本身,可以通过类名进行访问或修改。

(2) 类属性也可以被类的所有实例对象访问或修改。

(3) 在类定义之后,可以通过类名动态添加类属性,新增的类属性被类和所有实例共有。

(4) 类的对象属性只能通过类的对象访问。

(5) 在类的对象生成后,可以动态添加对象的属性,但是这些添加的对象属性只属于该对象。

7.3.2 公有属性和私有属性

在定义类中的属性时,如果属性名以两个下画线"__"开头,但是不以两个下画线"__"结束,则表示该属性是私有属性,其他的为公有属性。私有属性在类的实例的外部不能通过成员运算符"."直接访问,需要调用类的实例的公有成员方法来访问,或者使用"对象名._类名类的私有属性名"的方式来访问。公有属性既可以在类的实例的内部进行访问,也可以在类的实例的外部通过成员运算符"."进行访问。

【例 7-5】 定义线段 Segment 类,其中包括私有类属性和公有类属性,私有对象属性和公有对象属性。

```
class Segment:
    __secretValue = 0                 #私有类属性
    publicValue = 0                   #公有类属性
    def __init__(self,valuea=0,valueb=0):
        self._valuea=valuea
        self.__valueb=valueb          #定义类的私有对象属性
    def setsegment(self,valuea,valueb):
        self._valuea=valuea
        self.__valueb=valueb
```

```
    def show(self):
        print('_valuea 的值: ', self._valuea)
        print('__valueb 的值: ', self.__valueb)
    def showClassAttributes(self):
        self.__secretValue += 1
        self.publicValue += 1
        print('私有属性__secretValue 的值: ', self.__secretValue)
        print('公有属性 publicValue 的值: ', self.publicValue)

>>> segment = Segment(2,3)
>>> segment.showClassAttributes()
私有属性__secretValue 的值: 1
公有属性 publicValue 的值: 1
>>> print(segment._Segment__secretValue)      #访问对象的私有类属性
1
>>> print(segment.publicValue)                #访问对象的公有类属性
1
>>> print(segment._valuea)                    #访问对象 segment 的公有对象属性
2
```

7.3.3 特殊属性

1. 对象的特殊属性

Python 内置了类的对象的特殊属性,通过这些属性可查看类的对象的相关信息。

__class__: 获取对象所属的类的类名。

__module__: 获取实例对象所在的模块。

__dict__: 获取实例对象的数据成员信息,结果为一个字典。

对象的特殊属性用法举例如下。

```
>>> s1.__class__
<class '__main__.Student'>
>>> s1.__module__
'__main__'
>>> s1.__dict__
{'name': '李晓', 'age': 20}
```

2. 类的特殊属性

Python 中的类内置了类的特殊的属性,通过这些属性可查看类的相关信息。

__dict__: 获取类的所有属性和方法,结果为一个字典。

__doc__: 获取类的文档字符串。

__name__: 获取类的名称。

__module__: 获取类定义所在模块,如果是主文件,就是__main__。类的全名是'__main__.className',如果类位于一个导入模块 mymod 中,那么 className.__module__

等价于 mymod。

__bases__：查看类的所有父类,返回一个由类的所有父类组成的元组。

类的特殊属性用法举例如下。

```
>>> Student.__dict__
mappingproxy({'__module__': '__main__', '__doc__': '定义 Student 类', 'number': 2,
'__init__': <function Student.__init__ at 0x00000000030CFF78>, 'getName':
<function Student.getName at 0x00000000030E8048>, 'getNumber': <function
Student.getNumber at 0x00000000030E80D8>, 'setAge': <function Student.setAge
at 0x00000000030E8168 >, ' sayMe ': < function Student. sayMe at
0x00000000030E81F8>, '__dict__': <attribute '__dict__' of 'Student' objects>,
'__weakref__': <attribute '__weakref__' of 'Student' objects>, 'nationality
': 'China'})
>>> Student.__doc__
'定义 Student 类'
>>> Student.__name__
'Student'
>>> Student.__module__
'__main__'
>>> Student.__bases__
(<class 'object'>,)
>>> from math import sin
>>> sin.__module__    #获取 sin 所在的模块
'math'
```

类中的方法

7.4 类中的方法

类中的方法是与类相关的函数,类中的方法的定义与普通的函数大致相同。在类中定义的方法大致分为三类：对象方法、类方法和静态方法。对象方法定义时,至少包含一个 self 参数,由对象调用;类方法定义时,至少包含一个 cls 参数,一般通过类对象调用,也可以通过类的对象来调用;静态方法,无默认参数,由类对象调用。

7.4.1 对象方法

若类中定义的方法的第一个形参是 self,则该方法称为类的对象方法(也称实例方法),声明类的对象方法的语法格式如下：

```
def 方法名(self,[形参列表]):
    方法体
```

类的对象方法分为两类：公有对象方法和私有对象方法。私有对象方法的名字以两个下画线“__”开始,但不以两个下画线“__”结束,其他的为公有对象方法。

对于公有对象方法,在类的内部可以通过 **self.公有对象方法名()**调用,在外部可以通过**类的对象.公有对象方法名()**调用。公有对象方法还可以通过如下方式调用：

```
类名.公有对象方法名(对象名[,实参列表])
```

私有对象方法可在类的内部通过 **self.私有对象方法名()** 调用。在外部,私有对象方法不能通过类的对象直接调用,但可通过对象名._类名私有对象方法名()调用。

注意:虽然对象方法的第一个参数是 self,但在调用时,用户不需要也不能给该参数传递值,Python 会自动把调用对象方法的对象传递给 self 参数。

【例 7-6】 定义 Student 类,其包括公有属性、私有属性、公有方法和私有方法。

```
class Student:
    #公有类属性
    public_name = ""        #定义公有类属性
    public_score = 10
    __private_id = 0        #定义私有类属性(在属性名称前添加两个下画线表示私有)

    #初始化方法
    def __init__(self, name, score, student_id):
        self.public_name =  name
        self.public_score = score+ Student.public_score
        self.__private_id = student_id    #定义类的私有对象属性__private_id

    #公有对象方法
    def introduce(self):
        return f"我的名字是{self.public_name},我的分数是{self.public_score}."

    #私有对象方法(在方法名称前添加两个下画线表示私有)
    def __calculate_score(self):
        return self.public_score * 10

#创建 Student 类的实例
student = Student("WangLi", 80, 10001)
#访问公有对象属性
print("公有对象属性 public_name:",student.public_name)     #输出 "WangLi"
print("公有对象属性 public_score:",student.public_score)   #输出 90
#访问公有类属性
print("公有类属性 public_score:",Student.public_score)     #输出 0
#访问私有对象属性
print("私有对象属性__private_id:",student._Student__private_id)  #输出 10001
print(student.introduce())                                 #调用公有对象方法
#调用私有对象方法,输出 900
print("调用私有对象方法__calculate_score():",student._Student__calculate_
score())
```

运行上述程序代码,得到的输出结果如下。

```
公有对象属性 public_name: WangLi
公有对象属性 public_score: 90
公有类属性 public_score: 10
私有对象属性__private_id: 10001
我的名字是 WangLi,我的分数是 90.
调用私有对象方法__calculate_score(): 900
```

7.4.2 类方法

在Python中,类方法是一种与类本身相关联而不是与类的实例相关联的方法,通常用于执行与类相关的操作或管理类的属性。Python通过装饰器@classmethod来定义类方法,类方法的第一个参数为cls(class的缩写)。在Python中,定义类方法的语法格式如下:

```
@classmethod
def 类方法名(cls, [形参列表]):
    方法体
```

注意:类方法,至少包含一个cls参数,类方法一般通过类对象来调用,即通过**类名.类方法名([实参列表])**调用,自动将调用类方法的类对象传递给cls。此外,也可以通过类的对象来调用,执行类方法时,自动将调用该方法的对象所对应的类对象传递给cls。在类方法内部可以直接访问类属性,但不能直接访问对象属性。

【例7-7】 类方法定义与使用举例。

```
class MyClass:
    class_variable = 109                                   #类属性

    def __init__(self, instance_variable):
        self.instance_variable = instance_variable    #对象属性

    def instance_method(self):
        #对象方法可以访问类属性和对象属性
        print(f"对象属性 instance_variable 的值为:{self.instance_variable}")
        print(f"类属性 class_variable 的值为:{MyClass.class_variable}")

    @classmethod
    def class_method(cls):
        #类方法可以访问和修改类属性,但不能访问对象属性
          print(f"类方法输出类属性 class_variable 的值:{MyClass.class_
variable}")
        cls.class_variable += 1

#创建对象
obj1 = MyClass("Object1")
obj2 = MyClass("Object2")

#调用类方法
MyClass.class_method()                                     #调用类方法
print(f"调用类方法后类属性 class_variable 的值为{MyClass.class_variable}")

#调用实例方法
obj1.instance_method()
obj2.instance_method()
```

运行上述程序代码,得到的输出结果如下。

```
类方法输出类属性 class_variable 的值: 109
调用类方法后类属性 class_variable 的值为 110
对象属性 instance_variable 的值为:Object1
类属性 class_variable 的值为:110
对象属性 instance_variable 的值为:Object2
类属性 class_variable 的值为:110
```

7.4.3 静态方法

静态方法通过装饰器@staticmethod进行定义，静态方法不同于实例方法，不需要填写形参self；也不同于类方法，不需要填写形参cls。静态方法可以通过类名或实例对象进行调用。静态方法只能访问类属性，不能直接访问对象属性。定义静态方法的语法格式如下：

```
@staticmethod
def 静态方法名([形参列表]):
    方法体
```

静态方法可通过类名和类的对象名调用，调用格式如下：

```
类名.静态方法名([实参列表])
对象名.静态方法名([实参列表])
```

【例7-8】 定义Student类，其中包括对象方法、静态方法和类方法。

```
class Student:
    name = 'WangLi'    #定义一个类属性,可以被静态方法和类方法访问
    def __init__(self,age=18):
        print('Student类的构造方法被调用')
        self.age = 18  #定义对象属性,静态方法和类方法不能访问该属性定义静态方法
    @staticmethod
    def printName():
        print('在静态方法中输出类属性 name 的值', Student.name)
        #访问类属性 name 定义类方法
    @classmethod
    def classMethodPrint(cls):
        print('在类方法中输出类属性 name 的值:', cls.name)      #访问类属性 name
        print('在类方法中调用静态方法 printName()')
        cls.printName()
        #在类方法中不能访问对象属性,否则会抛出异常
        print('类方法 classMethodPrint 被调用')

    #定义对象方法
    def instanceMethodPrint(self):
        print(self.age)
        print('在对象方法中输出类属性 name 的值:', Student.name)

print("通过类对象调用静态方法 printName():")
Student.printName()
```

```
s = Student(20)        #创建 Student 类的实例
print("通过类的对象调用类方法:")
s.classMethodPrint()
print("通过类对象访问类属性:")
print('Student.name')
print("通过类对象调用类方法:")
Student.classMethodPrint()
print("通过类的对象访问对象方法 instanceMethodPrint():")
s.instanceMethodPrint()
```

运行上述程序代码,得到的输出结果如下。

```
通过类对象调用静态方法 printName():
在静态方法中输出类属性 name 的值 WangLi
Student 类的构造方法被调用
通过类的对象调用类方法:
在类方法中输出类属性 name 的值: WangLi
在类方法中调用静态方法 printName()
在静态方法中输出类属性 name 的值 WangLi
类方法 classMethodPrint 被调用
通过类对象访问类属性:
Student.name
通过类对象调用类方法:
在类方法中输出类属性 name 的值: WangLi
在类方法中调用静态方法 printName()
在静态方法中输出类属性 name 的值 WangLi
类方法 classMethodPrint 被调用
通过类的对象访问对象方法 instanceMethodPrint():
18
在对象方法中输出类属性 name 的值: WangLi
```

注意:类方法和静态方法都可以通过类名和对象名调用,但不能直接访问对象属性,只能访问类属性。

7.4.4 属性装饰器

属性装饰器@property可将类中的方法装饰成属性来使用,以便在访问或修改属性时执行该方法。属性装饰器@property和类方法装饰器、静态方法装饰器的用法相同,直接放在函数定义的上一行即可。@property装饰器将一个方法装饰成只读属性,如果需要修改属性则需要搭配使用@setter装饰器,如果需要删除属性则需要搭配使用@deleter装饰器。在讲述属性装饰器之前,先看一个不使用属性装饰器可能带来的问题。

【例7-9】 定义Student类。

```
>>> class Student:
    def __init__(self, name, score):
        self.name = name
        self.score = score          #score的取值范围通常在0到100之间
>>> student1 = Student('李明', 89)  #实例化一个对象
```

当想要修改一个 student1 对象的 score 属性时,可以这么写:

```
>>> student1.score = 91
```

但是也可以这么写:

```
>>> student1.score = 1000
```

显然,直接给属性赋值无法检查赋值的有效性。score 为 1000 显然不合逻辑。为了防止给 score 赋不合理的值,可以通过一个 set_score()方法来设置 score,再通过一个get_score()方法来获取 score,这样,在 set_score()方法里就可以检查传递的参数。尤其对私有对象属性,私有对象属性在类的外部不能通过成员运算符"."直接访问,需要调用类的公有对象方法来读取和修改。

下面据此重新定义 Student 类。

【例 7-10】 定义 Student2 类。

```
class Student2:
    def __init__(self, name, score):
        self.name = name
        self.__score = score            #定义私有数据成员
    def getScore(self):                 #读取__score 数据成员的值
        return self. __score
    def setScore(self, score):          #修改__score 数据成员的值
        if not isinstance(score, int):
            print('__score must be an integer!')
        elif score < 0 or score > 100:
            print('__score must between 0~100!')
        else:
            self.__score = score

student2 = Student2('张三', 69)
student2.setScore(1000)    #修改数据成员__score 的值,1000 不在 0~100 范围内,失败
student2.setScore(80)      #修改__score 数据成员的值,80 在 0~100 范围内,成功
print("修改 student2 的__score 之后__score 的值:", student2.getScore())
```

运行上述程序代码,得到的输出结果如下。

```
__score must between 0~ 100!
修改 student2 的__score 之后__score 的值: 80
```

这样一来,执行 student2.setScore(1000) 就会输出"__score must between 0~100!"。这种使用 getScore()、setScore()方法来封装对一个属性的读取和修改在许多面向对象编程的语言中都很常见。但是写 student2.getScore()和 student2.setScore()不如写 student2.score 来得直接。有没有两全其美的方法?答案是有。在 Python 中,可以用@property 装饰器和@setter 装饰器分别把 getScore()、setScore()方法"装饰"成属性使用。

【例 7-11】 定义 Student3 类,其中含有装饰器@property 和@ setter。

```
class Student3:
    def __init__(self, name, score):
```

```
        self.name = name
        self.__score = score
    @property           #@property装饰器将方法 score(self)装饰成"读属性"
    def score(self):
        return self.__score
    @score.setter       #@score.setter装饰器将方法 score(self)装饰成"修改属性"
    def score(self, score):
        if not isinstance(score, int):
            print('__score must be an integer!')
        elif score < 0 or score > 100:
            print('__score must between 0~ 100!')
        else:
            self.__score = score
'''@score.setter是@property装饰 score(self)方法的副产品。现在,就可以像使用属性一样通过对方法名 score 赋值来设置属性__score 的值了'''
student3 = Student3('Mary', 95)
print(student3.score) #实际上调用 score(self)方法
student3.score = 98    #对 score 赋值实际调用 score(self, 98)方法
print(student3.score) #输出__score 的值
student3.score = 1000  #这时候会进行赋值的合法性检查
del student3.score     #试图删除属性,将失败
```

运行上述程序代码,得到的输出结果如下。

```
95
98
__score must between 0~ 100!
Traceback (most recent call last):
  File "C:\Users\caojie\Desktop\2.py", line 22, in <module>
    del student3.score            #试图删除属性,将失败
AttributeError: can't delete attribute
```

注意:@property装饰器默认只提供读属性,如果需要修改属性则需要搭配使用@setter装饰器,如果需要删除属性则需要搭配使用@deleter装饰器。

【例 7-12】 定义 Student4 类,其中含有装饰器@property、@setter 和@deleter。

```
class Student4:
    def __init__(self, name, score):
        self.name = name
        self.__score = score
    @property                     #装饰成"读属性"
    def score(self):
        return self.__score
    @score.setter                 #装饰成"修改属性"
    def score(self, score):
        if not isinstance(score, int):
            print('__score must be an integer!')
        elif score < 0 or score > 100:
            print('__score must between 0~100!')
        else:
```

```
        self.__score = score
    @score.deleter                      #装饰成"删除属性"
    def score(self):
        del self.__score

student4 = Student4('李晓菲', 88)
print(student4.score)
student4.score = 98                     #对 score 赋值实际调用的是 score(self, 98)方法
print(student4.score)
student4.score = 1000
del student4.score                      #尝试删除属性,成功
print(student4.score)                   #前一条语句已经删除__score,这里显示不存在
```

运行上述程序代码,得到的输出结果如下。

```
88
98
__score must between 0~ 100!
Traceback (most recent call last):
  File "C:\Users\caojie\Desktop\2.py", line 26, in <module>
    print(student4.score)           #前一条语句已经删除__score,这里显示不存在
  File "C:\Users\caojie\Desktop\2.py", line 7, in score
    return self.__score
AttributeError: 'Student4' object has no attribute '_Student4__score
```

7.5 类的继承

类的继承

编写类时,并非总是要从空白开始。当要建一个新类时,也许会发现要建的新类与之前的某个已有类非常相似,比如绝大多数的属性和行为都相同,这时候可继承该类创建新类。类的继承是面向对象编程中的重要概念,它允许一个类(子类)继承另一个类(父类,也称基类)的属性和方法。继承是一种机制,允许在新类中重用和扩展现有类的代码,以及在新类中创建新的属性和方法。在 Python 中,类的继承通过在类定义中指定父类的名称来实现。

7.5.1 类的单继承和多继承

子类可以继承父类的公有成员,但不能继承其私有成员。如果需要在子类中调用父类的方法,可以使用内置函数"super().方法名([父类的形参列表])"或者通过"父类名.方法名(self,[父类的形参列表])"的方式来实现。类的单继承是指新建的子类只继承一个父类,继承一个父类创建子类的语法格式如下:

```
class 子类名(父类名):
    类体
```

如果一个子类继承多个父类,称为类的多继承,继承多个父类创建子类的语法格式如下:

```
class 子类(父类 1, 父类 2, ..., 父类 n):
    类体
```

如果在类定义中没有指定父类,则默认父类为 object,object 是所有类的根父类。需要注意圆括号中父类的顺序,使用子类的实例对象调用一个方法时,若在子类中未找到方法,则会从左到右查找父类中是否包含该方法。

定义子类时,在子类的初始化__init__()方中首先通过"super().__init__([父类的形参列表])"或者通过"父类名.__init__(self,[父类的形参列表])"来继承父类的属性,然后定义子类特有的属性。

【例 7-13】 先创建 Person 类,然后继承 Person 类创建 Student 类和 Teacher 类,最后继承 Student 类和 Teacher 类创建 TeachingAssistant 类。

```
#父类
class Person:
    def __init__(self, name, age):
        self.name = name
        self.age = age
    def introduce(self):
        return f"我的名字是{self.name},我的年龄是{self.age}。"

#子类 1
class Student(Person):
    def __init__(self, name, age, student_id):
        #通过 Person.__init__(self,name, age)来继承父类 Person 的属性 name、age
        Person.__init__(self, name, age)
        self.student_id = student_id   #为 Student 类定义新属性
    def study(self, course):           #为 Student 类定义新方法
        return f"{self.name}学习{course}课程。"

#子类 2
class Teacher(Person):
    def __init__(self, name, age, teacher_id):
        super().__init__(name, age)    #调用父类的初始化方法
        self.teacher_id = teacher_id   #为 Teacher 类定义新属性
    def teach(self, course):           #为 Teacher 类定义新方法
        return f"{self.name}教{course}课程。"

#继承 Student 类和 Teacher 类创建 TeachingAssistant 类,也即 Person 类的孙子类
class TeachingAssistant(Student, Teacher):
    def __init__(self, name, age, student_id,teacher_id,grade):
        Student.__init__(self, name, age, student_id)  #继承父类 Student 的属性
        Teacher.__init__(self, name, age, teacher_id)  #继承父类 Teacher 的属性
        self.grade = grade                #为 TeachingAssistant 类定义新属性
    def responsibleClass(self):          #为 TeachingAssistant 类定义新方法
        return f"{self.name}负责的班级是{self.grade}。"
```

```
#创建类的对象
student = Student("王丽", 20, "S10001")
teacher = Teacher("王涛", 35,"T20001")
ta = TeachingAssistant("小明", 19, "S10002", "T20002","人工智能 2023 级")

#调用方法
print("student.introduce()的结果:",student.introduce())
print("student.study('机器学习')的结果:",student.study('机器学习'))

print("teacher.introduce()的结果:",teacher.introduce())
print("teacher.teach('数据挖掘')的结果:",teacher.teach('数据挖掘'))

#由于多继承,ta 继承了 Student 和 Teacher 的属性和方法
print("ta.introduce()的结果:",ta.introduce())
print("ta.study('深度学习')的结果:",ta.study('深度学习'))
print("ta.teach('人工智能导论')的结果:",ta.teach('人工智能导论'))
print("ta.responsibleClass()的结果:",ta.responsibleClass())
```

运行上述程序代码,得到的输出结果如下。

```
student.introduce()的结果: 我的名字是王丽,我的年龄是 20
student.study('机器学习')的结果: 王丽学习机器学习课程
teacher.introduce()的结果: 我的名字是王涛,我的年龄是 35
teacher.teach('数据挖掘')的结果: 王涛教数据挖掘课程
ta.introduce()的结果: 我的名字是小明,我的年龄是 19
ta.study('深度学习')的结果: 小明学习深度学习课程
ta.teach('人工智能导论')的结果: 小明教人工智能导论课程
ta.responsibleClass()的结果: 小明负责的班级是人工智能 2023 级
```

注意:Person.__init__(self,name,age)调用父类的__init__(self,name,age)方法来继承父类 Person 的属性;也可以使用 super().__init__(name,age)来继承父类 Person 的属性,这时候不需要 self 参数,这是因为 super().__init__(name,age)的 super()指向父类,所以当使用 super()来调用一个父类的方法时,不需要写 self 参数。

7.5.2 子类的方法__init__()

子类的方法__init__()有以下几种形式。

1. 子类不重写 __init__()方法

如果子类不重写__init__()方法,它将继承父类的__init__()方法。

【例 7-14】 子类不重写 __init__()方法。

```
class Person:
    def __init__(self, name, age):
        self.name = name
        self.age = age

class Student(Person):
```

```
    def introduce(self):
        return f"我的名字叫{self.name},我今年{self.age}岁了。"

#创建子类对象
student = Student("任盈盈", 16)
#调用子类对象的方法
result = student.introduce()
print(result)
```

运行上述程序代码,得到的输出结果如下。

```
我的名字叫任盈盈,我今年16岁了
```

在这个示例中,子类 Student 没有重写父类 Person 的__init__()方法,因此它继承了父类的__init__()方法。当我们创建 Student 类的实例时,需要提供与父类 Person 初始化方法相同的参数,即 name 和 age。

2. 子类重写__init__()方法

当子类重写了父类的__init__()方法时,子类将覆盖父类的__init__()方法,利用子类创建子类的对象时就不会调用父类定义的__init__()方法,而是调用子类定义的__init__()方法。实际上,对于父类的其他方法,只要它们不符合子类的要求,都可对其进行重写,实例化子类时,就不会调用父类定义的同名方法了。

【例 7-15】 子类重写了__init__()方法。

```
class Person:
    def __init__(self, name, age):
        self.name = name
        self.age = age

class Teacher(Person):
    def __init__(self, name, age, course):
        super().__init__(name, age)        #调用父类的构造函数
        self.course = course

    def teaching(self):
        return f"我叫{self.name},我{self.age}岁了, 我教的科目是{self.course}。"

#创建子类对象
teacher = Teacher("一休", 36, "Python 程序设计")
#调用子类的方法
result = teacher.teaching()
print(result)
```

运行上述程序代码,得到的输出结果如下。

```
我叫一休,我36岁了,我教的科目是Python程序设计
```

在这个示例中,子类 Teacher 重写了父类 Person 的__init__()方法。子类的__init__()方法中首先使用 super().__init__()调用了父类的__init__()方法来初始化从父类继承

的属性。然后，子类 Teacher 添加了自己的属性 course。这样，子类在初始化对象时既可以初始化父类的属性(name 和 age)，也可以添加自己的属性(course)。

【例 7-16】 展示了一个父类 Shape 和它的两个子类 Circle 和 Rectangle，这两个子类重写了父类的各个方法。

```
class Shape:
    def __init__(self, color):
        self.color = color
    def area(self):
        return 0
    def display_info(self):
        return f"形状的颜色是{self.color}色。"

#继承 Shape 类定义圆形类
class Circle(Shape):
    def __init__(self, color, radius):
        super().__init__(color)
        self.radius = radius

    def area(self):
        return 3.14 * self.radius * self.radius

    def display_info(self):
        return f"这是一个半径为{self.radius}的{self.color}圆形,该圆的面积是
{self.area()}"

#继承 Shape 类定义矩形类
class Rectangle(Shape):
    def __init__(self, color, length, width):
        super().__init__(color)
        self.length = length
        self.width = width

    def area(self):
        return self.length * self.width

    def display_info(self):
        return f"这是一个长为{self.length}、宽为{self.width}的{self.color}矩
形,该矩形的面积是{self.area()}"

#创建子类对象
circle = Circle("红色", 5)
rectangle = Rectangle("蓝色", 6, 4)

#调用各个对象的方法
print(circle.display_info())     #输出圆的信息
print(rectangle.display_info()) #输出矩形的信息
```

运行上述程序代码，得到的输出结果如下。

```
这是一个半径为 5 的红色圆形,该圆的面积是 78.5
这是一个长为 6、宽为 4 的蓝色矩形,该矩形的面积是 24
```

在上面的示例中:

(1) Shape是父类,它有一个初始化方法__init__()和两个对象方法area()和display_info()。

(2) Circle是Shape的子类,它重写了area()和display_info()方法来适应圆形的特性。

(3) Rectangle也是Shape的子类,同样重写了area()和display_info()方法以适应矩形的特性。

这样,当调用不同子类的对象的方法时,将执行相应子类实现的方法而不是父类中的方法。

上面Circle、Rectangle两个子类继承了Shape类的属性和方法后,增加了新的属性,改写了方法中的内容,这在面向对象程序设计中称为多态。在面向对象程序设计中,多态是指基类的同一个方法在不同派生类对象中具有不同的表现和行为,当调用该方法时,程序会根据对象选择合适的方法。

7.5.3 查看继承的层次关系

多个类的继承可以形成层次关系,通过类的方法mro()或类的属性__mro__得到类继承的层次关系(也称解析顺序)。解析顺序用于调用方法时,确定在多继承的情况下调用哪个类中的方法的规则,告诉Python解释器查找方法时应该遵循的顺序。

【例7-17】 mro()方法和__mro__属性的示例。

```
class A:
    def show(self):
        print("A")

class B(A):
    def show(self):
        print("B")

class C(A):
    def show(self):
        print("C")

class D(B, C):
    pass

#使用 mro() 方法查看方法解析顺序
mro_result = D.mro()
print("用 mro()查看 D类的解析顺序:", mro_result)
#使用__mro__ 属性查看方法解析顺序
mro_attr_result = D.__mro__
```

```
print("用__mro__属性查看 D 类的解析顺序:", mro_attr_result)
#创建对象并调用 show()方法,根据解析顺序决定调用哪个方法
obj = D()
obj.show()
```

运行上述程序代码,得到的输出结果如下。

```
用 mro()查看 D 类的解析顺序: [<class '__main__.D'>, <class '__main__.B'>,
<class '__main__.C'>, <class '__main__.A'>, <class 'object'>]
用__mro__属性查看 D 类的解析顺序: (<class '__main__.D'>, <class '__main__.B'>,
<class '__main__.C'>, <class '__main__.A'>, <class 'object'>)
B
```

在上述示例中,定义了 4 个类: A、B、C 和 D。类 D 继承了类 B 和类 C,然后使用 mro()方法和__mro__属性来查看类 D 的方法解析顺序。最后,创建了一个类 D 的对象,并调用 show()方法,根据解析顺序规则调用了合适的方法。

7.6 object 类

在 Python 中,object 类是所有类的父类,如果定义一个类时没有指定继承哪个类,则默认继承 object 类,所有的类都有 object 类的属性和方法。object 类中定义的所有方法名都是以两个下画线开始、以两个下画线结束,其中重要的方法有__new__()、__init_()、__str__()和__eq__()。

7.6.1 内置属性

Python 每个类都是 object 类的子类,每个类都有如下常用的内置属性。

__dict__: 把对象的属性和值以字典的形式输出。

__class__: 输出对象所属的类。

__bases__: 输出类的父类组成的元组。

__base__: 输出与类离得最近的基类。

__mro__: 输出类的层次结构。

__subclasses__: 输出子类列表。

__doc__: 输出类的描述信息,如果类没有定义描述信息,将返回 None。

__module__: 输出对象所在的模块名称,如果对象是在主程序中创建的,则输出'__main__'。

【例 7-18】 常用的内置属性的使用举例。

```
>>> class A:                    #定义类
    pass
>>> class B:                    #定义类
    pass
>>> class Student(A, B):        #定义类
    def __init__(self, name, score):
```

```
        self.name = name
        self.score = score
    def getScore(self):
        print(f"{self.name}的分数是 self.score")
>>> student = Student('刘涛', 95)
>>> print(student.__dict__)                    #把对象的属性和值以字典的形式输出
{'name': '刘涛', 'score': 95}
>>> print(student.__class__)                   #输出对象所属的类
<class '__main__.Student'>
>>> print(Student.__bases__)                   #输出类的父类组成的元组
(<class '__main__.A'>, <class '__main__.B'>)
>>> print(Student.__base__)                    #输出与类离得最近的基类
<class '__main__.A'>
>>> print(Student.__mro__)                     #查看类继承的层次关系
(<class '__main__.Student'>, <class '__main__.A'>, <class '__main__.B'>,
<class 'object'>)
>>> print(A.__subclasses__())                  #输出子类列表
[<class '__main__.Student'>]
>>> student.__module__
'__main__'
```

7.6.2 内置函数

object类定义了一些内置函数,其中一些函数可以在子类中重新定义并覆盖它们。以下是object类的一些常用内置函数。

__new__(cls, * args, * * kwargs): 用于创建类的对象并返回创建的对象,通常不需要手动调用,而是由Python自动调用,但可以在需要时重写。该函数一旦正常返回创建的对象后,将调用初始化函数进行对象的初始化工作。

__init__(self): 初始化函数(构造函数),用于对象的初始化,在创建对象时自动调用。

__str__(self): 用于返回对象的字符串表示,通常在调用str(obj)或print(obj)时自动调用,可以对__str__()进行重写。

__del__(self): 析构函数,用于对象的清理和销毁,在对象被当作垃圾回收时自动调用。

此外,内置的dir()函数可返回对象的所有属性和方法。

```
>>> print(dir(student))     #dir(student)函数返回 student 对象的所有属性和方法
['__class__', '__delattr__', '__dict__', '__dir__', '__doc__', '__eq__', '__
format__', '__ge__', '__getattribute__', '__gt__', '__hash__', '__init__',
'__init_subclass__', '__le__', '__lt__', '__module__', '__ne__', '__new__',
'__reduce__', '__reduce_ex__', '__repr__', '__setattr__', '__sizeof__', '__
str__', '__subclasshook__', '__weakref__', 'getScore', 'name', 'score']
```

【例 7-19】 __new__()和__init__()用法举例。

```
class Person(object):
    def __new__(cls, *args, **kwargs):
        print(f"__new__被调用执行了,cls的id值为{id(cls)}")
        obj = super().__new__(cls)  #调用父类的创建对象的函数进行当前对象的创建
        print("创建的对象的id为: {0}".format(id(obj)))
        return obj

    def __init__(self,name,age):
        print(f'__init__被调用了,self的id值为{id(self)}')
        self.name = name
        self.age = age

print("object对象的id为: ",id(object))
print("Person对象的id为: ",id(Person))
print("--"*20)
p1 = Person("东方",19)
print("p1这个实例对象的id为: ",id(p1))
```

运行上述程序代码,得到的输出结果如下。

```
object对象的id为: 8790942984224
Person对象的id为: 44898776
----------------------------------------
__new__被调用执行了,cls的id值为44898776
创建的对象的id为: 31104840
__init__被调用了,self的id值为31104840
```

7.7 对象的浅复制和深复制

7.7.1 对象的浅复制

Python里的赋值符号"="只是将对象进行了引用,但不复制对象。如果想新开辟空间创建一个新对象,要用copy模块的copy函数,如b = copy.copy(a),a和b是两个独立的对象,也就是说,id(a)≠id(b),但这两个对象中的数据还是引用,如a[0]是b[0]是同一对象的引用。copy模块的copy函数是浅复制:复制父对象,不会复制对象内部的子对象。对象的浅复制示意图如图7-1所示。

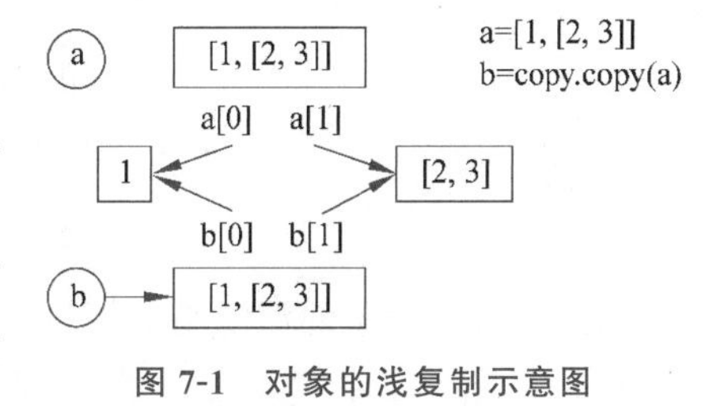

图7-1 对象的浅复制示意图

【例7-20】 对象的浅复制举例。

```
>>> import copy
>>> a=[1,2,[30,40,50]]      #a成为列表[1, 2, [30, 40, 50]]的引用
>>> b=copy.copy(a)          #对a指向的对象进行浅复制,所生成的新对象赋值给b变量
>>> b                       #浅复制只会使用原始元素的引用,也就是说,b[i] is a[i]
```

```
[1, 2, [30, 40, 50]]
>>> print([id(ele) for ele in a])
[1530447536, 1530447568, 51332296]
>>> print([id(ele) for ele in b])
[1530447536, 1530447568, 51332296]  #a 和 b 中对应元素的地址相同,为相同的引用
>>> a[2].append(60)                 #a[2]末尾追加元素 60,但 a[2]的地址不会变
>>> a
[1, 2, [30, 40, 50, 60]]
>>> print([id(ele) for ele in a])
[1530447536, 1530447568, 51332296]  #a[2]的地址没有变
>>> print([id(ele) for ele in b])
[1530447536, 1530447568, 51332296]  #b[2]的地址没有变,b[2]和 a[2]是同一对象的引用
>>> b
[1, 2, [30, 40, 50, 60]]            #b 与 a 的值一样
>>> a[0]=10
>>> print([id(ele) for ele in a])
[1530447824, 1530447568, 51332296]  #a[0]的地址变了
>>> a
[10, 2, [30, 40, 50, 60]]           #a 的值是第 2 次变化了的 a
>>> print([id(ele) for ele in b])
[1530447536, 1530447568, 51332296]  #b[0]的地址没变
>>> b
[1, 2, [30, 40, 50, 60]]            #b 的值是第 2 次变化之前的 a
```

7.7.2 对象的深复制

如果要递归复制对象中包含的子对象,可以使用 copy 模块的深度复制函数 deepcopy 进行对象的深复制,如 b=copy.deepcopy(a),b 完全复制了 a 的父对象及其子对象,a 和 b 是完全独立的。对象的深复制示意图如图 7-2 所示。

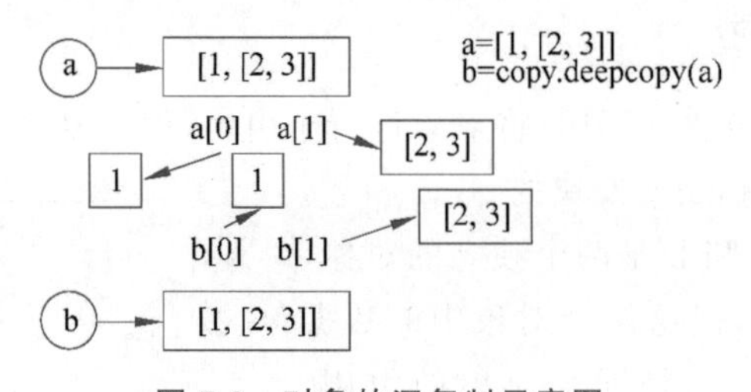

图 7-2 对象的深复制示意图

【例 7-21】 对象的深复制举例。

```
>>> import copy
>>> a = [1,'C',["Python", "Java", "C++"]]
>>> b = copy.deepcopy(a)    #对 a 指向的对象进行深复制,所生成的新对象赋值给 b 变量
>>> id(a)
51332424
>>> id(b)                   #id(b id(a)
51333448
```

```
>>> print(a)
[1, 'C', ['Python', 'Java', 'C++']]
>>> print(b)
[1, 'C', ['Python', 'Java', 'C++']]
>>> print([id(ele) for ele in a])
[1530447536, 34543632, 48275336]
>>> print([id(ele) for ele in b])
[1530447536, 34543632, 48415752]
>>> a[0] = 10
>>> a[2].append('R')
>>> print([id(ele) for ele in a])
[1530447824, 34543632, 48275336]
>>> print([id(ele) for ele in b])
[1530447536, 34543632, 48415752]                    #b 的每个元素 b[]指向的地址都没变
>>> print(a)
[10, 'C', ['Python', 'Java', 'C++', 'R']]
>>> print(b)
[1, 'C', ['Python', 'Java', 'C++']]                 #a 的变化对 b 没有影响
```

上述代码分析：与浅复制类似，深复制也会创建一个新的对象，但是，对于对象中的元素，深复制都会重新生成一份，而不是简单地使用原始元素的引用。例子中 a 的第 3 个元素指向 48275336，而 b 的第 3 个元素是一个全新的对象 48415752，也就是说，a[2] is not b[2]。当对 a 进行修改的时候，由于 a 的第 1 个元素是不可变类型，所以 a[0]会引用一个新的对象 1530447824，但是 a 的第 3 个元素是一个可变类型，修改操作不会产生新的对象，但是由于 b[2] is not a[2]，所以 a 的修改不会影响 b。

7.8 实战：自定义分类感知器

感知器是美国学者弗兰克-罗森布拉特在研究大脑的存储、学习和认知过程中提出的一类具有自学习能力的神经网络模型。根据网络中拥有的计算单元的层数的不同，感知器可以分为单层感知器和多层感知器。

7.8.1 感知器模型

单层感知器是指只有一层处理单元的感知器，如果包括输入层在内，则为两层，其拓扑结构如图 7-3 所示。

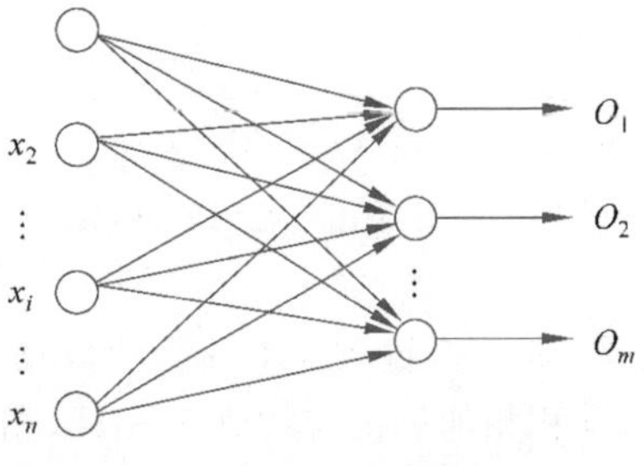

图 7-3 中的输入层也称感知层，有 n 个神经元结点，这些结点只负责引入外部信息，自身没有信息处理能力，每个结点接收一个输入信号，n 个输入信号构成输入列向量 $\boldsymbol{X}$。输出层也称为处理层，有 m 个神经元结点，每个结点均具有信息处理能力，m 个结点向外部输出处理信息，构成输出列向量 $\boldsymbol{O}$。输入层中各输入神经元到输出神经元 j 的连接权值用权值的列向量 $\boldsymbol{W}_j$ 表示，$j=1,2,\dots,m$，

输入层　权值　输出层

图 7-3　单层感知器的拓扑结构

m 个权值的列向量构成单层感知器的权值矩阵 $\boldsymbol{W}$。3 个列向量分别表示为：

$$\boldsymbol{X}=(x_1,x_2,\cdots,x_i,\cdots,x_n)^{\mathrm{T}}$$

$$\boldsymbol{O}=(o_1,o_2,\cdots,o_i,\cdots,o_m)^{\mathrm{T}}$$

$$\boldsymbol{W}_j=(w_{1j},w_{2j},\cdots,w_{ij},\cdots,w_{nj})^{\mathrm{T}}$$

假设各输出神经元的阈值分别是 $T_j(j=1,2,\cdots,m)$，输出层中任一神经元 j 的净输入 net'_j 为来自输入层的各神经元的输入加权和。

$$net'_j=\sum_{i=1}^{n}w_{ij}x_i$$

输出 o_j 由输出神经元的激活函数决定，离散型单层感知器的激活函数一般采用符号函数，o_j 具体表示如下。

$$o_j=\mathrm{sgn}(net'_j-T_j)$$

如果令 $x_0=-1$，$w_{0j}=T_j$，则有 $-T_j=x_0w_{0j}$，因此净输入与阈值之差可表示为：

$$net'_j-T_j=net_j=\sum_{i=0}^{n}w_{ij}x_i=W_j^TX$$

其中，$\boldsymbol{X}=(x_0,x_1,x_2,\cdots,x_i,\cdots x_n)^{\mathrm{T}}$，$\boldsymbol{W}_j=(w_{0j},w_{1j},w_{2j},\cdots,w_{ij},\cdots w_{nj})^{\mathrm{T}}$，采用此约定后，这时单层感知器的神经元模型可简化为：

$$o_j=\mathrm{sgn}(net_j)=\mathrm{sgn}\left(\sum_{i=0}^{n}w_{ij}x_i\right)=\mathrm{sgn}(\boldsymbol{W}_j^T\boldsymbol{X})$$

本章后面内容约定净输入指的是 net_j，与原来净输入 net'_j 的区别是：net_j 包含了阈值。

7.8.2 感知器学习算法

弗兰克-罗森布拉特基于神经元模型提出了第一个感知器(称为罗森布拉特感知器)学习规则，并给出一个自学习算法，此算法可以自动通过优化得到输入神经元和输出神经元之间的权重系数，此系数与输入神经元的输入值的乘积决定了输出神经元是否被激活。在监督学习与分类中，该类算法可用于预测样本所属的类别。若把其看作是一个二分类任务，可把两类分别记为1(正类别)和－1(负类别)。

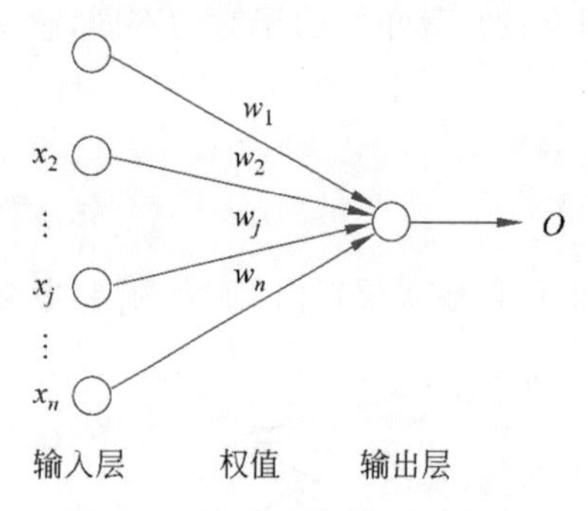

图 7-4 一个输出神经元的感知器

为便于直观分析，考虑图 7-4 中只有一个输出神经元的感知器情况，输出神经元的阈值设为 T。不难看出，一个输出神经元的感知器实际上就是一个 M-P 神经元模型。

图 7-4 中感知器实现样本的线性分类的主要过程是：将一个输入样本的属性数据 x_1、x_2、…、x_n 与相应的权值 w_1、w_2、…、w_n 分别相乘，乘积相加后再与阈值 T 相减，相减的结果通过激活函数 sgn()进行处理，当相减的结果小于 0 时，sgn()函数的函数值为－1，当相减的结果大于或等于 0 时，sgn 函数的函数值为 1。这样可以根据 sgn()函数输出值，把样本数据分成两类，设 $\boldsymbol{W}=(w_0,w_1,w_2,\cdots,$

$w_i,\cdots,w_n)^{\mathrm{T}}$,sgn()函数的数学形式表示如下:

$$\operatorname{sgn}\left(\sum_{i=1}^{n} w_i x_i - \mathrm{T}\right) = \operatorname{sgn}\left(\sum_{i=0}^{n} w_i x_i\right) = \operatorname{sgn}(\boldsymbol{W}^{\mathrm{T}}\boldsymbol{X}) = \begin{cases} 1, & \sum_{i=0}^{n} w_i x_i \geqslant 0 \\ -1, & \sum_{i=0}^{n} w_i x_i < 0 \end{cases}$$

罗森布拉特感知器最初的学习规则(训练算法)比较简单,考虑到训练过程就是感知器连接权值随每一个输出调整改变的过程,为此,用 t 表示学习步的序号,权值看作 t 的函数,$t=0$ 对应于学习开始前的初始状态,此时对应的连接权值为初始化权值。罗森布拉特感知器最初的学习规则主要包括以下步骤。

(1) 对各个权值 $w_0(0),w_1(0),w_n(0)$初始化为一个非零随机数。

(2) 输入样本对$\{\boldsymbol{X}^i,d^i\}$,其中 $\boldsymbol{X}^i=(-1,x_1^i,x_2^i,\cdots,x_n^i)$为输入样本的属性数据,$d^i$为输入样本的属性数据的期望输出(也称监督信号、教师信号),上标 i 代表样本的序号,即第 i 个样本,设样本集中的样本总数为 m,则 $i=1,2,\cdots,m$。

(3) 计算输出神经元的实际输出 $o^i(t)=\operatorname{sgn}(\boldsymbol{W}^{\mathrm{T}}(t)\boldsymbol{X}^i)$。

(4) 调整输入神经元与输出神经元之间的连接权值,$\boldsymbol{W}(t+1)=\boldsymbol{W}(t)+\eta[d^i-o^i(t)]\boldsymbol{X}$,其中 η 为学习速率,用于控制调整速度,η 值太大会影响训练的稳定性,η 值太小则使训练的收敛速度变慢,一般令 $0<\eta\leqslant 1$。

(5) 返回到步骤(2)输入下一对样本。

以上步骤周而复始,直到感知器对所有样本的实际输出与期望输出相等为止。

许多学者已经证明,如果输入的样本线性可分,无论感知器的初始权向量如何取值,经过有限次调整后,总能稳定到一个权向量,该权向量确定的超平面能将两类样本正确分开。可以看到,能将样本正确分类的权向量并不是唯一的。一般初始权向量不同,训练过程和所得到的结果也不同,但都能满足期望输出与实际输出之间的误差为零的要求。

【例 7-22】 某输出神经元感知器连接 3 个输入神经元,给定 3 对训练样本如下:

$$\boldsymbol{X}^1=(-1,1,-2,0)^{\mathrm{T}} d^1=-1$$
$$\boldsymbol{X}^2=(-1,0,1.5,-0.5)^{\mathrm{T}} d^2=-1$$
$$\boldsymbol{X}^3=(-1,-1,1,0.5)^{\mathrm{T}} d^3=1$$

设初始权向量 $\boldsymbol{W}(0)=(0.5,1,1,0.5)^{\mathrm{T}}$,$\eta=0.1$。

注意:输入向量中第 1 个分量 x_0 恒等于-1,权向量中第 1 个分量为阈值,试根据以上学习规则训练感知器。

(1) 输入 $\boldsymbol{X}^1=(-1,1,-2,0)^{\mathrm{T}}$,得:

$$\boldsymbol{W}^{\mathrm{T}}(0)\boldsymbol{X}^1=(0.5,1,1,0.5)(-1,1,-2,0)^{\mathrm{T}}=-1.5$$
$$o^1(1)=\operatorname{sgn}(-1.5)=-1$$
$$\begin{aligned}\boldsymbol{W}(1)&=\boldsymbol{W}(0)+\eta[d^1-o^1(0)]X^1\\&=(0.5,1,1,0.5)^{\mathrm{T}}+0.1[-1-(-1)](-1,1,-2,0)^{\mathrm{T}}\\&=(0.5,1,1,0.5)^{\mathrm{T}}\end{aligned}$$

$d^1=o^1(1)$,所以$\boldsymbol{W}(1)=\boldsymbol{W}(0)$

(2) 输入$\boldsymbol{X}^2=(-1,0,1.5,-0.5)^{\mathrm{T}}$,得:

$$\boldsymbol{W}^{\mathrm{T}}(1)\boldsymbol{X}^2=(0.5,1,1,0.5)(-1,0,1.5,-0.5)^{\mathrm{T}}=0.75$$

$$o^2(2)=\mathrm{sgn}(0.75)=1$$

$$\begin{aligned}\boldsymbol{W}(2)&=\boldsymbol{W}(1)+\eta[d^2-o^2(2)]\boldsymbol{X}^2\\&=(0.5,1,1,0.5)^{\mathrm{T}}+0.1[-1-1](-1,0,1.5,-0.5)^{\mathrm{T}}\\&=(0.7,1,0.7,0.6)^{\mathrm{T}}\end{aligned}$$

(3) 输入$\boldsymbol{X}^3=(-1,-1,1,0.5)^{\mathrm{T}}$,得:

$$\boldsymbol{W}^{\mathrm{T}}(2)\boldsymbol{X}^3=(0.7,1,0.7,0.6)(-1,-1,1,0.5)^{\mathrm{T}}=-0.7$$

$$o^3(3)=\mathrm{sgn}(-0.7)=-1$$

$$\begin{aligned}\boldsymbol{W}(3)&=\boldsymbol{W}(2)+\eta[d^3-o^3(3)]\boldsymbol{X}^3\\&=(0.7,1,0.7,0.6)^{\mathrm{T}}+0.1[1-(-1)](-1,-1,1,0.5)^{\mathrm{T}}\\&=(0.5,0.8,0.9,0.7)^{\mathrm{T}}\end{aligned}$$

(4) 继续输入$\boldsymbol{X}$进行训练,直到$d^i-o^i=0, i=1,2,3$。

7.8.3 Python 实现感知器学习算法

使用面向对象编程的方式,通过定义一个感知器类来实现感知器的分类功能,使用定义的感知器类实例化一个对象,通过对象调用在感知器类中定义的 fit 方法从数据中学习权重,通过对象调用在感知器类中定义的 predict 方法预测样本的类标。定义的感知器类所在文件命名为 Perceptron.py,其内容如下:

```
import numpy as np
#eta 是学习速率, n_iter 是迭代次数
#errors_用来记录每次迭代错误分类的样本数
#w_是权重
class Perceptron(object):                          #定义感知器类
    def __init__(self,eta=0.01,n_iter=10):  #初始化方法
        self.eta=eta                               #定义学习速率 eta, 为类的对象属性
        self.n_iter= n_iter   #定义权重向量的训练次数, 为类的对象属性

    def fit(self,X,y):
'''定义属性权重并初始化为一个长度为 m+1 的一维 0 向量,m 为特征数量,1 为增加的 0 权重列(即阈值)'''
        self.w_=np.zeros(1+X.shape[1])      #X 的列数+1
        self.errors_=[]         #初始化错误列表,用来记录每次迭代错误分类样本数量
        for k in range(self.n_iter):          #迭代次数
            errors=0
            for xi,target in zip(X,y):
                #计算预测值与实际值之间的误差再乘以学习速率
                update=self.eta*(target-self.predict(xi))
                self.w_[1:]+=update*xi      #更新属性权重
                self.w_[0]+=update*1        #更新阈值
```

```
            errors += int(update!=0)  #记录这次迭代的错误分类数
        self.errors_.append(errors)
    return self

def input(self,X):  #计算属性、权重的数量积,结合阈值得到激活函数的输入
    X_dot=np.dot(X,self.w_[1:])+self.w_[0]
    return X_dot    #返回激活函数的输入

#定义预测函数
def predict(self,X):
    #若 self.input(X)>=0.0,target_pred 的值为 1,否则为-1
    target_pred=1 if self.input(X)>=0.0 else -1
    return target_pred
```

在使用感知器实现线性分类时，首先通过 Perceptron 类实例化一个对象，在实例化时指定学习速率 eta 的大小和在训练集上进行迭代的最大次数 n_iter 的大小。然后通过调用实例化对象的 fit 方法进行样本数据的学习，即通过样本数据训练模型。

在对模型训练之前，首先给权重一个初始化，然后就可以通过 fit 方法训练模型更新权重。更新权重的过程中使用 predict 方法计算样本属性数据的类标，在完成模型训练后，该方法用来预测未知数据的类标。此外，在每次迭代过程中，记录每轮迭代中错误分类的样本数量，并将其存放在 self.errors_列表中，以便后续作为评价感知器性能好坏的判断依据，或用于根据设置的错误分类样本数量的阈值来决定何时终止训练。

7.8.4 使用感知器分类鸢尾花数据

为了测试前面定义的感知器算法的好坏，下面从鸢尾花数据集中挑选山鸢尾(Setosa)和变色鸢尾(Versicolor)两种花的 SepalLength(萼片长度)、PetalLength(花瓣长度)作为特征数据。虽然感知器并不将样本数据的特征数量限定为两个，但出于可视化的原因，这里只考虑数据集中 SepalLength(萼片长度)和 PetalLength(花瓣长度)这两个特征。

可以从网上下载鸢尾花数据集，也可以通过从机器学习库 sklearn.datasets 直接下载 iris 数据集。

```
>>> import matplotlib.pyplot as plt
>>> import matplotlib
>>> matplotlib.rcParams['font.family'] = 'STSong'     #STSongsh 华文宋体
>>> import numpy as np
>>> from sklearn.datasets import load_iris
>>> iris = load_iris()
>>> data = iris.data             #特征数据
>>> target = iris.target         #类标数据
>>> data[0:5]                    #显示前 5 行特征数据
array([[5.1, 3.5, 1.4, 0.2],
       [4.9, 3. , 1.4, 0.2],
       [4.7, 3.2, 1.3, 0.2],
```

```
        [4.6, 3.1, 1.5, 0.2],
        [5. , 3.6, 1.4, 0.2]])
>>> target[0:5]                 #显示前 5 行类标数据
array([0, 0, 0, 0, 0])
>>> target[95:100]              #显示后 5 行类标数据
array([1, 1, 1, 1, 1])
```

接下来,从中提取 100 个类标,其中包括 50 个山鸢尾类标和 50 个变色鸢尾类标,并将这些类标分别用−1 和 1 来替代,提取 100 个训练样本的第 1 个特征列(萼片长度)和第 3 个特征列(花瓣长度),然后据此绘制散点图。

```
>>> X = data[0:100,[0,2]]                          #获取前 100 条数据的第 1 列和第 3 列
>>> y = target[0:100]                              #获取类别属性数据的前 100 条数据
>>> label = np.array(y)
>>> index_0 = np.where(label==0)                   #获取 label 中数据值为 0 的索引
>>> plt.scatter(X[index_0,0],X[index_0,1],marker='x',color = 'k',label = '山
鸢尾')
<matplotlib.collections.PathCollection object at 0x0000000019607748>
>>> index_1 = np.where(label==1)                   #获取 label 中数据值为 1 的索引
>>> plt.scatter(X[index_1,0],X[index_1,1],marker='o',color = 'k',label = '变
色鸢尾')
<matplotlib.collections.PathCollection object at 0x0000000019607BA8>
>>> plt.xlabel('萼片长度',fontsize=13)
Text(0.5,0,'萼片长度')
>>> plt.ylabel('花瓣长度',fontsize=13)
Text(0,0.5,'花瓣长度')
>>> plt.legend(loc = 'lower right')
<matplotlib.legend.Legend object at 0x0000000019607B38>
>>> plt.show()                                     #显示绘制的散点图,如图 7-5 所示
```

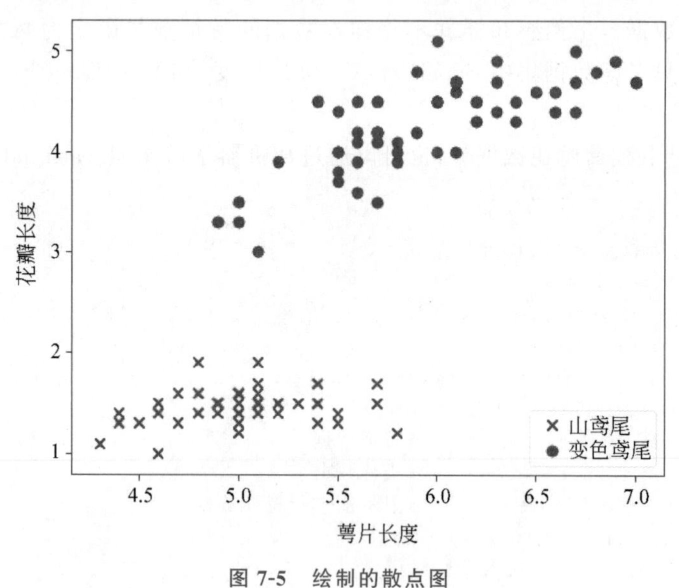

图 7-5　绘制的散点图

下面可以利用抽取出的鸢尾花数据子集来训练前面定义的感知器模型，最后绘制出每次迭代的错误分类样本数量的折线图，以查看算法是否收敛。

```
y=np.where(y==0,-1,1)
ppn=Perceptron(eta=0.1,n_iter=10)
ppn.fit(X,y)
plt.plot(range(1,len(ppn.errors_)+1),ppn.errors_,marker='o',color = 'k')
plt.xlabel('迭代次数',fontsize=13)
plt.ylabel('错误分类样本数量',fontsize=13)
plt.show()
```

运行上述代码得到的输出结果如图 7-6 所示。

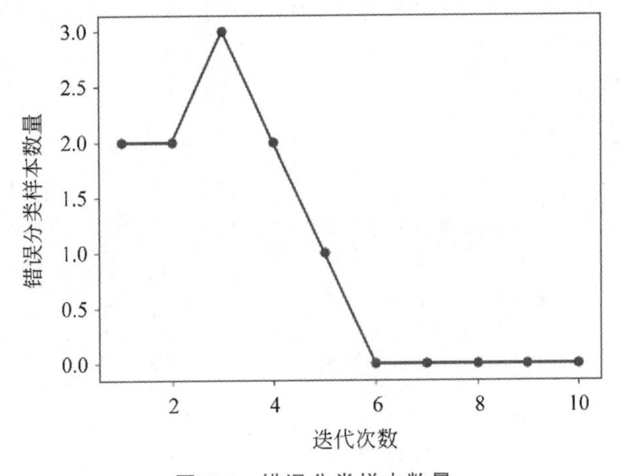

图 7-6 错误分类样本数量

如图 7-6 所示，线性分类器在第 6 次迭代后就已经收敛，具备了对训练样本的进行正确分类的能力。

7.9 实战：自定义数据结构

数据结构是指相互之间存在一种或多种特定关系的数据元素的集合，并对这种结构定义相适应的运算，设计出相应的算法，并确保经过这些运算以后所得到的新结构仍保持原来的结构类型。“结构”就是指数据元素之间存在的关系。通常情况下，精心选择的数据结构可以带来更高的运行或存储效率。

7.9.1 自定义栈数据结构

栈(Stack)是限制在一端进行插入和删除操作的特殊序列，仅允许在一端进行元素的插入和删除操作，最后入栈的元素最先出栈，而最先入栈的元素最后出栈，故称为后进先出(Last In First Out，LIFO)或先进后出(First In Last Out，FILO)序列。允许进行插入、删除操作的一端称为栈顶(Top)，又称为序列尾，另一个固定端称为栈底(Bottom)。当序列中没有元素时称为空栈。栈可以用于把十进制数转换为其他进制。

栈的主要操作：建立一个空的栈对象 Stack()；把一个元素添加到栈的栈顶 push()；删除栈顶的元素，并返回这个元素 pop()；读取最栈顶元素，但不删除它 getTop()；判断栈是否为空 isEmpty()；返回栈中当前的元素个数 getCurrent()。

Python 的列表及其操作实际上提供了与栈的主要操作相关的功能，因此，可以将列表作为栈来使用(假定 lst 是一个列表对象)：

(1) 建立空栈对应于创建一个空表[]，判断栈是否为空对应列表是否是空表。

(2) 列表是可变类型，在列表尾添加元素之后，列表的内存地址不变。

(3) 把一个元素 x 添加到栈的栈顶，对应列表 lst 的 lst.append(x)操作。

(4) 访问栈顶元素对应 lst[－1]操作。

(5) 删除栈顶的元素、并返回这个元素，对应列表 lst 的 lst.pop()操作。

```
>>> lst=[]
>>> for x in range(0,5):
    lst.append(x)
>>> lst
[0, 1, 2, 3, 4]
>>> lst.pop(-1)      #删除列表尾部元素
4
>>> lst
[0, 1, 2, 3]
>>> lst.pop(0)       #删除列表头部元素
0
>>> lst
[1, 2, 3]
```

把列表当作栈使用，完全可以满足应用的需要，但列表提供了一大批栈结构原本不应该支持的操作，此外也无法限制栈的大小，列表的 pop()操作也会威胁栈的安全性(栈为空时删除元素会引发异常)。为了概念更清晰、实现更安全、操作名符合栈的习惯，我们考虑自定义一个栈类，使之成为一个单独的类型。

【例 7-23】 自定义栈类，模拟判断栈是否为空、元素入栈、元素出栈、读取栈顶元素等操作。

```
class Stack:
    """基于列表技术实现的栈类"""
    def __init__(self, size=20,current=0):
        self.items = []           #用列表对象__items存放栈的元素
        self.size = size          #初始栈的大小
        self.current=0            #栈中元素个数初始化为 0

    def isEmpty(self):            #判断栈是否为空
        return len(self.items)==0

    def push(self, item):         #元素入栈
        if self.current<self.size:
            self.items.append(item)
            self.current+=1       #栈中元素个数加 1
```

```
        else:
            print("栈已满")

    def pop(self):                  #元素出栈
        if self.current>0:
            self.current -= 1       #栈中元素个数减 1
            return self.items.pop()
        else:
            print("栈已空")

    def getTop(self):               #读取栈顶元素,但不删除它
        if self.current>0:
            return self.items[-1]
        else:
            print("栈已空")

    def getCurrent(self):           #返回栈中元素的个数
        return self.current
```

将上述代码保存为 Stack.py 文件,并保存在当前文件夹、Python 安装文件夹或 sys.path 列表指定的其他文件夹中。下面的代码演示了自定义栈类的用法。

```
>>> from Stack import Stack
>>> stack1 = Stack()
>>> stack1.size
20
>>> stack1.current                  #返回栈中当前的元素个数
0
>>> stack1.push(1)                  #元素入栈
>>> stack1.push(2)
>>> stack1.push(3)
>>> stack1.getTop()                 #读取栈顶元素
3
>>> stack1.current                  #返回栈中当前的元素个数
3
>>> while not stack1.isEmpty():
    print(stack1.pop(),end=',')

3,2,1,
>>> stack1.current                  #返回栈中当前的元素个数
0
>>> stack1.pop()                    #出栈
栈已空
```

7.9.2 自定义队列数据结构

队列(Queue)也是操作受限的特殊序列,只允许在序列尾部进行元素插入操作和在序列头部进行元素删除操作,插入操作叫作入队,删除操作叫作出队,队列具有先进先出(First In First Out,FIFO)的特点。队列被用在很多地方,比如提交操作系统执行的一

系列进程、打印任务池等,一些仿真系统用队列来模拟银行或杂货店里排队的顾客。

队列的主要操作:建立一个空的队列对象 Queue();在队列尾部加入一个元素 enQueue();删除队列头部的元素,返回被删除的元素 deQueue();读取队头元素 getFront();读取队尾元素 getRear();检测队列是否为空 isEmpty();返回队列当前的元素数量 getCurrent()。

在 Python 中,对于一个列表来说,使用 pop()删除列表中的某个元素,位于它后面的所有元素会自动向前移动一个位置,根据这一点,可基于列表定义一个队列类 MyQueue。

【例 7-24】 自定义队列类,模拟入队、出队、读取队头元素、读取队尾元素等操作。

```
class MyQueue:
    """基于列表技术实现的队列类"""
    def __init__(self, size=20,current=0):
        self.items = []             #用列表对象__items 存放队列的元素
        self.size = size            #初始队列的大小
        self.current=0              #队列中的元素个数初始化为 0

    def isEmpty(self):              #判断栈是否为空
        return len(self.items)==0

    def enQueue(self, item):        #入队
        if self.current<self.size:
            self.items.append(item)
            self.current+=1         #队列的元素个数加 1
        else:
            print("队列已满")

    def deQueue(self):              #出队
        if self.current>0:
            self.current -= 1       #队列的元素个数减 1
            return self.items.pop(0)
        else:
            print("队列已空")

    def getFront(self):             #读取队头元素
        if self.current>0:
            return self.items[0]
        else:
            print("队列已空")

    def getRear(self):              #读取队尾元素
        if self.current>0:
            return self.items[-1]
        else:
            print("队列已空")

    def getCurrent(self):           #返回队列中元素的个数
        return self.current
```

将上面的代码保存为 MyQueue.py 文件，并保存在当前文件夹、Python 安装文件夹或 sys.path 列表指定的其他文件夹中。下面的代码演示了自定义队列类的用法。

```
>>> from MyQueue import MyQueue
>>> queue1=MyQueue()
>>> queue1.size
20
>>> queue1.current
0
>>> for x in range(0,10):
	queue1.enQueue(x)
>>> queue1.current
10
>>> while not queue1.isEmpty():
	print(queue1.deQueue(),end=',')

0,1,2,3,4,5,6,7,8,9,
>>> queue1.current
0
```

Python 标准库 queue 提供了三种队列类型：先进先出 Queue 队列、先进后出 LifoQueue 队列和优先级级别越高越先出来的 PriorityQueue 优先级队列。

```
>>> from queue import Queue                  #先进先出队列
>>> queue1 = Queue(maxsize = 10)             #可选参数 maxsize 用来设定队列长度
>>> queue1.put(1)                            #将 1 放入队列
>>> queue1.get()                             #从队头删除并返回一个元素
1
>>> queue1.empty()                           #如果队列为空，返回 True
True
>>> for x in range(0,10):
    queue1.put(x)
>>> queue1.full()                            #如果队列满了，返回 True
True
>>> queue1.qsize()                           #返回队列里元素个数
10

>>> from queue import LifoQueue              #先进后出队列
>>> queue2 = LifoQueue(maxsize=5)
>>> for x in range(0,5):                     #进度顺序 0, 1, 2, 3, 4
    queue2.put(x)
>>> for x in range(0,5):
    print(queue2.get(), end=', ')

4, 3, 2, 1, 0,                               #出队顺序和进队顺序相反

>>> from queue import PriorityQueue          #优先级队列
>>> queue3 = PriorityQueue(maxsize=5)
#优先级队列 put 进去的是一个元组，(优先级，数据)，优先级数字越小，优先级越高
>>> queue3.put((5,'第 1 个放进去的元素'))
>>> queue3.put((3,'第 2 个放进去的元素'))
>>> queue3.put((1,'第 3 个放进去的元素'))
>>> queue3.put((4,'第 4 个放进去的元素'))
```

```
>>> queue3.put((2,'第5个放进去的元素'))
>>> while not queue3.empty():
	queue3.get()

(1, '第3个放进去的元素')
(2, '第5个放进去的元素')
(3, '第2个放进去的元素')
(4, '第4个放进去的元素')
(5, '第1个放进去的元素')
```

注意：如果有两个元素优先级是一样的，那么在出队的时候按照先进先出的顺序。

7.10 习 题

一、选择题

1. 关于面向过程和面向对象，下列说法错误的是（ ）。
   A. 面向过程和面向对象都是解决问题的一种思路
   B. 面向过程是基于面向对象的
   C. 面向过程强调的是解决问题的步骤
   D. 面向对象强调的是解决问题的对象
2. 关于类和对象的关系，下列描述正确的是（ ）。
   A. 类是面向对象的核心
   B. 类是现实中事物的个体
   C. 对象是根据类创建的，并且一个类只能对应一个对象
   D. 对象描述的是现实的个体，它是类的实例
3. 构造方法的作用是（ ）。
   A.一般成员方法　B. 类的初始化　C. 对象的初始化　D. 对象的建立
4. Python 类中包含一个特殊的变量（ ），它表示当前对象自身，可以访问类的成员。
   A. self　B. me　C. this　D. 与类同名
5. 关于类和对象的关系，下列描述正确的是（ ）。
   A. 类和面向对象的核心
   B. 类是现实中事物的个体
   C. 对象是根据类创建的，并且一个类只能对应一个对象
   D. 对象描述的是现实的个体，它是类的实例

二、编程题

1. 设计 Person 类，包含姓名和体重两个数据成员，自我介绍、跑步、吃东西三个成员方法。跑步一次会减肥 0.5 千克，吃一次东西体重会增加 1 千克。

2. 建模一个图书馆系统，包含一个书籍列表，添加书和展示书两个方法；每本书籍建模书类 Book 类，包括书名和作者，一个展示书的方法。

第8章 chapter 8

模块和包

在设计较复杂的程序时，一般采用自顶向下的方法，将问题划分为几个部分，各个部分再进行细化，直到分解为较好解决的问题为止，这在程序设计中被称为模块化程序设计。本章主要介绍：模块，导入模块时搜索目录的顺序与系统目录的添加，包，自定义二叉树数据结构。

8.1 模 块

模块

在计算机程序的开发过程中，随着程序代码越写越多，一个文件里代码就会越来越长，越来越不容易维护。为了编写容易维护的代码，就需要把程序里的很多代码封装成多个函数或多个类，进而把这些函数或类进行分组，分别放到不同的文件里，这样，每个文件包含的代码就会相对较少。在 Python 中，一个.py 文件就称之为一个模块(module)。

使用模块可大大提高代码的可维护性，编写代码不必从零开始。当一个模块编写完毕，就可以被函数、类、模块等通过“import 模块名”导入来使用该模块。前面我们在编写程序的时候，也经常引用其他模块，包括 Python 内置的模块和来自第三方的模块。使用模块还可以避免函数名和变量名冲突。相同名字的函数和变量完全可以分别存在不同的模块中，因此，我们在编写模块时，不必考虑名字会与其他模块冲突。进一步，为了避免模块名冲突，可将一些模块封装成包，不同包中的模块名可以相同，而互不影响。

8.1.1 模块的创建

在 Python 中，我们可以创建自己的模块，以便在不同的 Python 脚本中重用代码。创建 Python 模块，就是创建一个包含 Python 代码的源文件(扩展名为.py)，在这个文件中可以定义变量、函数和类。此外，在模块中还可以包含一般的语句，称为全局语句，当运行该模块或导入该模块时，全局语句将依次执行，全局语句只在模块第一次被导入时执行。例如，创建一个名为 my_module.py 的文件，即定义了一个名为 my_module 的模块，模块名就是文件名去掉.py 后缀。my_module.py 文件的内容如下：

```
def say_hello(name):
    return f"我叫{name}!"

def add(a, b):
    return a + b

class Calculator:
    def __init__(self):
        self.result = 0
    def add(self, x):
        self.result += x
    def subtract(self, x):
        self.result -= x
    def get_result(self):
        return self.result
```

然后在 my_module.py 所在的目录下创建一个名为 call_my_module.py 的文件,在该文件中调用 my_module 模块的函数和类,call_my_module.py 文件内容如下:

```
#导入自定义模块
import my_module
#调用模块中的函数
message = my_module.say_hello("冷清秋")
print('say_hello("冷清秋")输出:',message)
#创建模块中的类的实例
calc = my_module.Calculator()
#调用 add()方法执行加法操作
calc.add(5)
calc.add(3)
result = calc.get_result()
print("加过两次之后的结果:", result)
运行 call_my_module.py 文件,得到的输出结果如下:
say_hello("冷清秋")输出: 我叫冷清秋!
加过两次之后的结果: 8
```

注意:my_module.py 和 call_my_module.py 必须放在同一个目录下或 my_module.py 放在 sys.path 所列出的目录下,否则,Python 解释器会找不到自定义的模块。

8.1.2 模块的导入和使用

在使用一个模块中的函数或类之前,首先要导入该模块。模块的导入使用 import 语句,模块导入的语法格式如下:

```
import module_name
```

上述语句直接导入一个模块,也可以一次导入多个模块,多个模块名之间用","隔开。调用模块中的函数或类时,需要以模块名作为前缀。

调用模块中的函数的语法格式如下:

```
module_name.func_name()
```

如果不想在程序中使用前缀符,可以使用 from…import…语句直接导入模块中的函数,其语法格式如下所示:

```
from module_name import function_name
>>> from math import sqrt,cos
>>> sqrt(4)                  #返回 4 的平方根
2.0
>>> cos(1)
0.5403023058681398
```

导入模块下所有的类和函数,可以使用如下格式的 import 语句:

```
from module_name import *
```

可以将导入的模块重新命名,其语法格式如下:

```
import a as b                   #导入模块 a,并将模块 a 重命名为 b
>>> from math import sqrt as pingfanggen
>>> pingfanggen(4)
2.0
```

8.1.3 模块的主要属性

Python 模块是一个文件,它可以包含函数、类、变量等多种类型的代码。模块属性是指模块中定义的变量,它们可以被其他模块或程序引用和使用。通过模块的一些属性可以获取模块的信息。以下是一些主要的模块属性。

1. __name__属性

__name__是模块的特殊属性,用于确定模块是被导入还是直接运行。如果模块是被导入的,__name__的值将是模块的名称;如果模块是直接运行的,__name__的值将是__main__。

```
>>> import math
>>> s = math.__name__
>>> print(s)
math
```

编写程序文件 test.py,文件中的代码如下:

```
if __name__ == '__main__':
    print('该模块被当作脚本运行')
elif __name__ == 'test':
    print('该模块被导入其他模块使用')
```

当作脚本运行,运行的结果如下:

```
该模块被当作脚本运行
当作导入模块使用:
>>> import test
该模块被导入其他模块使用
```

当行的程序的时候,__name__这个内置变量值就是__main__。

在 test__name__.py 程序文件中只写入下面一行代码:

```
print(__name__)
```

运行 test__name__.py 得到的输出结果如下:

```
__main__
```

2. __all__属性

模块中的__all__属性,可用于模块导入时的限制,如:

from module import *

此时被导入模块若定义了__all__属性,则只有__all__内指定的属性、方法、类可被导入。若没有定义,则导入模块内的所有公有属性、方法和类。

【例 8-1】 __all__属性使用举例。

在 my_module1.py 文件中输入如下代码。

```
#定义模块级别的全局变量
module_variable = "我是一个模块级变量"
#定义一个函数,它可以访问模块变量
def print_module_variable():
    print(module_variable)
#定义一个函数,它不包含在 __all__ 中
def internal_function():
    return "这个函数不是 __all__中的成员"
#在 __all__ 中定义导出的函数和变量
__all__ = ["module_variable", "print_module_variable"]
```

然后在 my_module1.py 所在的目录下创建一个名为 call_my_module1.py 的文件,在该文件中调用 my_module 模块的变量和函数,call_my_module1.py 文件内容如下:

```
#导入自定义模块
import my_module1
#访问模块级别的变量
print("Module variable:", my_module1.module_variable)
#调用模块中的函数
my_module1.print_module_variable()
#尝试调用未包含在 __all__ 中的函数,不会有输出结果
my_module1.internal_function()
```

运行 call_my_module1.py 文件,得到的输出结果如下。

```
Module variable: 我是一个模块级变量
我是一个模块级变量
```

3. __doc__属性

模块中的__doc__属性用于获取模块的文档字符串,文档字符串用于说明模块、类、函数等的功能,使程序易读。模块、类、函数等的第一个逻辑行的字符串称为文档字

符串。

可以使用两种方法抽取文档字符串。

(1) 使用内置函数 help():help(模块名)。

(2) 使用__doc__属性:模块名.__doc__。

```
>>> help(sorted)             #查看函数或模块用途的详细说明
Help on built-in function sorted in module builtins:
sorted(iterable, /, *, key=None, reverse=False)
   Return a new list containing all items from the iterable in ascending
order.
   A custom key function can be supplied to customize the sort order, and the
   reverse flag can be set to request the result in descending order.
>>> sorted.__doc__           #返回使用说明的文档字符串
'Return a new list containing all items from the iterable in ascending order.\
n\nA custom key function can be supplied to customize the sort order, and the\
nreverse flag can be set to request the result in descending order.'
>>> class Student(object):
    "有点类似其他高级语言的构造函数"
    def __init__(self,name,score):
        self.name = name
        self.score = score
    def print_score(self):
        print("%s:%s"%(self.name,self.score))
>>> Student.__doc__
'有点类似其他高级语言的构造函数'
```

8.2 导入模块时搜索目录的顺序与系统目录的添加

8.2.1 导入模块时搜索目录的顺序

使用 import 语句导入模块时,是按照 sys.path 变量的值搜索模块,如果没找到,则程序报错。sys.path 包含当前目录、Python 安装目录、PYTHONPATH 环境变量,搜索顺序按照目录在列表中的顺序(一般当前目录优先级最高)。

```
>>> import sys, pprint
>>> pprint.pprint(sys.path)
['',
 'D:\\Python\\Lib\\idlelib',
 'D:\\Python\\python36.zip',
 'D:\\Python\\DLLs',
 'D:\\Python\\lib',
 'D:\\Python',
 'D:\\Python\\lib\\site-packages']
```

可以看到第一个为空,代表的是当前目录。Python 标准库 sys 中的 path 对象包含了所有的系统目录,利用 pprint 模块中的 pprint()方法可以格式化的显示数据,如果用内置语句 print 则只能在一行显示所有内容,不方便查看。

8.2.2 使用 sys.path.append()临时增添系统目录

除了 Python 自己默认的一些系统目录外,还可以通过 append()方法添加系统目录。因为系统目录是存在 sys.path 对象下的,path 对象是个列表,就可以通过 append()方法往其中插入目录。

```
>>> import sys
>>> sys.path.append("C:/Users/caojie/Desktop/pythoncode")
>>> sys.path
['', 'D:\\Python\\Lib\\idlelib', 'D:\\Python\\python36.zip', 'D:\\Python\\
DLLs', 'D:\\Python\\lib', 'D:\\Python', 'D:\\Python\\lib\\site-packages',
'C:/Users/caojie/Desktop/pythoncode']
```

当重新启动解释器的时候,这种方法的设置会失效。

```
>>> import sys
>>> sys.path      #重新启动解释器时,'C:/Users/caojie/Desktop/pythoncode'已不存在
['', 'D:\\Python\\Lib\\idlelib', 'D:\\Python\\python36.zip', 'D:\\Python\\
DLLs', 'D:\\Python\\lib', 'D:\\Python', 'D:\\Python\\lib\\site-packages']
```

8.2.3 使用 pth 文件永久添加系统目录

有时我们不想把自己编写的代码文件放在 Python 的系统目录文件夹下,以免和 Python 系统目录中的文件混在一起,增加管理的复杂度。甚至有的时候,因为权限的原因,我们还不能在 Python 的系统目录下加文件。那么,这时可以在 Python 安装目录或者 Lib\site-packages 目录下创建"xx.pth"文件,xx 是自定义的名字,在 xx.pth 文件中写入我们自己的模块所在的目录的路径,一行一个路径:

```
C:\Users\caojie\Desktop
>>> import sys
>>> sys.path
['', 'D:\\Python\\Lib\\idlelib', 'D:\\Python\\python36.zip', 'D:\\Python\\
DLLs', 'D:\\Python\\lib', 'D:\\Python', 'C:\\Users\\caojie\\Desktop', 'D:\\
Python\\lib\\site-packages']
```

这时就可以直接使用 import module_name 来导入自定义路径下的模块。

8.2.4 使用 PYTHONPATH 环境变量永久添加系统目录

在 PYTHONPATH 环境变量中输入相关的路径,不同的路径之间用英文的";"分开,如果 PYTHONPATH 变量不存在,我们可以创建它。这里将 PYTHONPATH 变量的值设置为: D:\;D:\mypython。路径会自动加入到 sys.path 中。

```
>>> import sys
>>> sys.path
['', 'D:\\Python\\Lib\\idlelib', 'D:\\', 'D:\\mypython', 'D:\\Python\\
python36.zip', 'D:\\Python\\DLLs', 'D:\\Python\\lib', 'D:\\Python', 'C:\\
Users\\caojie\\Desktop', 'D:\\Python\\lib\\site-packages']
```

8.3 包

8.3.1 包的创建

在一个系统目录下创建大量模块后，我们可能希望将某些功能相近的模块组织在同一文件夹下，以便更好地组织管理模块，当需要某个模块时就从其所在的文件夹导入。这里就需要运用包的概念了。

包对应于存放模块的文件夹，使用包的方式跟模块类似，唯一需要注意的是，当文件夹当作包使用时，文件夹需要包含__init__.py 文件，__init__.py 的内容可以为空，这时 Python 解释器才会将该文件夹作为包。如果忘记创建__init__.py 文件，就无法从这个文件夹里导出模块了。__init__.py 一般用来进行包的某些初始化工作或者设置__all__值，当导入包或该包中的模块时，执行__init__.py。包示例如图 8-1 所示，json 包位于 Python 标准库中(Lib 目录下)。

图 8-1 包示例

包可以包含子包，没有层次限制。包可以有效避免模块命名冲突。

创建一个包的步骤是：

(1) 建立一个名字为包名字的文件夹。

(2) 在该文件夹下创建一个__init__.py 的文件，该文件内容可以为空。

(3) 根据需要在该文件夹下创建模块文件。

【例 8-2】 在 D:\\mypython 目录中，创建一个包名为 package1 的包，然后在 package1 下创建包名分别为 sub_package1 和 sub_package2 的子包，sub_package1 包含

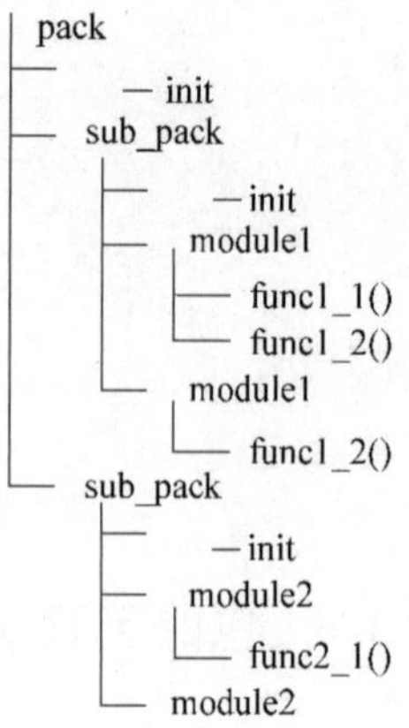

模块 module1_1.py 和 module1_2.py，模块 module1_1.py 下包含 func1_1()和 func1_2()函数，模块 module1_2.py 下包含 func1_2()函数，sub_package2 包含模块 module2_1.py 和 module2_2.py，模块 module2_1.py 下包含 func2_1()函数。

按照例 8-2 的要求创建包和模块后，包和模块所组成的层次结构如图 8-2 所示。

```
pack
├─ init
├─ sub_pack
│   ├─ init
│   ├─ module1
│   │   ├─ func1_1()
│   │   └─ func1_2()
│   └─ module1
│       └─ func1_2()
└─ sub_pack
    ├─ init
    ├─ module2
    │   └─ func2_1()
    └─ module2
```

图 8-2　包和模块所组成的层次结构

在该目录结构中，package1 是顶级包，包含子包 sub_package1 和 sub_package2。

8.3.2　包的导入与使用

用户可以每次只导入包里的特定模块，例如：import package1.sub_package1.module1_1，这样就导入了 package1. sub_package1. module1_1 子模块。它必须通过完整的名称来引用：

```
package1. sub_package1. module1_1.func1_1()
```

也可以使用 from … import 语句直接导入包中的模块：

```
from package1. sub_package1 import module1_1
```

这样就加载了 module1_1 模块，并且使得它在没有包前缀的情况下也可以使用，所以它可以通过如下方式调用：

```
module1_1. func1_1()
```

还有另一种变体就是直接导入函数：

```
from package1. sub_package1. module1_1 import func1_1
```

这样就可以直接调用 func1_1()函数：

```
func1_1()
```

需要注意的是以 from package import item 方式导入包时，这个子项(item)既可以是子包也可以是其他，如函数、类、变量等。而用类似 import item.subitem.subsubitem 这样的语法格式时，这些子项必须是包，最后的子项可以是包或模块，但不能是类、函数、变量等。

如果希望同时导入一个包中的所有模块，可以采用下面的形式：

```
from 包名 import *
```

如果是子包内的引用，可以按相对位置引入子模块，以 module1_1 模块为例，可以引用如下：

```
from . import module1_2                   #同级目录,导入 module1_2
from .. import sub_package2               #上级目录,导入 sub_package2
from ..sub_package2 import module2_1 #上级目录的 sub_package2 下导入 module2_1
```

8.4 实战：自定义二叉树数据结构

树在计算机领域中也有着广泛的应用，例如在编译程序中，用树来表示源程序的语法结构；在数据库系统中，可用树来组织信息；在分析算法的行为时，可用树来描述其执行过程等。

树状结构是一类非常重要的非线性结构，树状结构的元素存在一对多的相互关系。直观地讲，树状结构是以分支关系定义的层次结构。树(Tree)是 n(n≥0) 个结点的有限集合 T，若 n=0 时称为空树，树状结构的主要特征有：

(1) 一个树状结构如果不空，则结构中就存在着唯一的起始结点(结构中的逻辑单元，用于保存数据)，称为树的根结点，也称作树根。

(2) 按结构中结点之间的连接关系，树根外的其余结点有且有一个直接前驱(结构中与某结点相邻且在其之前的结点被称为直接前驱)。另一方面，一个结点可以有 0 个或者多个直接后继(结构中与某结点相邻且在其之后的结点被称为直接后继)。

(3) 从树根结点出发，经过若干次后继关系可以到达结构中的任一结点。

(4) 结点之间的联系不会形成循环关系。

(5) 若树状结构的结点数 n>1，其余的结点被分为 m(m>0)个互不相交的子集 T_1，T_2，T_3…T_m，其中每个子集本身又是一棵树，称其为根的子树(Subtree)。

二叉树的定义：二叉树(Binary tree)是 n(n≥0)个结点的有限集合。若 n=0 时称为空树，否则：

(1) 有且只有一个特殊的称为树的根(Root)结点。

(2) 若 n>1 时，其余的结点被分成两个互不相交的子集 T_1，T_2，分别称之为左、右子树，并且左、右子树又都是二叉树。

显然，上面二叉树的定义是递归的。一棵二叉树可能有两棵子树，其子树也是二叉树。图 8-3 给出了几棵二叉树的图示，其中的小圆圈代表二叉树的结点，根结点画在最上面，其两棵子树画在下面的左右两边，用线连接根结点和子树根结点。

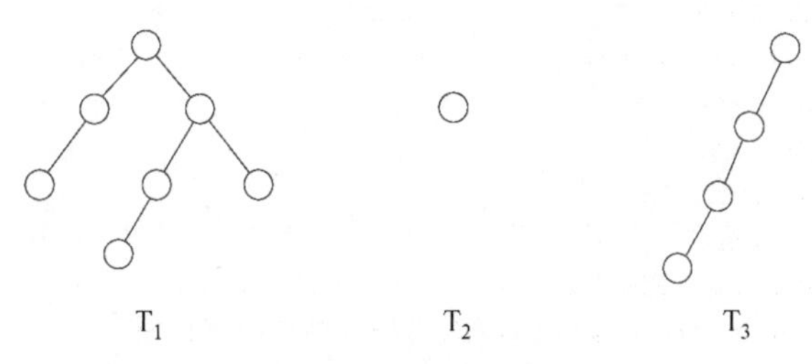

图 8-3 三棵二叉树

这里有几个基本概念：

二叉树的根结点称为该树的子树根结点的父结点，与之对应，子树的根结点称为该父结点的孩子结点(child)或子结点。注意，父结点和子结点的概念是相对的。

没有子结点的结点称为叶子结点，其余结点称为非叶子结点或分支结点。

一个结点的子结点个数称为该结点的度数，显然，二叉树中叶子结点的度数为0，分支结点的度数可以是1或者2。

规定树中根结点的层次为1，其余结点的层次等于其父结点的层次加1。树中结点的最大层次值，称为树的高度。

从根结点开始，到达某结点p所经过的所有结点称为结点p的层次路径（简称为路径，有且只有一条）。结点p的层次路径上的所有结点（p除外）称为p的祖先（ancester）。以某一结点为根的子树中的任意结点称为该结点的子孙结点（descent）。

平衡二叉树（Balanced Binary Tree）：又被称为AVL树，具有以下性质：它是一棵空树或它的左右两个子树的高度差的绝对值不超过1，并且左右两个子树都是一棵平衡二叉树。

遍历二叉树（Traversing Binary Tree）：是指按指定的规律对二叉树中的每个结点访问一次且仅访问一次。二叉树的基本组成：根结点、左子树、右子树。若能依次遍历这三部分，就是遍历了二叉树。若以L、D、R分别表示遍历左子树、遍历根结点和遍历右子树，则有6种遍历方案：DLR、LDR、LRD、DRL、RDL、RLD。若规定先左后右，则只有前3种情况，分别是：DLR——先（根）序遍历；LDR——中（根）序遍历；LRD——后（根）序遍历。

层次遍历二叉树，是从根结点开始遍历，按层次次序“自上而下，从左至右”访问树中的各结点。

二叉树的性质：

性质1：在非空二叉树中，第i层上至多有2^{i-1}个结点（$i \geqslant 1$）。

性质2：深度为k的二叉树至多有2^k-1个结点（$k \geqslant 1$）。

性质3：对任何一棵二叉树，若其叶子结点数为n_0，度为2的结点数为n_2，则$n_0=n_2+1$。

【例8-3】 设计自定义二叉树类BiTree，模拟建立二叉树、二叉树的前序遍历、二叉树的中序遍历、二叉树的后序遍历、二叉树的层序遍历。

```
class BiTree:
    '''基于列表实现结点类'''
    def __init__(self,value='*',left=None,right=None):
        self.value=value
        self.left=left
        self.right=right
    #按前序遍历方式建立二叉树
    def preCreateBiTree(self):
        temp = input('前序构建二叉树,请输入结点的值: ')
        lst = BiTree(temp)
        if temp != '*':          #输入*认为不再继续向下创建结点
            print("输入左子树: ")
            lst.left = self.preCreateBiTree()
            print("输入右子树: ")
            lst.right = self.preCreateBiTree()
        return lst
```

```
    #前序遍历二叉树
    def preOrderTraverse(self):
        print(self.value, end=',')              #输出当前二叉树的根结点
        if(self.value!= '*'):
            self.left.preOrderTraverse()        #递归输出左子树
            self.right.preOrderTraverse()       #递归输出右子树

    #中序遍历二叉树
    def inOrderTraverse(self):
        if self.left!=None:
            self.left.inOrderTraverse()         #中序遍历左子树
        print(self.value, end=',')              #遍历根结点
        if self.right!=None:
            self.right.inOrderTraverse()        #中序遍历右子树

    #后序遍历二叉树
    def postOrderTraverse(self):
        if self.left!=None:
            self.left.postOrderTraverse()       #后序遍历左子树
        if self.right!=None:
            self.right.postOrderTraverse()      #后序遍历右子树
        print(self.value, end=',')              #遍历根结点

    #层序遍历
    def levelTraverse(self):
        if self.value== '*':
            return
        lst=[]          #lst起队列的作用,遍历过的结点依次进入列表
        print(self.value, end=',')
        lst.append(self)
        while(len(lst)>0):
            node = lst.pop(0)
            if node.left!=None:
                print((node.left).value, end=',')
                lst.append(node.left)
            if node.right!=None:
                print((node.right).value, end=',')
                lst.append(node.right)

def main():
    root=BiTree()
    root=root.preCreateBiTree()
    print('前序遍历序列是: ')
    root.preOrderTraverse()
    print('\n中序遍历序列是: ')
    root.inOrderTraverse()
    print('\n后序遍历序列是: ')
    root.postOrderTraverse()
    print('\n层序遍历序列是: ')
    root.levelTraverse()

main()
```

当希望创建如图 8-4 所示的二叉树时，按先序遍历方式建立二叉树输入的字符序列应当是：ABD**E * G**CF***。

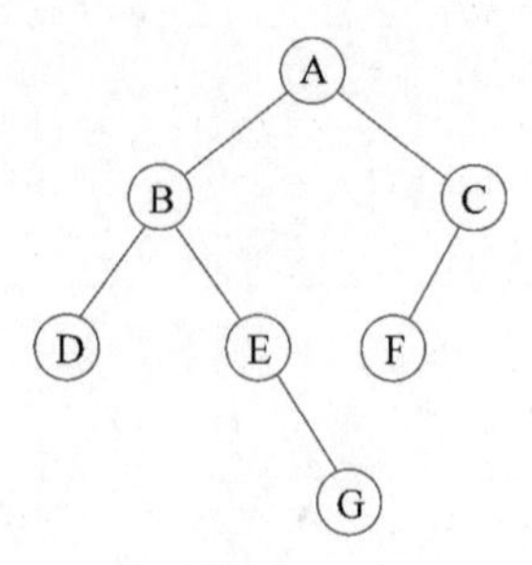

图 8-4　二叉树

运行例 8-3 的程序代码，所得的输出结果如下。

```
前序构建二叉树，请输入结点的值：A
输入左子树：
前序构建二叉树，请输入结点的值：B
输入左子树：
前序构建二叉树，请输入结点的值：D
输入左子树：
前序构建二叉树，请输入结点的值：*
输入右子树：
前序构建二叉树，请输入结点的值：*
输入右子树：
前序构建二叉树，请输入结点的值：E
输入左子树：
前序构建二叉树，请输入结点的值：*
输入右子树：
前序构建二叉树，请输入结点的值：G
输入左子树：
前序构建二叉树，请输入结点的值：*
输入右子树：
前序构建二叉树，请输入结点的值：*
输入右子树：
前序构建二叉树，请输入结点的值：C
输入左子树：
前序构建二叉树，请输入结点的值：F
输入左子树：
前序构建二叉树，请输入结点的值：*
输入右子树：
前序构建二叉树，请输入结点的值：*
输入右子树：
前序构建二叉树，请输入结点的值：*
前序遍历序列是：
```

```
A,B,D, * , * ,E, * ,G, * , * ,C,F, * , * , * ,
中序遍历序列是:
 * ,D, * ,B, * ,E, * ,G, * ,A, * ,F, * ,C, * ,
后序遍历序列是:
 * , * ,D, * , * , * ,G,E,B, * , * ,F, * ,C,A,
层序遍历序列是:
A,B,C,D,E,F, * , * , * , * ,G, * , * , * , * ,
```

8.5 习 题

1. 什么是模块？导入模块的方式都有哪些？
2. 简述模块的主要属性。
3. 导入模块时搜索目录的顺序是什么？
4. 什么是包？如何创建包？如何导入包？
5. 包和模块是什么关系？如何导入包中的模块？

第9章 chapter 9

错误和异常处理

编写和运行 Python 程序时，不可避免地会产生错误(bug)和异常(exceptions)。错误和异常的区别：错误在执行前修改，异常在运行时产生。本章主要介绍：程序的错误，异常处理，断言处理，自定义图数据结构。

9.1 程序的错误

常犯的 9 个错误

9.1.1 常犯的 9 个错误

(1) 忘记在 if,elif,else,for,while,class,def 声明末尾添加"："，导致"SyntaxError：invalid syntax"。

```
>>> if x==1
    print('ok')
SyntaxError: invalid syntax        #语法错误
```

(2) 使用"="而不是"=="，导致"SyntaxError：invalid syntax"。"="是赋值操作符而"=="是等于比较操作。该错误发生在如下代码中：

```
>>> if x=1:
    print('ok')

SyntaxError: invalid syntax
```

(3) 尝试修改 string 的值，导致"TypeError：'str' object does not support item assignment"。

string 是一种不可变的数据类型，该错误发生在如下代码中：

```
>>> lst='beautiful'
>>> lst[6]='g'     #试图将'f'改为'g'
Traceback (most recent call last):
  File "<pyshell#68>", line 1, in <module>
    lst[6]='g'
TypeError: 'str' object does not support item assignment
```

而事实上可以这样实现我们的想法：

```
>>> lst = lst[:6] +'g' + lst[7:]
>>> lst
'beautigul'
```

(4) 引用超过列表 list 索引范围,导致"IndexError: list index out of range"。

```
>>> lst=[1,2,3,4,5,6]
>>> lst[6]
Traceback (most recent call last):
  File "<pyshell#73>", line 1, in <module>
    lst[6]
IndexError: list index out of range          #列表索引超出范围,实际上最大索引是 5
```

(5) 使用 Python 关键字作为变量名,导致"SyntaxError: invalid syntax"。

```
>>> if=[1,2,3,4,5,6]
SyntaxError: invalid syntax                  #在 Python 中,关键字不能用作变量名
```

(6) 使用 range()创建整数列表,导致"TypeError: 'range' object does not support itemassignment"错误。

有时想要得到一个有序的整数列表,range()看上去是生成此列表的不错方式。注意 range()返回的是"range object",而不是"list "类型。

```
>>> lst=range(8)
>>> lst[2]=0
Traceback (most recent call last):
  File "<pyshell #87>", line 1, in <module>
    lst[2]=0
TypeError: 'range' object does not support item assignment
```

(7) 错误地使用默认值参数。

在 Python 中,我们可以为函数的某个参数设置默认值,虽然这是一个很好的语言特性,但是当默认值是可变类型时,也会导致一些不是我们想要的结果。看下面定义的这个函数:

```
>>> def func(lst=[]):        #lst 是默认值参数,如果没有提供实参,则 lst 默认为空表[]
    lst.append("Python")
    return lst
```

很多人会认为:在每次调用函数时,如果没有传入实参,那么 lst 就会被设置为默认的空表[],重复调用 func ()函数应该会一直返回['Python']。但是,实际运行结果却是这样的:

```
>>> func()                   #调用函数
['Python']
>>> func()                   #调用函数
['Python', 'Python']
>>> func()                   #调用函数
['Python', 'Python', 'Python']
```

之所以出现上述结果,是因为在 Python 中默认值参数只会被执行一次,即定义该函

数的时候，换句话说，在 Python 中调用带有默认值参数的函数时，如果没有给设置了默认值的形式参数传递实参，这个形参就将使用函数定义时设置的默认值。因此，每次 func()函数被调用时，都会继续使用 lst 参数在函数定义时设置的默认值空列表，即每次 lst 所引用的列表都是同一个列表。

一个常见的解决办法就是每次调用函数时，都传递一个空列表：

```
>>> func([])
['Python']
```

(8) 错误地使用类变量。

```
>>> class A:
    x = 1                #定义类变量
>>> class B(A):          #定义类 B,继承 A
    pass
>>> class C(A):          #定义类 C,继承 A
    pass
>>> print(A.x, B.x, C.x)
1 1 1
```

这个输出结果正常。

```
>>> B.x = 2              #B 的属性值设置为 2
>>> print(A.x, B.x, C.x)
1 2 1
```

这个输出结果也正常。

```
>>> A.x = 3
>>> print(A.x, B.x, C.x)
3 2 3
```

B.x 的值是 2，为什么 C.x 的值不是 1？这是因为：在 Python 中，类变量是以字典的形式进行处理的，由于类 C 中并没有设置 x 的值，也即 C 中没有属于自己的 x 属性，C 中的 x 还是和 A 中的 x 引用同一个对象。所以，引用 C.x 实际上就是引用了 A.x。

(9) 错误理解 Python 中的变量名解析。

Python 中的变量名解析遵循 LEGB 原则，也就是按顺序查找"L：本地作用域；E：上一层结构中 def 或 lambda 的本地作用域；G：全局作用域；B：内置作用域"。规则理解起来很简单，但在实际应用中，这个原则的生效方式还是有着一些特殊之处。请看下面的代码：

```
>>> x = 1
>>> def func():
    x=x+2
    return x
>>> func()
Traceback (most recent call last):
  File "<pyshell#63>", line 1, in <module>
    func()
  File "<pyshell#62>", line 2, in func
    x=x+2
UnboundLocalError: local variable 'x' referenced before assignment
```

发生局部变量 x 在使用之前被引用的错误。当我们在某个作用域内为变量赋值时，该变量被 Python 解释器自动视作该作用域的本地变量，并会取代任何上一层作用域中相同名称的变量，这里在对 x 进行 x+2 时，x 还没有被声明。

9.1.2 常见的错误类型

1. NameError 变量名错误

```
>>> print(x)
Traceback (most recent call last):
  File "<pyshell #0>", line 1, in <module>
    print(x)
NameError: name 'x' is not defined
```

解决方案：先要给 x 赋值，才能使用它。在实际编写代码过程中，报 NameError 错误时，查看该变量是否被赋值，或者是否有大小写不一致错误，或者说不小心将变量名写错了。

注：在 Python 中，无须提前声明变量，变量在第一次被赋值时自动声明。

```
>>> x=10
>>> print(x)
10
```

2. SyntaxError 语法错误

一般是代码出现错误才会报 SyntaxError 错误。

```
>>> for i in range(5):
print(i)
SyntaxError: expected an indented block                 #指出需要缩进
>>> a=1
>>> print a
SyntaxError: Missing parentheses in call to 'print'    #指出缺失圆括号
>>> if y== 'True'                                       #y== 'True'后面忘写冒号
    print('Hello!')
SyntaxError: invalid syntax                             #语法错误,无效的语法
```

3. AttributeError 对象属性错误

```
>>> import sys
>>> sys.Path
Traceback (most recent call last):
  File "<pyshell #11>", line 1, in <module>
    sys.Path
AttributeError: module 'sys' has no attribute 'Path'
```

属性错误的原因：sys 模块没有 Path 属性。

解决方案：Python 对大小写敏感，Path 和 path 代表不同的变量，将 Path 改为 path 即可。

```
>>> sys.path            #不同的计算机,显示的内容可能不一样
['', 'D:\\Python\\Lib\\idlelib', 'D:\\', 'D:\\mypython', 'D:\\Python\\
python36.zip', 'D:\\Python\\DLLs', 'D:\\Python\\lib', 'D:\\Python', 'C:\\
Users\\caojie\\Desktop', 'D:\\Python\\lib\\site-packages']
```

4. TypeError 类型错误

(1) 使用的参数的类型不符合要求。

试图以下面的方式输出元组 t 的所有元素：

```
>>> for i in range(t):
    print(t[i])

Traceback (most recent call last):
  File "<pyshell#20>", line 1, in <module>
    for i in range(t):
TypeError: 'tuple' object cannot be interpreted as an integer
```

错误的原因：range()函数要求括号内的数是整型(integer),但这里放入的是元组(tuple),不符合要求。

解决方案：将括号内的 t 改为元组个数 len(t),即将 range(t)改为 range(len(t))。

(2) 参数个数错误。

```
>>> import math
>>> math.sqrt()
Traceback (most recent call last):
  File "<pyshell#25>", line 1, in <module>
    math.sqrt()
TypeError: sqrt() takes exactly one argument (0 given)
```

错误的原因：sqrt()函数要求接受一个参数,但这里没有放入参数。

解决方案：在括号内添加一个数值。

```
>>> math.sqrt(4.4)
2.0976176963403033
```

(3) 非函数却以函数来调用。

```
>>> t=[1,2,3]
>>> t(1)
Traceback (most recent call last):
  File "<pyshell#1>", line 1, in <module>
    t(1)
TypeError: 'list' object is not callable
```

5. IOError 输入输出错误

(1) 文件不存在报错。

```
>>> f=open("file1.py")
Traceback (most recent call last):
```

```
  File "<pyshell#32>", line 1, in <module>
    f=open("file1.py")
FileNotFoundError: [Errno 2] No such file or directory: 'file1.py'
```

原因：open()函数没有指明打开方式 mode，默认为只读方式，如果该目录下没有 file1.py 文件，则会报错，可查看是否有拼写错误，或者是否大小写错误，或者这个文件根本不存在。

解决方案：确认文件的正确位置，文件名前书写正确的路径。

(2) 文件权限问题报错。

```
>>> f=open("C:/Users/caojie/Desktop/file1.py")
>>> f.write('#这是一个打印程序')
Traceback (most recent call last):
  File "<pyshell#38>", line 1, in <module>
    f.write(#这是一个打印程序')
io.UnsupportedOperation: not writable
```

原因：open("C:/Users/caojie/Desktop/file1.py")打开文件时没有加读写模式参数，说明默认打开文件的方式为只读方式，而此时要写入字符，于是给出不可写的报错。

解决方案：更改打开文件的方式：

```
>>> f=open("C:/Users/caojie/Desktop/file1.py", 'w+')
>>> f.write('#这是一个打印程序')
9                              #成功写入的字符个数是 9
```

9.2 异常处理

9.2.1 异常概述

即便 Python 程序的语法是正确的，在运行它的时候，也有可能发生错误。运行期间检测到的错误被称为异常，异常是 Python 的一个对象。当 Python 脚本发生异常时，我们需要捕获并处理异常，否则程序就会终止执行。大多数的异常都不会被程序处理，都以错误信息的形式展现出来。

```
>>> 1/0
Traceback (most recent call last):
  File "<pyshell#0>", line 1, in <module>
    1/0
ZeroDivisionError: division by zero
>>> a=a+3
Traceback (most recent call last):
  File "<pyshell#1>", line 1, in <module>
    a=a+3
NameError: name 'a' is not defined
>>> '3' + 2
Traceback (most recent call last):
  File "<pyshell#2>", line 1, in <module>
    '3' + 2
TypeError: must be str, not int
```

异常以不同的类型出现,这些类型都作为信息的一部分打印出来,例子中的异常类型有 ZeroDivisionError,NameError 和 TypeError。错误信息的前面部分显示了异常发生的上下文。

9.2.2 异常类型

常见的异常种类如表 9-1 所示。

表 9-1 常见的异常种类

异常名称	描述
Exception	常规错误的基类
FloatingPointError	浮点计算错误
OverflowError	数值运算超出最大限制
ZeroDivisionError	在除数为零时发生的一个异常
AssertionError	断言语句失败
AttributeError	对象没有这个属性
IOError	输入输出异常;基本上是无法打开文件
WindowsError	系统调用失败
ImportError	无法引入模块或包;基本上是路径问题或名称错误
IndexError	使用序列中不存在的索引
KeyError	试图访问字典里不存在的键
KeyboardInterrupt	Ctrl+C 组合键被按下
NameError	试图访问一个没有声明的变量
UnboundLocalError	试图访问一个还未被设置的局部变量
ReferenceError	试图访问已经垃圾回收了的对象
RuntimeError	一般的运行时错误
NotImplementedError	尚未实现的方法
SyntaxError	语法错误,指源代码中的拼写不符合解释器和编译器所要求的语法规则
IndentationError	缩进错误,代码没有正确对齐
TabError	Tab 和空格混用
TypeError	传入对象类型与要求的不符合
ValueError	传入一个调用者不期望的值,即使值的类型是正确的

9.2.3 异常处理

异常是由程序的错误引起的,语法上的错误跟异常处理无关,必须在程序运行前就修正。在 Python 程序中,有时候我们希望一些错误发生时程序仍能够继续运行下去,例如:存储错误,互联网请求错误。如何处理一个异常以使程序能够捕获错误并提示用户进行正确的操作？可以使用Python的异常处理机制来解决。

Python提供了多种形式的异常处理结构，其基本思路都是一致的：将可能产生(抛出)异常的代码包裹在try子句中，然后针对不同的异常给出不同的处理。

1. try…except…异常处理结构

Python异常处理结构中最基本的结构是try…except…结构，其语法格式如下：

```
try:
    语句 1
    语句 2
    …
    语句 n
except 异常名称:
    处理异常的语句块 } except
…
```

try…except…异常处理结构的处理流程如下。

(1) 执行try语句(在关键字try和关键字except之间的语句)。如果没有异常发生，忽略except语句，try语句执行后结束。

(2) except语句可以有多个，Python会按except语句的顺序依次匹配指定的异常，如果异常的类型和except之后的名称相符，那么对应的except语句将被执行。如果异常已经处理就不会再进入后面的except语句。然后执行try语句之后的代码。

(3) except语句后面如果不指定异常类型，则默认捕获所有异常，可以通过sys模块获取当前异常，即通过调用sys.exc_info()函数，可以返回包含3个元素的元组，第1个元素就是引发的异常类，而第2个是实际引发的实例，第3个元素traceback对象。如果一切正常，那么会返回3个None。

(4) 如果一个异常没有与任何的except语句匹配，那么这个异常将会传递给外层的try，并显示错误类型。

注意：

① 一个try语句可包含多个except语句，分别来处理不同的特定的异常，但最多只有一个分支会被执行。

② 一个except语句可以同时处理多个异常，这些异常将被放在一个括号里成为一个元组。例如：

```
x = eval(input('input x:'))
y = eval(input('input y:'))
try:
  print('x/y=', x/y)
except (ZeroDivisionError, TypeError, NameError) as a:     #捕捉多个可能的异常
    print('异常:', a)
```

在IDLE中运行的结果如下：

```
input x:1
input y:0
异常: division by zero
```

注意：except * as a 的写法，a 是一个变量，将异常 * 重命名为 a，可以用 print()函数把 a 输出。

【例 9-1】 异常使用举例。

```
a=1
b=0
try:
    c=a/b
    print(c)
except ZeroDivisionError:
    print("ZeroDivisionError")
print("程序中发生了异常!")
```

运行上述程序代码，得到的输出结果如下。

```
ZeroDivisionError
程序中发生了异常!
```

这样程序就不会因为异常而中断，从而 print("程序中发生了异常!")语句正常执行。

【例 9-2】 下面再给出一个异常使用举例。

```
>>> while True:
    try:
        x = int(input("请输入一个数字: "))
        break
    except ValueError:
        print("输入错误! 这不是一个有效的数字,请继续: ")

请输入一个数字: a
输入错误! 这不是一个有效的数字,请继续:
请输入一个数字: s
输入错误! 这不是一个有效的数字,请继续:
请输入一个数字: 6
```

2. try…except…finally…异常处理结构

```
try:
    <code block>
except <ExceptionType_1>:
    <handler_1>
except <ExceptionType_2>:
    <handler_2>
…
except <ExceptionType_n>:
    <handler_n>
except:              #except 后无任何参数,则捕获其他所有异常
    <handlerExcept>
finally:
    < process_finally>
```

在上述结构中，一个 try 语句包含了多个 except 语句，分别来处理不同的特定的异常。多个 except 语句与 elif 语句类似。当一个异常出现时，它会被顺序检查是否匹配 try 语句后的 except 语句中的异常。如果找到一个匹配，那么对应的 except 语句将被执行，而其他 except 语句将会忽略。如果异常在最后一个 except 语句之前不匹配任何一个异常类型，最后一个 except 语句的<handlerExcept>才会被执行。

最后的 finally 语句，无论是否发生异常都会执行这个语句，主要用来做收尾工作，如关闭前面打开的文件，这样就可保证前面打开的文件一定会被关闭。

【例 9-3】 下面给出一个使用 try…except…finally…异常处理结构的例子。

```
def except_test():
    while True:
        try:
            num1, num2 = eval(input("请输入两个数,并以英文状态下的逗号隔开: "))
            result =  num1/num2
            print("{0}/{1}={2}".format(num1,num2,result))
            break
        except ZeroDivisionError:
            print("0 不能作除数!")
        except SyntaxError:
            print("逗号可能遗失,逗号可能写成中文状态下的逗号了!")
        except:
            print("输入的内容可能不是数!")
        finally:
            print("finally 子句被执行!")

except_test()          #调用 except_test 函数
```

运行上述程序代码，得到的输出结果如下。

```
请输入两个数,并以英文状态下的逗号隔开: 1,2
逗号可能遗失,逗号可能写成中文状态下的逗号了!
finally 子句被执行!
请输入两个数,并以英文状态下的逗号隔开: 1,0
0 不能作除数!
finally 子句被执行!
请输入两个数,并以英文状态下的逗号隔开: a,s
输入的内容可能不是数!
finally 子句被执行!
请输入两个数,并以英文状态下的逗号隔开: 1,2
1/2=0.5
finally 子句被执行!
```

从运行结果可以看出：

当输入“1，2”时，就会抛出一个 SyntaxError 异常，这个异常就会被 except SyntaxError 子句捕捉并处理它，然后执行 finally 子句。

当输入“1，0”时，就会抛出一个 ZeroDivisionError 异常，这个异常就会被 except ZeroDivisionError 子句捕捉并处理它，然后执行 finally 子句。

当输入“a,s”时,就会抛出一个异常,这个异常就会被 except 子句捕捉并处理它,然后执行 finally 子句。

当输入“1,2”时,程序会计算这个除法并显示结果,然后执行 finally 子句。

3. try…except…else…finally…异常处理结构

```
try:
<code block>
except <ExceptionType_1>:
<handler_1>
except <ExceptionType_2>:
<handler_2>
…
except <ExceptionType_n>:
<handler_n>
except:
<handlerExcept>
else:
<process_else>
finally:
< process_finally>
```

在上述结构中,正常执行的程序在 try 下面的<code block>语句块中执行,在执行过程中如果发生了异常,则中断当前在<code block>语句块中的执行并跳转到对应的异常处理块中开始执行,Python 从第一个 except <ExceptionType_1>处开始查找,如果找到了对应的 exception 类型,则进入其提供的<handler_>中进行处理,如果没有找到,则直接进入 except 块处进行处理。

如果<code block>语句块执行过程中没有发生任何异常,则在执行完<code block>语句块后会进入 else 的<process_else>语句块中执行。

最后的 finally 子句,用来做收尾工作,无论是否发生了异常,都会执行这个子句。

注意:

(1) 在 try…except…else…finally…异常处理结构中,所出现的顺序必须是 try-->except *-->except-->else-->finally,即所有的 except 必须在 else 和 finally 之前,else(如果有的话)必须在 finally 之前,而 except * 必须在 except 之前。否则会出现语法错误。

(2) 在 try…except…else…finally…异常处理结构中,else 和 finally 都是可选的,而不是必须的,但是 else 如果存在的话必须在 finally 之前,finally(如果存在的话)必须在整个语句的最后位置。

(3) 在 try…except…else…finally…异常处理结构中,else 语句的存在必须以 except * 或者 except 语句为前提,如果在没有 except 语句的异常处理结构中使用 else 语句会引发语法错误。也就是说 else 不能与 try/finally 配合使用。

【例 9-4】 下面举一个带有 else 的异常处理的例子。

```
def main():
    s1 =input("请输入一个数: ")
```

```
    try:
        int(s1)
    except IndexError:
        print("IndexError")
    except KeyError:
        print("KeyError")
    except ValueError:
        print("ValueError")
    else:
        print('try子句没有异常则执行我')
    finally:
        print('无论异常与否,都会执行该模块,通常是进行收尾工作')

main()
```

运行上述程序代码,得到的输出结果如下。

```
请输入一个数: 12
try子句没有异常则执行我
无论异常与否,都会执行该模块,通常是进行收尾工作
```

9.2.4 主动抛出异常

如果我们需要主动抛出异常,可以使用raise关键字,其语法规则如下:

```
raise NameError([str])
```

raise后面跟异常的类型,括号里面可以指定要抛出的异常示例。

```
>>> raise NameError('试图访问一个没有声明的变量!')
Traceback (most recent call last):
  File "<pyshell #4>", line 1, in <module>
    raise NameError('试图访问一个没有声明的变量!')
NameError: 试图访问一个没有声明的变量!
```

【例9-5】 可以使用raise强制抛出一个异常。

```
a = 3
if a!= 2:
    try:
        raise KeyError
    except KeyError:
        print('这是我们主动抛出的一个异常')
else:
    print(a)
```

运行上述程序代码,得到的输出结果如下。

```
这是我们主动抛出的一个异常
```

在上面这个例子中,a!= 2并没有执行else语句,这是因为a!= 2时使用了raise语句主动抛出异常终止程序。

raise 如果用在 try/except 语句中,那么会直接抛出异常,并终止程序运行,但不影响 finally 语句的执行。

【例 9-6】 raise 在 try/except 语句中的使用举例。

```
while True:
    try:
        a = eval(input('请输入一个数: '))
        b = eval(input('请输入一个数: '))
        print("{0}/{1}={2}".format(a,b,a/b))
    except Exception as e:        #捕获异常
          print('发生错误')
print('Exception:',e)
          raise e
    finally:
        print('没有错误发生')
```

运行上述程序代码,得到的输出结果如下。

```
请输入一个数: 1
请输入一个数: 2
1/2=0.5
没有错误发生
请输入一个数: 1
请输入一个数: 0
发生错误
Exception: division by zero
没有错误发生
Traceback (most recent call last):
  File "<pyshell#14>", line 9, in <module>
    raise e
  File "<pyshell#14>", line 5, in <module>
    print("{0}/{1}={2}".format(a,b,a/b))
ZeroDivisionError: division by zero
```

从上述执行结果可以看出:当没有异常发生时,循环输入一直进行下去,当有异常发生时,则执行完 finally 子句后抛出异常,并终止程序运行。

9.2.5 自定义异常类

Python 提供了许多异常类,Python 内置异常类之间的层次结构如下所示:

```
BaseException
+-- SystemExit
+-- KeyboardInterrupt
+-- GeneratorExit
+-- Exception
      +-- StopIteration
      +-- StandardError
      |    +-- BufferError
```

```
     |    +-- ArithmeticError
     |    |    +-- FloatingPointError
     |    |    +-- OverflowError
     |    |    +-- ZeroDivisionError
     |    +-- AssertionError
     |    +-- AttributeError
     |    +-- EnvironmentError
     |    |    +-- IOError
     |    |    +-- OSError
     |    |         +-- WindowsError (Windows)
     |    |         +-- VMSError (VMS)
     |    +-- EOFError
     |    +-- ImportError
     |    +-- LookupError
     |    |    +-- IndexError
     |    |    +-- KeyError
     |    +-- MemoryError
     |    +-- NameError
     |    |    +-- UnboundLocalError
     |    +-- ReferenceError
     |    +-- RuntimeError
     |    |    +-- NotImplementedError
     |    +-- SyntaxError
     |    |    +-- IndentationError
     |    |         +-- TabError
     |    +-- SystemError
     |    +-- TypeError
     |    +-- ValueError
     |         +-- UnicodeError
     |              +-- UnicodeDecodeError
     |              +-- UnicodeEncodeError
     |              +-- UnicodeTranslateError
     +-- Warning
          +-- DeprecationWarning
          +-- PendingDeprecationWarning
          +-- RuntimeWarning
          +-- SyntaxWarning
          +-- UserWarning
          +-- FutureWarning
+-- ImportWarning
+-- UnicodeWarning
+-- BytesWarning
```

从中可以看到 Python 的异常类有个大基类 BaseException：

```
try:
   ...
except Exception:
   ...
```

这个将会捕获除了SystemExit、KeyboardInterrupt和GeneratorExit之外的所有异常。如果也想捕获这三个异常,只需将Exception改成BaseException即可。

在开发应用程序时,有可能需要定义针对应用程序的特定的异常类,表示应用程序的一些错误类型。对此,我们可以自定义针对特定应用程序的异常类,自定义异常类也必须继承Exception或它的子类。自定义异常类的命名规则是:以Error或Exception为后缀。

【例9-7】 自定义异常类ScoreException,处理求一个学生的平均分的应用程序中出现成绩为负数的异常。

```
class ScoreException(Exception):
    def __init__(self, score):
        self.score = score
    def __str__(self):
        return str(self.score)+":成绩不能为负数"

def score_average(score):
    length=len(score)
    score_sum = 0
    for k in score:
        if k<0:
            raise ScoreException(k)
        score_sum += k
    return score_sum/length

score1=[78,89,92,80]
print("平均分=",score_average(score1))
score2=[88,80,96,85,91,-87]
print("平均分=",score_average(score2))
```

运行上述程序代码,得到的输出结果如下。

```
平均分= 84.75
Traceback (most recent call last):
  File "C:/Users/caojie/Desktop/ ScoreException.py", line 20, in <module>
    print("平均分=",score_average(score2))
  File " C:/Users/caojie/Desktop/ ScoreException. py", line 12, in score_
average raise ScoreException(k)
ScoreException: -87:成绩不能为负数
```

9.3 断言处理

9.3.1 断言处理概述

编写程序时,在调试阶段往往需要判断代码执行过程中变量的值等信息(例如,对象是否为空,数值是否为0等)。断言的主要功能是帮助程序员调试程序,更改错误,从而保证程序运行的正确性，一般在开发调试阶段使用。

Python 使用关键字 assert 声明断言，assert 声明断言的语法格式如下：

```
assert <布尔表达式>                        #简单形式
assert <布尔表达式>, <字符串达式>          #带参数的形式
```

其中，<布尔表达式>的结果是一个布尔值(True 或 False)，<字符串达式>是<布尔表达式>结果为 False 时输出的提示信息。在调试时，如果<布尔表达式>的值为 False，就会抛出 AssertionError 异常。发生异常也意味着<布尔表达式>的值为 False。

下面给断言的使用举例：

```
>>> a_str = 'this is a string'
>>> assert type(a_str)== str, "a_str 的值不是字符串类型" #为真,没有输出
>>> a_str =10
>>> assert type(a_str)== str, "a_str 的值不是字符串类型"    #为假,输出逗号后面的语句
Traceback (most recent call last):
  File "<pyshell#21>", line 1, in <module>
    assert type(a_str)== str, "a_str 的值不是字符串类型"  #为假,输出逗号后面的语句
AssertionError: a_str 的值不是字符串类型
```

【例 9-8】 断言示例。

```
import math
a=int(input('输入一个数值,求这个数的平方根:'))
assert a>=0,"负数没有平方根"
b = math.sqrt(a)
print("%a 的平方根是: %f"%(a,b))
```

运行上述程序代码，得到的输出结果如下。

```
============== RESTART: D:/Python/ assert_test.py =============
输入一个数值,求这个数的平方根:4
4 的平方根是: 2.000000
============== RESTART: D:/Python / assert_test.py =============
输入一个数值,求这个数的平方根: -4
Traceback (most recent call last):
AssertionError: 负数没有平方根
```

9.3.2 启用/禁用断言

Python 解释器有两种运行模式：调试模式和优化模式。Python 解释器通常运行在调试模式下，在该模式下程序中的断言语句可以帮助调试程序中的错误，在命令行界面调试执行 *.py 文件的语法格式是：python *.py。添加-O 选项运行 *.py 文件时为优化模式，程序中的断言将不会执行，即在该种模式下断言被禁用。assert_test.py 在两种运行模式下的执行效果如图 9-1 所示。

图 9-1　assert_test.py 在两种运行模式下的执行效果

9.3.3　断言使用场景

对于什么时候应该使用断言,并没有特定的规则,如果没有特别的目的,断言常用于下述场景：防御性的编程;运行时对程序逻辑的检查;合约性检查(比如前置条件,后置条件);程序中的常量。

程序中的不变量是一些语句要依赖它为真的情况才执行,除非一个 bug 导致它为假。如果有 bug,最好能够尽早发现,为此就必须对它进行测试,若不想减慢代码运行的速度,这时就可以用断言完成这件事情,因为断言能在开发时打开,在产品阶段关闭,该方面的一个例子如下(assert_test1.py)：

```
pass_total = 0
fail_total = 0
while True:
    data=int(input('请输入一个考试分数:'))
    assert not(data>100 or data<0),"输入的分数不合法,分数应在 0～100 之间"
    if data>=60:
        pass_total+= 1
        print("当前及格人数是: ",pass_total)
    else:
        fail_total+= 1
        print("当前不及格人数是: ",fail_total)
```

运行 assert_test1.py 程序文件,得到的输出结果如下。

```
请输入一个考试分数:89
当前及格人数是:  1
请输入一个考试分数:56
当前不及格人数是:  1
请输入一个考试分数:101
Traceback (most recent call last):
  File "C:\Users\cao\Desktop\assert_test1.py", line 5, in <module>
    assert not(data>100 or data<0),"输入的分数不合法,分数应在 0~100 之间"
AssertionError: 输入的分数不合法,分数应在 0~100 之间
```

```
========== RESTART: C:\Users\cao\Desktop\assert_test1.py ============
请输入一个考试分数:-52
Traceback (most recent call last):
  File "C:\Users\cao\Desktop\assert_test1.py", line 5, in <module>
    assert not(data>100 or data<0),"输入的分数不合法,分数应在 0~100 之间"
AssertionError: 输入的分数不合法,分数应在 0~100 之间
```

断言是一种防御式编程,它不是让我们的代码防御现在的错误,而是防止在代码修改后可能引发的错误。断言式的内部检查是一种消除错误的方式,尤其是那些不明显的错误。

【例 9-9】 下面给出一个使用断言进行防御式编程的例子。

```
assert key in (a, b, c) #可保证 key 在 a, b, or c 之中取值,否则触发异常
if key == x:
    x_ code_block
elif key == y:
    y_ code_block
else:
    assert key == z     #保证前两个选择不成功时,else 执行的是 z_ code_block 语句块
    z_ code_block
```

9.4 实战:自定义图数据结构

图是一种常见的数据结构,用于表示对象之间的关系。图由结点(顶点)和边组成,结点表示对象,边表示对象之间的关系。根据边是否有方向,图可以分为有向图和无向图。

以下是关于图数据结构的一些基本概念:

(1) 顶点,也称结点(Vertex),图中的基本单元,顶点可以表示实体,如城市、人物,或者抽象的概念。

(2) 边(Edge),连接图中两个结点的线段,表示结点之间的关系。边可以有方向(有向图)或没有方向(无向图)。

(3) 有向图(Directed Graph),边有方向的图,表示从一个结点到另一个结点的箭头有明确的方向,一个有向图示例如图 9-2 所示。

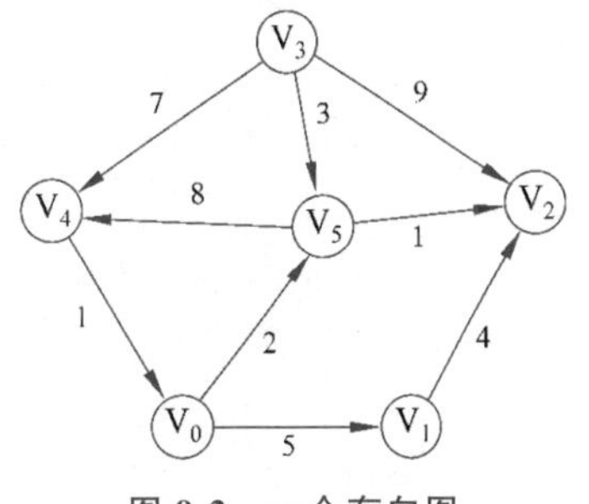

图 9-2 一个有向图

(4) 无向图(Undirected Graph),边没有方向的图,表示结点之间的关系是双向的。

(5) 带权图(Weighted Graph),图的边具有权值,表示连接两个结点的成本、距离等。

(6) 无权图(Unweighted Graph):图的边没有权值,表示结点之间的连接关系,没有其他信息。

(7) 度(Degree),结点的度是指与该结点相连的边的数量。在有向图中分为入度和出度。

(8) 路径(Path)：由边连接的一系列结点组成的序列。

(9) 环(Cycle)：在图中形成的闭合路径,即起点和终点相同的路径。

(10) 连通图(Connected Graph),无向图中,任意两个结点之间都存在路径,即图中不存在孤立的结点。

(11) 强连通图(Strongly Connected Graph)：有向图中,任意两个结点之间都存在双向路径。

(12) 图的深度优先搜索(DFS)遍历：从起始顶点开始,递归或使用栈的方式访问相邻的顶点,直到所有顶点都被访问过为止。设初始状态时图中的所有顶点未被访问,则深度优先搜索遍历步骤：① 从图中某个顶点 vi 出发,访问 vi;然后找到 vi 的一个邻接顶点 vi1; ②从 vi1 出发,深度优先搜索访问和 vi1 相邻接且未被访问的所有顶点;③转①,直到和 vi 相邻接的所有顶点都被访问为止。

(13) 广度优先搜索(BFS)遍历：从起始顶点开始,逐层访问其相邻顶点,先访问距离起始顶点最近的顶点,然后依次访问距离起始顶点更远的顶点。

在 Python 中,图可以使用多种方式表示,其中两种常见的表示方法是邻接矩阵和邻接表。

邻接矩阵 matrix 是一个二维数组,其中的元素 matrix[i][j] 表示结点 i 和结点 j 之间是否存在边。对于有权图,matrix[i][j] 的值可以表示边的权重。用邻接矩阵实现图,不容易增加顶点。但如果图中的边数很少则效率低下,成为“稀疏”矩阵,而大多数问题所对应的图都是稀疏的,边远远少于 $|V|^2$ 这个量级。

下面给出邻接表表示图的代码实现。邻接表使用字典或哈希表来表示图,图中每个结点对应一个链表,存储与该结点相邻的结点及边的信息。

1. Vertex 顶点类

下面展示了 Vertex 类的代码,包含了顶点信息,以及顶点连接点、边信息。

```
class Vertex:                     #定义图的顶点类型
    def __init__(self, key):
        self.key = key
        self.neighbors = {}       #用字典对象存储邻接点及对应的边权重

    #从这个顶点添加一个边连接到另一个邻接点 neighbor
    def add_neighbor(self, neighbor, weight=1):
        self.neighbors[neighbor] = weight

    #返回邻接表中的所有顶点
    def getConnections(self):
        return self.neighbors.keys()

    #返回 key
    def getKey(self):
        return self.key

    #返回邻接点边的权重
    def getWeight(self,nbr):
        return self.neighbors[nbr]
```

2. Graph 类

下面展示了 Graph 类的代码，包含新加顶点方法、通过 key 查找顶点、添加边的方法、打印图信息、图的深度优先遍历和广度优先遍历方法。

```
class Graph:
    def __init__(self):
        self.verticesList = {}                       #顶点集
        self.numVertices = 0

    #新加顶点
    def add_vertex(self, key):
        self.numVertices = self.numVertices + 1
        new_vertex = Vertex(key)
        self.verticesList[key] = new_vertex
        return new_vertex

    #通过 key 查找顶点
    def getVertex(self,n):
        if n in self.verticesList:
            return self.verticesList[n]
        else:
            return None

    #添加边
    def add_edge(self, from_key, to_key, weight=1):
        if from_key not in self.verticesList:   #不存在的顶点先添加
            self.add_vertex(from_key)
        if to_key not in self.verticesList:
            self.add_vertex(to_key)
        self.verticesList[from_key].add_neighbor(self.verticesList[to_key],
weight)

    def print_graph(self):
        for key, vertex in self.verticesList.items():
            print(f"Vertex {key}: {vertex.neighbors}")

    def dfs(self, start_key):
        visited = set()

        def dfs_recursive(vertex):
            if vertex.key not in visited:
                print(vertex.key, end=" ")
                visited.add(vertex.key)
                for neighbor, _ in vertex.neighbors.items():
                    dfs_recursive(neighbor)

        start_vertex = self.verticesList.get(start_key)
        if start_vertex:
            print("深度优先遍历:")
            dfs_recursive(start_vertex)
```

```
            print()
        else:
            print(f"Vertex {start_key} not found.")

    def bfs(self, start_key):
        visited = set()
        queue = []

        start_vertex = self.verticesList.get(start_key)
        if start_vertex:
            print("广度优先遍历:")
            queue.append(start_vertex)

            while queue:
                current_vertex = queue.pop(0)
                if current_vertex.key not in visited:
                    print(current_vertex.key, end=" ")
                    visited.add(current_vertex.key)
                    queue.extend(current_vertex.neighbors.keys())

            print()
        else:
            print(f"Vertex {start_key} not found.")
```

3. 运行示例

```
#示例
graph = Graph()

graph.add_edge(0, 1, 2)
graph.add_edge(0, 2, 1)
graph.add_edge(0, 4, 2)
graph.add_edge(0, 5, 1)
graph.add_edge(1, 2, 3)
graph.add_edge(2, 0, 4)
graph.add_edge(2, 3, 5)

graph.print_graph()
graph.dfs(0)
graph.bfs(0)
print(graph.getVertex(6))
```

运行上述代码,得到的输出结果如下。

```
Vertex 0: {<__main__.Vertex object at 0x0000000002F83108>: 2, <__main__.Vertex object at 0x0000000002F83148>: 1, <__main__.Vertex object at 0x0000000002F83188>: 2, <__main__.Vertex object at 0x0000000002F831C8>: 1}
Vertex 1: {<__main__.Vertex object at 0x0000000002F83148>: 3}
```

```
Vertex 2: {<__main__.Vertex object at 0x0000000002F73FC8>: 4, <__main__.
Vertex object at 0x0000000002F83208>: 5}
Vertex 4: {}
Vertex 5: {}
Vertex 3: {}
深度优先遍历:
0 1 2 3 4 5
广度优先遍历:
0 1 2 4 5 3
None
```

9.5 习　　题

一、选择题

1. 关于程序的异常处理,以下选项中描述错误的是(　　)。

A. 程序异常发生经过妥善处理可以继续执行

B. 异常语句可以与 else 和 finally 保留字配合使用

C. 编程语言中的异常和错误是完全相同的概念

D. Python 通过 try、except 等保留字提供异常处理功能

2. 以下选项中 Python 用于异常处理结构中用来捕获特定类型的异常的保留字是(　　)。

A. except　　B. do　　C. pass　　D.while

3. 运行以下程序:

```
try:
    num = eval(input("请输入一个列表:"))
    num.reverse()
    print(num)
except:
    print("输入的不是列表")
```

从键盘上输入 1,2,3,则输出的结果是(　　)。

A. [1,2,3]　　B. [3,2,1]

C. 运算错误　　D. 输入的不是列表

4. 以下关于异常处理的描述,正确的是(　　)。

A. try 语句中有 except 子句就不能有 finally 子句

B. Python 中,可以用异常处理捕获程序中的所有错误

C. 引发一个不存在索引的列表元素会引发 NameError 错误

D. Python 中允许利用 raise 语句由程序主动引发异常

5. 用户输入整数的时候不合规导致程序出错,为了不让程序异常中断,需要用到的

语句是(　　)。

A. if 语句　　B. eval 语句

C. 循环语句　　D. try-except 语句

二、简答题

1. Python 异常处理结构有哪几种形式?
2. 异常和错误有什么区别?
3. 如何声明断言? 断言的作用是什么?
4. 返回一个列表包含小于 100 的偶数,并用 assert 来断言返回结果和类型。

第 10 章 chapter 10

Tkinter 图形用户界面设计

图形用户界面(Graphical User Interface,GUI)是指采用图形方式显示的方便用户操作计算机的界面,由各种图形对象组成,用户的命令和对计算机的使用是通过鼠标等输入设备"选择"各种图形对象来实现的。图形用户界面由窗口、下拉菜单、对话框等组件及其相应的控制机制构成。本章主要介绍:Tkinter 图形用户界面库,Tkinter 布局管理器,主窗口,标签和按钮,文本框,消息和对话框,选择组件,菜单与框架,Tkinter 的子模块 ttk。

10.1 Tkinter 图形用户界面库

Tkinter 是 Python 的标准图形用户界面库,可以使用 Tkinter 快速创建图形用户界面应用程序。IDLE 本身就是用 Tkinter 编写而成,Tkinter 非常方便编写简单的图形界面。

10.1.1 Tkinter 的组件

Tkinter 包含各种创建图形用户界面的组件类,Tkinter 提供的核心组件类如表 10-1 所示。

表 10-1 Tkinter 提供的核心组件类

组　件	描　述
Label	标签,用来显示文字或图像
Button	按钮,类似标签,但提供额外的功能,例如鼠标掠过、按下、释放
Canvas	画布,用来显示图形元素,如线条或文本
Checkbutton	多选框,一组方框,可以选择其中的任意一个
Entry	单行文本框,用来接收用户输入的一行文本
Frame	框架,在屏幕上显示一个矩形区域,多用来作为容器
Listbox	列表框,一个选项列表,用户可以从中选择
Menu	菜单,单击菜单后弹出一个选项列表,用户可以从中选择

续表

组 件	描 述
Message	消息，显示短消息，功能与 Label 类似，比 Label 使用起来更灵活，可自动分行
Radiobutton	单选按钮，一组按钮，其中只有一个可被“按下”
Scale	进度条，线性“滑块”组件，可设定起始值和结束值，显示当前位置的精确值
Scrollbar	滚动条，对其支持的组件(文本域、画布、列表框、文本框)提供滚动功能
Text	文本域，可用来收集(或显示)用户输入的文字
Toplevel	一个容器窗口部件，作为一个单独的、最上面的窗口显示

表 10-1 中大部分组件所共有的属性如表 10-2 所示。

表 10-2 大部分组件所共有的属性

属性名(别名)	说 明
background(bg)	设置组件的背景色
borderwidth(bd)	设置边框宽度
font	设置组件内部文本的字体
foreground(fg)	设置组件的前景色
relief	设置组件 3D 显示效果样式，表现在边框的不同，可选的值有：'flat'(平整)，'groove'(压线)，'raised'(凸起)，'ridge'(脊线)，'solid'(黑框)，'sunken'(凹陷)
width	设置组件宽度，如果值小于或等于 0，组件选择一个能够容纳目前字符的宽度

Tkinter 编程基本步骤

10.1.2 Tkinter 编程基本步骤

总体来说，可以将 Tkinter 编程分成 4 个步骤。

1. 创建并设置根窗口

开发一个 GUI 程序，如同画画一样，首先要有画布，其他所有的工作都在该画布上展开，如在画布上添加各种素材。Tkinter 程序中的画布就是窗口对象，导入 Tkinter 库后，就可使用 Tk()创建一个窗口(window)对象，然后就可以在窗口对象中添加各种组件(也称控件)，把这样的窗口对象称为根窗口或主窗口。

```
>>> from tkinter import *          #导入 Tkinter 模块中的所有内容
>>> root = Tk()                    #创建一个主窗口对象
```

生成窗口后，还可以设置该窗口的一些属性，比如窗口的名字，窗口的尺寸，窗口是否可以变化大小等，具体设置代码如下：

```
>>> root.title("My first window")        #修改窗口的名字
>>> root.geometry("500x350") #修改窗口的尺寸,这里的乘号不是 * ,而是小写字母 x
>>> root.resizable(0,0)        #设置窗口是否能变化大小,这里设置 X 和 Y 轴都不可改变
```

2. 在根窗口上创建并设置组件

在根窗口上添加标签 Label 组件，设置标签上显示的文本内容为“Hello Tkinter”、标签上字体的前景色和背景色，以及字体类型、大小。

```
#创建以 root 窗口为父容器的标签,text 指定要在标签上显示的文字
>>> text=Label(root, text="Hello Tkinter",bg="yellow",fg="red", font=('
Times', 20, 'bold italic'))
>>> text.pack()          #将标签组件放进主窗口内
```

3. 给组件编写交互功能

一个 GUI 程序的最大作用是可以和用户进行交互，如用户单击组件能够做出反应，这就需要给组件添加事件功能。

```
>>> def button_click():                 #定义函数
    print("Hello, Button!")
```

在根窗口上添加一个按钮 Button 组件，通过 command 参数为按钮绑定函数，当单击按钮时就会执行按钮绑定的函数。

```
#创建按钮,按钮上显示的文本为'请单击按钮',通过 command 参数绑定函数
>>> button = Button(root, text='请单击按钮', font=("宋体", 12), command=
button_click)
>>> button.pack()                  #将按钮组件放进主窗口内,生成的窗口如图 10-1 所示
```

图 10-1 生成的窗口

4. 启动主循环响应用户触发的事件

用户可能会操作图形界面中的组件，如用户单击按钮、在文本框中输入内容等，这些用户行为称为事件。调用窗口对象的 mainloop()方法来启动主循环，即进入事件循环，主循环启动后，它会负责监听和处理 GUI 事件，直到窗口被关闭。

```
>>> root.mainloop()          #启动主循环
```

每单击一次“请单击按钮”,就会 Python 交互式编程窗口输出"Hello,Button!",如下所示:

```
>>> root.mainloop()
Hello, Button!
Hello, Button!
```

10.2 Tkinter 布局管理器

所谓布局,就是设定窗口容器中各个组件之间的位置关系。Tkinter 提供了 3 种截然不同的几何布局管理器:pack、grid 和 place。

10.2.1 pack 布局管理器

pack 是 3 种布局管理中最常用的,另外 2 种布局需要精确指定组件具体的放置位置,而 pack 布局可以指定相对位置,精确的位置会由 pack 系统自动完成,pack 是简单应用的首选布局管理器。pack 采用块的方式组织组件,根据生成组件的顺序将组件添加到父组件中去。通过设置相同的锚点(anchor)可以将一组组件紧挨一个地方放置,如果不指定任何选项,默认在父组件中自顶向下一行一行地添加组件,它会给组件一个自认为合适的位置和大小。通过调用组件 Widget 的 pack() 方法,将组件 Widget 添加到父组件中,pack()函数语法格式如下:

```
Widget.pack(option, ...)
```

参数说明如下。

Widget:拟要放置的组件对象。

option:放置 Widget 时的参数选项列表,参数选项以键值对的形式出现,键值对之间用逗号隔开。pack()方法的参数选项如表 10-3 所示。

表 10-3　pack()方法的参数选项

参数名	参 数 简 析	取值及说明
fill	指定组件是否随父组件的延伸而延伸	'x'(水平方向延伸)、'y'(垂直方向延伸)、'both'(水平和垂直方向延伸)、'none'(不延伸,保持原始大小)。不与 expand 搭配使用时,fill 只有取值为 Y 时有效果
expand	指定组件是否随父组件的尺寸扩展而扩展,默认值是 False	True 表示组件随父组件的尺寸扩展而扩展,False 表示不随父组件的扩展而扩展。与 fill 搭配使用
side	指定组件放置在父组件中的位置,默认值'top'	取值'left'、'top'、'right'、'bottom'时分别表示左、上、右、下
ipadx	表示组件内容和组件边框的水平方向上的距离(内边距),比如文本内容和组件边框的距离	默认单位为像素,可选单位为 c(厘米)、m(毫米),用法为在值后加一个以上的单位后缀即可

续表

参数名	参数简析	取值及说明
ipady	表示组件内容和组件边框的垂直方向上的距离(内边距)	
padx	设置放置的组件之间水平方向间的间距	默认单位为像素,可选单位为c(厘米)、m(毫米),用法为在值后加一个以上的单位后缀即可
pady	设置放置的组件之间垂直方向间的间距	
anchor	用于指定组件在父组件中的停靠位置	有9个方位值,比如"n"/"w"/"s"/"e"/"ne",以及"center"(默认值)等(这里的e、w、s、n分别代表东、西、南、北)

注:从以上选项中可以看出expand、fill和side是相互影响的。

【例10-1】 pack布局管理器应用示例。

```
from tkinter import *
window=Tk()
window.title("Pack举例")            #设置窗口标题
frame1 = Frame(window)
Button(frame1, text='Top', fg='white',bg='lightgrey').pack(side='top',
anchor='e', fill='x', expand=True)
Button(frame1, text='Center',fg='white',bg='pink').pack(side='top', anchor
='e', fill='x', expand=True)
Button(frame1, text='Bottom').pack(side='top', anchor='e', fill='x',expand
=True)
frame1.pack(side='right', fill='both', expand=True)
frame12 = Frame(window)
Button(frame12, text='Left').pack(side='left')
Button(frame12, text='This is the Center button').pack(side='left')
Button(frame12, text='Right').pack(side='left')
frame12.pack(side='left', padx=10)
window.mainloop()
```

运行上述程序代码,得到例10-1的输出结果如图10-2所示。

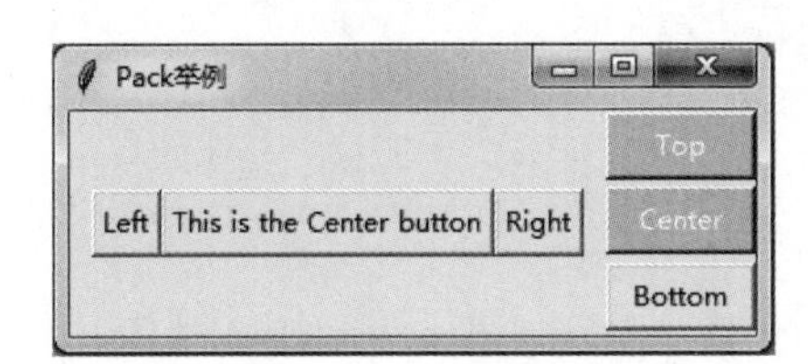

图10-2 例10-1的输出结果

10.2.2 grid布局管理器

grid(网格)布局管理器采用表格结构组织组件,父容器组件被分隔成一系列的行和列,表格中的每个单元(cell)都可以放置一个子组件,子组件可以跨越多行/列。组件位置由其所在的行号和列号决定,行号相同而列号不同的几个组件会被彼此左右排列,列号相同而行号不同的几个控件会被彼此上下排列。使用grid布局的过程就是为各个组件指定行号和列号的过程，不需要为每个格子指定大小，grid 布局管理器会自动设置一个合适的大小。通过调用组件 Widget 的 grid()方法，将组件 Widget 添加到父组件中，grid()函数语法格式如下：

```
Widget. grid(option, ...)
```

参数说明如下。

Widget：拟要放置的组件对象。

option：放置 Widget 时的参数选项列表，参数选项以键值对的形式出现，键值对之间用逗号隔开。option 的主要参数选项如下。

1. row 和 column

row=x，column=y：将组件放在 x 行 y 列的位置。如果不指定 row/ column 参数，则默认从 0 开始。此处的行号和列号只是代表一个上下左右的关系，并不像在数学坐标轴平面上一样严格。

2. columnspan 和 rowspan

columnspan：设置组件占据的列数(宽度)，取值为正整数。

rowspan：设置组件占据的行数(高度)，取值为正整数。

3. ipadx 和 ipady，padx 和 pady

这几个参数选项的含义与 pack 布局管理器中这几个参数的含义相同。

4. sticky

sticky：设置组件从所在单元格的哪个位置开始布置并对齐，sticky 可以选择的值有"n"，"s"，"e"，"w"，"nw"，"ne"，"sw"，"se"。

【例 10-2】 grid 几何布局示例。

```
from tkinter import *
window =Tk()
window.title("登录")
frame1 = Frame()
frame1.pack()
#用 row 表示行，用 column 表示列，row 和 column 的编号都从 0 开始。
Label(frame1,text="账号: ").grid(row=0,column=0)
#Entry 表示"输入框
Entry(frame1).grid(row=0,column=1,columnspan=2,sticky="e")
Label(frame1,text="密码: ").grid(row=1,column=0,sticky="w")
Entry(frame1).grid(row=1,column=1,columnspan=2,sticky="e")
frame2 = Frame()
frame2.pack()
Button(frame2,text="登录").grid(row=3,column=1,sticky="w")
Button(frame2,text="取消").grid(row=3,column=2,sticky="e")
window.mainloop()
```

运行上述程序代码,得到例 10-2 的输出结果如图 10-3 所示。

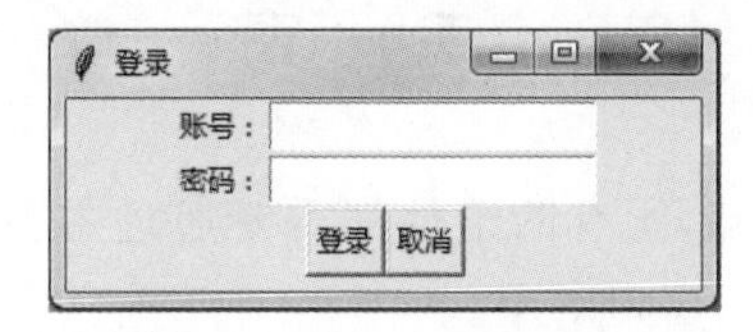

图 10-3 例 10-2 的输出结果

10.2.3 place 布局管理器

place 几何布局管理器允许指定组件的大小与位置。place 几何布局管理器可以显式地指定组件的绝对位置或相对于其他控件的位置。

place 的语法格式与 pack 和 grid 类似。place 提供的属性参数如表 10-4 所示。

表 10-4 place 提供的属性参数

属 性 名	属 性 简 析
anchor	锚选项,用于指定组件的停靠位置,同 pack 布局
x、y	组件左上角的 x、y 坐标,为绝对坐标
relx、rely	组件相对于父容器的 x、y 坐标,为相对坐标
width、height	组件的宽度、高度
relwidth、relheight	组件相对于父容器的宽度、高度

【例 10-3】 place 几何布局示例。

```
from tkinter import *
window = Tk()                                   #创建窗口
window.title("中庸")                            #窗口标题
window['background']='Salmon'                   #窗口的背景颜色
#窗口大小及位置: 宽 200、高 200 距离屏幕左上角横纵为 30、30 像素
window.geometry("200×200+30+30")
Supper=["博学之","审问之","慎思之","明辨之","笃行之"]
for i in range(5):
    Label(window,text=Supper[i],fg="White",bg='pink',font=('kaiti',15)).
place(x =25,y =30+i * 30, width=180,height=25)
window.mainloop()
```

运行上述程序代码,得到例 10-3 的输出结果如图 10-4 所示。

图 10-4 例 10-3 的输出结果

10.3 主 窗 口

主窗口是一切组件的基础，所有的组件都需要通过主窗口来显示。导入 tkinter 库后，就可使用 Tk()创建一个主窗口对象。

主窗口对象提供了一些方法用于操作主窗口，主窗口的常用方法如表 10-5 所示，其中 window 表示一个主窗口对象。

表 10-5　主窗口的常用方法

方　法	功能说明
window.after(time,function)	窗口定时执行函数 function，只写函数名，即每隔 time 时间间隔，执行一次函数 function
window.title("my title")	接收一个字符串参数，为窗口起一个名称
window.resizable()	是否允许用户拉伸主窗口大小，默认为可更改，当设置为 resizable(0,0) 时不可更改
window.geometry("500x350")	修改窗口的尺寸，这里的乘号不是 *，而是小写字母 x
window.quit()	关闭当前窗口
window.update()	刷新当前窗口
window.mainloop()	设置窗口主循环，使窗口循环显示(一直显示，直到窗口被关闭)
window.iconbitmap()	设置窗口左上角的图标(图标是.ico 文件类型)
window.config(background="red")	设置窗口的背景色为红色，也可以接收十六进制的颜色值
window.minsize(50,50)	设置窗口被允许调整的最小范围，即宽和高各 50
window.maxsize(400,400)	设置窗口被允许调整的最大范围，即宽和高各 400
window.attributes("-alpha",0.6)	用来设置窗口的一些属性，比如透明度(-alpha)、是否置顶(-topmost)、是否全屏(-fullscreen)显示等
window.state("normal")	用来设置窗口的显示状态，参数值 normal(正常显示)，icon(最小化)，zoomed(最大化)
window.withdraw()	用来隐藏主窗口，但不会销毁窗口
window.iconify()	设置窗口最小化
window.deiconify()	将窗口从隐藏状态还原
window.winfo_screenwidth()、window.winfo_screenheight()	获取电脑屏幕的分辨率(尺寸)
window.winfo_width() window.winfo_height()	获取窗口的大小，同样也适用于其他控件，但使用前需要使用 window.update() 刷新屏幕，否则返回值为 1
window.protocol("协议名",回调函数)	启用协议处理机制，常用协议有 WN_DELETE_WINDOW，当用户单击关闭窗口时，窗口不会关闭，而是触发回调函数

【例 10-4】 窗口对象的常用方法举例。

```
import tkinter as tk
window =tk.Tk()
window.title('诗词论坛')                    #设置窗口名称
window.geometry('400x300')                  #设置窗口大小:宽 x 高
#获取电脑屏幕的大小
print("电脑的分辨率是%dx%d"%(window.winfo_screenwidth(),window.winfo_
screenheight()))
#要想获得窗口的大小,必须先刷新一下屏幕
window.update()
print("窗口的分辨率是%dx%d"%(window.winfo_width(),window.winfo_height()))

#改变背景颜色
window.config(background="lightgrey")
#设置窗口处于顶层
window.attributes('-topmost',True)
#设置窗口的透明度
window.attributes('-alpha',0.8)
#设置窗口被允许最大调整的范围,与 resizble()冲突
window.maxsize(600,600)
#设置窗口被允许最小调整的范围,与 resizble()冲突
window.minsize(50,50)
#更改左上角窗口的图标
window.iconbitmap(r'C:\Users\caojie\Desktop\icon.png')
#添加标签,并设置标签上文本显示的格式 font(字体,字号,"字体类型")
label=tk.Label(window,text="《问刘十九》\n【唐】白居易\n 绿蚁新醅酒,红泥小火炉。\n
晚来天欲雪,能饮一杯无?",
          bg="white",fg="red",font=('Times', 17, 'bold italic'))
#将标签放置在主窗口内
label.pack()
window.mainloop()                           #启动主循环,显示主窗口
```

运行上述程序代码,得到例 10-4 的输出结果如图 10-5 所示。

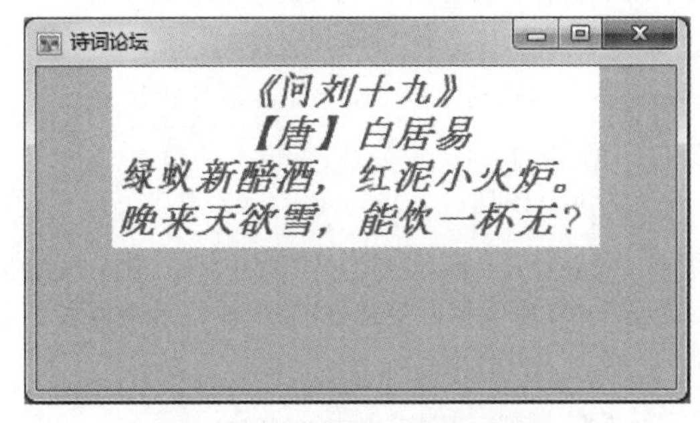

图 10-5 例 10-4 的输出结果

10.4 标签和按钮

10.4.1 标签

标签 Label 用于在父组件中显示文本和图像,如果需要显示一行或多行文本且不允许用户修改,就可以使用 Label 组件来实现。使用 Label 类创建标签的语法格式如下:

```
Label(master, option, ...)
```

参数说明如下。

master:标签的父容器。

option:创建标签时的参数选项列表,参数选项以键值对的形式出现,键值对之间用逗号隔开,主要的参数选项如表 10-6 所示。

表 10-6 Label 中的主要参数选项

参数选项	说明
background(bg)	设定标签的背景颜色
foreground(fg)	设定标签的前景色
borderwidth(bd)	边框的宽度,单位是像素,需要配合边框样式才能凸显
image	在标签上插入图片,图片必须用 PhotImage 转换格式后才能插入,并且转换的图片格式必须是.gif 格式
bitmap	指定标签上的位图,若设置了 image 选项,则忽略该选项
text	设定标签上显示的文本;文本可以包含换行符'\n';如果设置了 bitmap 或 image 选项,该选项则被忽略
font	标签文字字体设置,font=('字体',字号,'bold/italic/underline/overstrike')
textvariable	标签显示 Tkinter 的动态数据类型变量(如动态字符串 StringVar 变量)的值,如果变量的值被修改,标签的文本会自动更新
justify	标签文字对齐方式,可选项包括'left'(左对齐)、'right'(右对齐)、'center'(居中对齐),默认值是"center"
anchor	文本或图像在标签中显示的位置;可选值为"n","ne","e","se","s","sw","w","nw","center",默认值为"center"
wraplength	设置标签文本达到限制的屏幕单元后换行显示
compound	指定文本和图像的位置关系,可设置的值有"left"(图像居左)、"right"(图像居右)、"top"(图像居上)、"bottom"(图像居下)、"center"(文字覆盖在图像上)
width	设置标签的宽度,如果标签显示的是文本,那么单位是文本单元;如果标签显示的是图像,那么单位是像素;如果设置为 0 或者不设置,那么会自动根据标签的内容计算出宽度
height	设置标签的高度,功能类似于 width

续表

参数选项	说　　明
relief	标签样式，设置标签的 3D 显示效果（表现在边框的不同），可选的值有：'flat'（平整），'groove'（压线），'raised'（凸起），'ridge'（脊线），'solid'（黑框），'sunken'（凹陷）
padx/pady	标签上的文字与边框的水平方向/垂直方向上的间距

【例 10-5】 Label 用法举例。

```
from tkinter import *
class Labels:
    def __init__(self):
        self.root = Tk()                              #创建窗口
        self.root.title("标签用法示例")               #设置窗口标题
        self.root.geometry("600x600")                 #设置窗口大小
        '''文本框样式'''
        #标签文字,可以在标签上添加文字
        self.label_text = Label(self.root, text='标签文本: ', bg='grey',
        fg='white')
        self.label_data = Label(self.root, text='我是一个标签')
        #标签样式,设置控件 3D 效果,可选的有: 'flat'、'sunken'、'raised'、'groove'、
        'ridge'。
        self.label_relief_text = Label(self.root, text='标签样式: ')
        self.label_relief_flat = Label(self.root, text='边框平坦',
        relief='flat')
        self.label_relief_sunken = Label(self.root, text='边框凹陷',
        relief='sunken')
        self.lanel_relief_raised = Label(self.root, text='边框凸起',
        relief='raised')
        self.lanel_relief_groove = Label(self.root, text='边框压线',
        relief='groove')
        self.lanel_relief_ridge = Label(self.root, text='边框脊线',
        relief='ridge')
        #标签文字背景颜色,dg='背景颜色'
        self.label_text_bg = Label(self.root, text='标签背景色: ')
        self.label_bg = Label(self.root, text='背景色红色', bg='red')
        #标签文字前景色,fg='前景颜色'
        self.label_text_fg = Label(self.root, text='标签前景色: ')
        self.label_fg = Label(self.root, text='前景色红色', fg='red')
        #标签文字边框宽度,bd='边框宽度'。边框宽度显示需要配合边框样式才能凸显
        self.label_text_bd = Label(self.root, text='边框宽度: ')
        self.label_bd = Label(self.root, text='243', bd=5, relief='raised')
        #标签文字字体设置,font=('字体', 字号, 'bold/italic/underline/overstrike')
        self.label_text_font = Label(self.root, text='字体设置: ')
        self.label_font_overstrike = Label(self.root, text='软体雅黑/10/重打
        印',font=('软体雅黑', 10, 'overstrike'))
        self.label_font_underline = Label(self.root, text='楷体/13/下画线',
        font=('楷体', 13, 'underline'))
```

```
#标签文字对齐方式,可选项包括'left', 'right', 'center'
self.label_text_justify = Label(self.root, text='标签文字对齐：')
self.label_justify_left = Label(self.root, text='左对齐\n 文字左侧对
齐', justify='left')
self.label_justify_center = Label(self.root, text='居中对齐\n 文字居中
对齐', justify='center')
self.label_justify_right = Label(self.root, text='右对齐\n 文字右侧对
齐', justify='right')
#下画线,为 0 时,text 第一个字符带下画线,为 1 时,第 2 个字符带下画线
self.label_text_underline = Label(self.root, text='文字标下画线：')
self.label_underline = Label(self.root, text='致逝去的青春',
underline=3, font=('楷体', 13, 'bold'))
#按钮达到限制的屏幕单元后换行显示
self.label_text_wraplength = Label(self.root, text='文字换行显示：')
self.label_wraplength = Label(self.root, text='种瓜得瓜种豆得豆',
wraplength=48)
#标签的高度和宽度,和 relief 结合使用才会凸显效果。
self.label_text_height = Label(self.root, text='字体高度/宽度：')
self.label_height = Label(self.root, text='高度', relief='raised',
height=3)
self.label_width = Label(self.root, text='宽度', relief='sunken',
width=10)
#标签插入图片,插入的图片必须用 PhotImage 转换格式后才能插入,并且转换的图
 片格式必须是.gif 格式
self.label_text_image = Label(self.root, text='标签插入图片：')
gif = PhotoImage(file=r"C:\Users\caojie\Desktop\Mcircle.gif")
self.label_image = Label(self.root, image=gif)

'''grid 布局'''
self.label_text.grid(row=0, column=0, sticky=E)
self.label_data.grid(row=0, column=1, sticky=W)
self.label_relief_text.grid(row=1, column=0, sticky=E)
self.label_relief_flat.grid(row=1, column=1, sticky=W)
self.label_relief_sunken.grid(row=1, column=2, sticky=W)
self.lanel_relief_raised.grid(row=1, column=3, sticky=W)
self.lanel_relief_groove.grid(row=1, column=4, sticky=W)
self.lanel_relief_ridge.grid(row=1, column=5, sticky=W)
self.label_text_bg.grid(row=2, column=0, sticky=E)
self.label_bg.grid(row=2, column=1, sticky=W)
self.label_text_fg.grid(row=3, column=0, sticky=E)
self.label_fg.grid(row=3, column=1, sticky=W)
self.label_text_bd.grid(row=4, column=0, sticky=E)
self.label_bd.grid(row=4, column=1, sticky=W)
self.label_text_font.grid(row=5, column=0, rowspan=2, sticky=E)
self.label_font_overstrike.grid(row=5, column=1, columnspan=4,
sticky=W)
self.label_font_underline.grid(row=5, column=5, columnspan=4,
sticky=W)
self.label_text_justify.grid(row=7, column=0, sticky=E)
```

```
        self.label_justify_left.grid(row=7, column=1, columnspan=2, sticky=W)
        self.label_justify_center.grid(row=7, column=3, columnspan=2,
        sticky=W)
        self.label_justify_right.grid(row=7, column=5, columnspan=2, sticky=W)
        self.label_text_underline.grid(row=8, column=0, sticky=E)
        self.label_underline.grid(row=8, column=1, sticky=W)
        self.label_text_wraplength.grid(row=9, column=0, sticky=E)
        self.label_wraplength.grid(row=9, column=1, sticky=W)
        self.label_text_height.grid(row=10, column=0, sticky=E)
        self.label_height.grid(row=10, column=1, sticky=W)
        self.label_width.grid(row=10, column=2, columnspan=2, sticky=W)
        self.label_text_image.grid(row=11, column=0, sticky=E)
        self.label_image.grid(row=11, column=1, sticky=W)
        self.root.mainloop()

if __name__ == '__main__':
    Labels()
```

运行上述程序代码,得到的输出结果如图 10-6 所示。

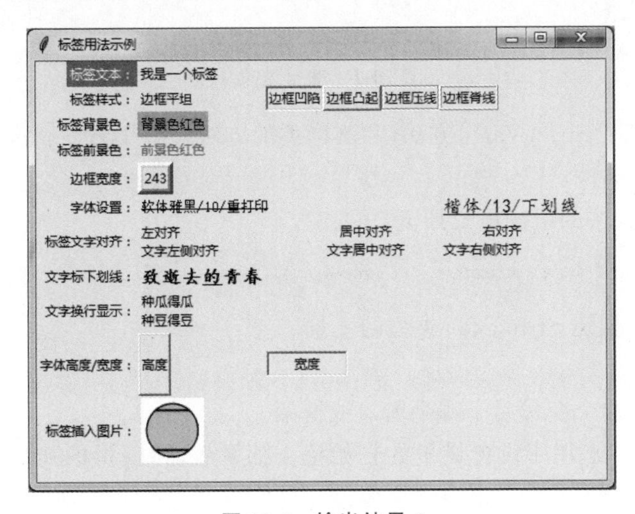

图 10-6　输出结果 1

【例 10-6】　动态数据类型。

```
import tkinter as tk
import time
root = tk.Tk()
root.title("简单时钟")
root.geometry('450x150')
root.resizable(0,0)
#获取时间的函数
def gettime():
    #获取当前时间
    printStrV.set(time.strftime("%H:%M:%S"))
    #每隔 2s 调用一次 gettime()函数
```

```
    root.after(2000, gettime)

printStrV = tk.StringVar()   #创建动态字符串变量,Tk中的字符串类型
#利用 textvariable 来实现标签上的文本随着 printStrV 变量的值的改变而动态改变
lb = tk.Label(root,textvariable=printStrV,fg='orange',font=("微软雅黑",85),
bg='white')
lb.pack()
gettime()                        #调用生成时间的函数
root.mainloop()                  #启动主循环,显示主窗口
```

运行上述程序代码,得到的输出结果如图 10-7 所示。

图 10-7　输出结果 2

上面例子用到了 StringVar()方法,和其同类的方法还有 BooleanVar()、DoubleVar()、IntVar()方法。

StringVar()方法的语法格式如下:

```
variable = StringVar(master, value=None, name=None)
```

函数的功能:创建 StringVar 类型的变量。

参数说明如下。

master:指定这个变量属于哪个窗口或框架。

value:可选参数,用于设置变量的初始值。如果省略,变量的初始值将为一个空字符串。

name:可选参数,用于指定变量的名字。

10.4.2　按钮

Button 按钮组件类用来实例化各种按钮。按钮可以包含文本或图像,还可以关联 Python 函数,当按钮被按下时,会自动调用该函数完成特定的功能。Button 类实例化按钮的语法格式如下:

```
Button(master, parameter=value, ...)
```

参数说明如下。

master:按钮控件的父容器。

parameter:创建按钮时的参数,参数之间用逗号隔开。

创建按钮 Button 的参数选项和创建标签 Label 的参数选项类似，在 Button 中需要注意的几个参数选项如表 10-7 所示。

表 10-7 Button 中需要注意的几个参数

选项	描 述
command	指定按钮单击以后要执行的动作，指定按钮关联的函数（只写函数名称），当按钮被单击时，执行该函数
relief	指定边框样式，设置按钮显示效果，可选的值有：'flat'（平整），'groove'（压线），'raised'（凸起），'ridge'（脊线），'solid'（黑框），'sunken'（凹陷）
state	指定按钮的状态，有：正常（normal），激活（active），禁用（disabled）
activebackground	当鼠标放上去时，按钮的背景色
activeforeground	当鼠标放上去时，按钮的前景色
textvariable	指定与按钮相关的 Tk 变量（通常是一个字符串变量）。如果这个变量的值改变，那么按钮上的文本相应更新

【例 10-7】 Button 使用举例。

```
from tkinter import *
root=Tk()
but1=Button(root,text='退出',command=root.destroy,bg="red",relief='raised',
width=10, height=1)    #单击按钮关闭窗口退出
but1.grid(row=0, column=0, sticky=W, padx=5, pady=5)
def callback():
    print('晚来天欲雪,能饮一杯无？ ')

#单击按钮在交互式编程界面输出一行文字
but2=Button(root,text='问刘十九',command=callback,font=('Helvetica 10 bold'),
width=10, height=1)
but2.grid(row=0, column=1, sticky=W, padx=5, pady=5)
flat = Button(root, text='边框平坦', relief='flat')
flat.grid(row=1, column=0, sticky=W, padx=5,pady=5)
sunken = Button(root, text='边框凹陷', relief='sunken')
sunken.grid(row=1, column=1, sticky=W, padx=5,pady=5)
raised = Button(root, text='边框凸起', relief='raised')
raised.grid(row=1, column=2, sticky=W, padx=5,pady=5)
groove = Button(root, text='边框压线', relief='groove')
groove.grid(row=1, column=3, sticky=W, padx=5,pady=5)
ridge = Button(root, text='边框脊线', relief='ridge')
ridge.grid(row=1, column=4, sticky=W, padx=5,pady=5)
gif = PhotoImage(file="xuexi.gif")
button_image = Button(root, image=gif)
button_image.grid(row=3, column=2, sticky=W, padx=5,pady=5)
root.mainloop()
```

运行上述程序代码，得到的输出结果如图 10-8 所示。

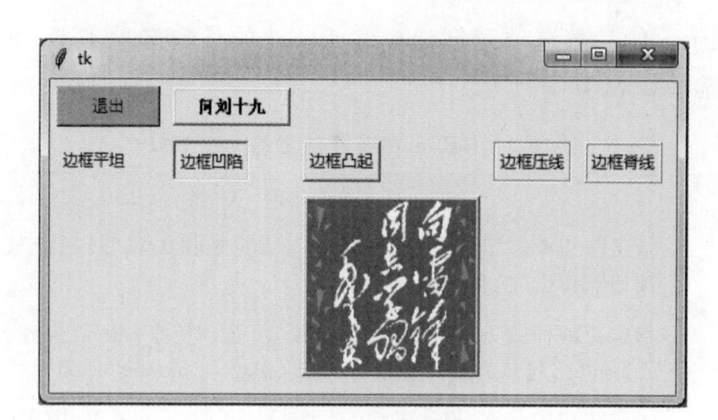

图 10-8 输出结果 3

10.5 文 本 框

单行文本框

10.5.1 单行文本框

在 GUI 程序设计中,单行文本框是用于输入的最基本组件,也称输入框。单行文本框用来接收用户输入的一行文本,如果用户输入的字符串长度比该组件可显示空间更长,那么内容将被滚动,这意味着该字符串将不能被全部看到(但可以用鼠标或键盘的方向键调整文本的可见范围)。

单行文本框类 Entry 创建单行文本框的语法格式如下:

```
Entry (master, parameter=value, ...)
```

参数说明如下。

master:文本框的父容器。

parameter:文本框的参数。

value:为参数设置的值。

Entry 组件除了具备组件的一些共有属性之外,还有一些自身的特殊属性,如表 10-8 所示。

表 10-8 Entry 的特殊属性

参　数	说　明
show	指定文本框内容以何种样式的字符显示,如 show="*",则输入文本框内显示为*,这可用于密码输入
selectbackground	指定输入框的文本被选中时的背景颜色
selectforeground	指定输入框的文本被选中时的字体颜色
insertbackground	指定输入光标的颜色,默认为 black
textvariable	指定一个与输入框的内容相关联的 Tkinter 变量(通常是 StringVar),当输入框的内容发生改变时,该变量的值也会相应发生改变

Entry 还提供了一些常用的方法,如下所示。

delete(first,last=None):删除单行文本框中参数 first 到 last 索引值范围内(包含 first 和 last)的所有内容;如果忽略 last 参数,表示删除 first 参数指定的选项;使用 delete (0,END) 实现删除输入框的所有内容。

get():获得当前输入框的内容。

set():设置输入框的内容。

insert(index,text):将 text 参数的内容插入 index 参数指定的位置;使用 insert (END,text)将 text 参数指定的字符串插入输入框的末尾。

selection_clear():取消选中状态。

select_clear():与 selection_clear() 相同。

index(index):返回 index 的整数形式位置值或者索引值。index 可以是 tk.END 等非数字形式的索引。

icursor (index):将光标移动到 index 参数指定的位置。

【例 10-8】 使用单行文本框设计一个简单的计算器。

```
from tkinter import *
def getValue():
    value = eval(entry.get())
    entry1.insert(0,str(value))

root = Tk()
Label(root, text="输入式子: ").grid(row=0,column=0)
entry = Entry(root)
entry.grid(row=0,column=1)
Label(root, text="计算结果: ").grid(row=1,column=0)
entry1 = Entry(root)
entry1.grid(row=1,column=1)
button = Button(root, text="计算",command=getValue)
button.grid(row=2,column=1)
root.mainloop()
```

运行上述程序代码,得到的输出结果如图 10-9 所示。

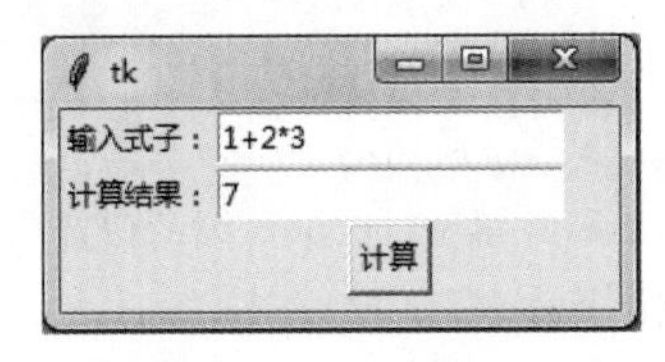

图 10-9 输出结果 4

10.5.2 多行文本框

多行文本框 Text 用于显示和编辑多行文本,此外还可以用来显示网页链接、图片、HTML 页面等,常被当作简单的文本处理器、文本编辑器或者网页浏览器来使用。默认情况下,多行文本框组件是可以编辑的,可以使用鼠标或者键盘对多行文本框进行编辑。

多行文本框类 Text 实例化多行文本框的语法格式如下：

```
Text(master, parameter=value, ...)
```

参数说明如下。

master：多行文本框的父容器。

parameter：文本框的参数,各参数之间以逗号分隔。

value：为参数设置的值。

在 Text 中需要注意的几个参数如表 10-9 所示。

表 10-9 Text 中需要注意的几个参数

参　　数	说　　明
autoseparators	单词之间的间隔。默认值是 1
exportselection	是否允许复制内容到剪贴板
insertbackground	设置文本控件插入光标的颜色
insertborderwidth	插入光标的边框宽度
insertofftime	插入光标消失(灭的状态)的时间,单位是毫秒
insertontime	插入光标出现(亮的状态)的时间,单位是毫秒
insertwidth	设置插入光标的宽度
selectbackground	设置选中文本的背景颜色
selectborderwidth	设置选中区域边界宽度
selectforeground	设置选中文本的颜色
tabs	设置按动 Tab 键时的移动距离
undo	是否启用撤销功能,可以为 True 或 False
wrap	指定文本的换行方式,可以是“none”(不换行)、“char”(按字符换行)或“word”(按单词换行)

Text 文本组件的常用方法如表 10-10 所示。

表 10-10 Text 文本组件的常用方法

方　　法	说　　明
insert(index,text)	在 index 指定位置处插入文本 text,index 取 END 值时表示是在末尾处插入,取 INSERT 值时表示在输入光标所在的位置处插入,取 m.n 值表示在第 m 行、第 n 列的位置插入文本,行和列都从 0 开始计数
delete(start,end=None)	删除指定范围内的文本,start 表示删除的起始位置,end 表示删除的结束位置,默认为 None,表示删除到文本末尾
get(start,end=None)	获取指定范围内的文本
index(index)	返回指定索引位置的行列信息,如 index(CURRENT)获取当前插入符的位置
search(pattern)	在文本中搜索指定的模式
edit_modified()	该方法用于查询和设置 modified 标志(该标志用于追踪 Text 组件的内容是否发生变化)

续表

方　　法	说　　明
edit_redo()	恢复上一次的撤销操作,如果设置 undo 选项为 False,则该方法无效
get(index1,index2)	返回特定位置的字符,或者一个范围内的文字
image_create(index)	在 index 参数指定的位置插入一个图片对象,该图片对象必须是 Tkinter 的 PhotoImage 或 BitmapImage 实例
see(index)	滚动文本框以确保指定位置可见
event_generate(event_description)	用于在 Text 组件上生成事件,可以用于模拟用户在文本框中进行的事件。event_description:一个字符串,描述要生成的事件,可以是标准的事件描述,例如<KeyPress>、<Button-1>,也可以是自定义事件

event_generate(event_description)的一些用法如下。

(1) 模拟键盘事件。

```
text.event_generate("<KeyPress>", keysym="a")
```

上述代码将在 Text 组件上生成一个模拟按下键盘按键 "a" 的事件。

(2) 模拟鼠标事件。

```
text.event_generate("<Button-1>", x=50, y=50)
```

上述代码将在 Text 组件上生成一个模拟鼠标单击事件,单击位置为 (50,50)。

(3) 模拟剪切操作的事件。

```
text.event_generate("<<Cut>>")
```

上述代码会在 Tkinter 的 Text 组件上生成一个模拟剪切操作的事件。"<<Cut>>"是一个虚拟事件,通常与剪切操作相关联。这个语句的效果等同于用户在文本框中选择文本并执行剪切操作。它会触发 Text 组件的剪切操作,将选中的文本剪切到剪贴板中。

(4) 模拟复制操作的事件。

```
text.event_generate("<<Copy>>")
```

上述代码会在 Tkinter 的 Text 组件上生成一个模拟复制操作的事件。这个语句的效果等同于用户在文本框中选择文本并执行复制操作。它会触发 Text 组件的复制操作,将选中的文本复制到剪贴板中。

(5) 模拟粘贴操作的事件。

```
text.event_generate("<<Paste>>")
```

上述代码会在 Tkinter 的 Text 组件上生成一个模拟粘贴操作的事件。这个语句的效果等同于用户在文本框中执行粘贴操作。它会触发 Text 组件的粘贴操作,将剪贴板中的内容粘贴到文本框中。

【例 10-9】 在指定位置插入文本。

```
from tkinter import *
window = Tk(className='多行文本框应用')
#font 设置文本的显示字体
```

```
t = Text(window,width=50, heigh=18, font=('kaiti',15))
t.insert(3.5, '楼上谁将玉笛吹? 山前水阔暝云低。\n 劳劳燕子人千里,落落梨花雨一枝。
\n 修禊近,卖饧时,故乡惟有梦相随。\n 夜来折得江头柳,不是苏堤也皱眉。')
t.pack()
#定义各个 Button 的事件处理函数
def insertText():
    t.insert(INSERT, '《鹧鸪天·楼上谁将玉笛吹》')
def endText():
    t.insert(END, '《鹧鸪天·楼上谁将玉笛吹》')
def sel_FirstText():
    t.insert(SEL_FIRST, '《鹧鸪天·楼上谁将玉笛吹》')
def sel_LastText():
    t.insert(SEL_LAST, '《鹧鸪天·楼上谁将玉笛吹》')
photo = PhotoImage(file = "jiangnan.gif")
def show():
    t.image_create(END,image = photo)
#创建按钮实现在光标位置插入《鹧鸪天·楼上谁将玉笛吹》
Button(window, text = '在光标位置插入', anchor = 'w', width = 15, command =
insertText).pack(side="left")
#创建按钮实现在整个文本的末尾插入《鹧鸪天·楼上谁将玉笛吹》
Button(window,text='在文本末尾插入',anchor = 'w',width=15,command=endText).
pack(side="left")
#创建按钮实现在选中文本的开始插入《鹧鸪天·楼上谁将玉笛吹》,如果没有选中区域则会引
发异常
Button(window,text='在选中文本开始插入',anchor = 'w', width=15, command=
sel_FirstText).pack(side="left")
#创建按钮实现在选中文本的最后插入《鹧鸪天·楼上谁将玉笛吹》,如果没有选中区域则会引
发异常
Button(window,text='在选中文本最后插入',anchor = 'w', width=15, command=sel_
LastText).pack(side="left")
#创建按钮实现在整个文本的末尾插入图片
Button(window,text='在文本末尾插入图片',anchor = 'w', width=15, command=
show).pack(side="left")
window.mainloop()
```

执行例 10-9 程序代码得到的输出结果如图 10-10 所示。

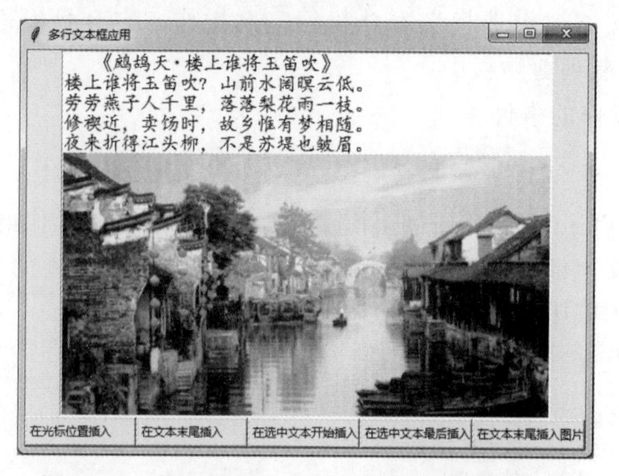

图 10-10　执行例 10-9 程序代码得到的输出结果

在执行程序出现的图形界面中单击下方左边的前两个按钮，就会在上面的文本框中插入《鹧鸪天·楼上谁将玉笛吹》；用鼠标选中一段文本，单击“在选中文本开始插入”按钮，则在选中的文本之前插入《鹧鸪天·楼上谁将玉笛吹》；单击“在选中文本最后插入”按钮，则在选中的文本之后插入《鹧鸪天·楼上谁将玉笛吹》；单击“在文本末尾插入图片”按钮，则会在文本末尾插入一幅图片。

10.6 消息和对话框

10.6.1 消息

Message消息类用来实例化各种消息组件，消息组件用于显示多行文本信息。消息组件能够自动换行，并调整文本的尺寸，适应整个窗口的布局。Message类实例化消息组件的语法格式如下：

```
Message(master, parameter=value, ...)
```

参数说明如下。

master：消息的父容器。

parameter：消息的参数，各参数之间以逗号分隔。

value：为参数设置的值。

Message的用法与Label基本一样。

【例10-10】 使用消息组件显示多行文本。

```
from tkinter import *
root = Tk()
root.config(background ="white")          #设置窗口的背景色为白色
Label(root,text ='优秀与平庸', font = ('楷体', 18),bg="white").pack(padx=10,
pady=10)
Label(root,text = '佚名',font = ('楷体',14),bg="white").pack(padx=10, pady=10)
var = StringVar()
var.set("优秀的人总能看到比自己更好的\n而平庸的人却总看到比自己更差的\n青春的奔
跑不在于瞬间的爆发\n而在于不断的坚持")
message = Message (root, bg =" orange", textvariable = var, font =" times 16
italic", fg="white",width=320)
message.pack(padx=10, pady=10)
root.mainloop()
```

执行例10-10程序代码得到的输出结果如图10-11所示。

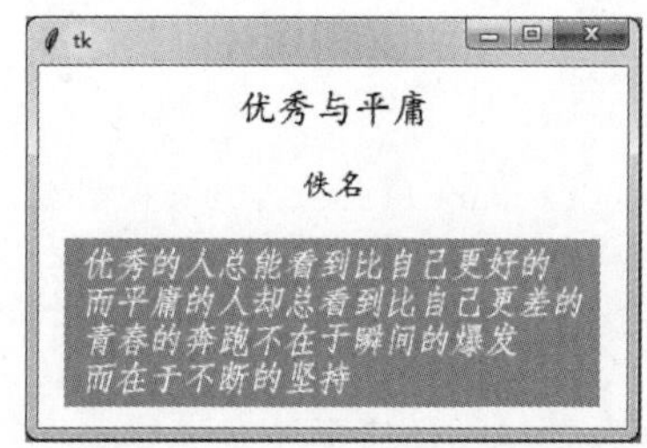

图10-11 执行例10-10程序代码得到的输出结果

10.6.2 消息对话框

messagebox消息对话框(也称提示框)是一个独立的顶层窗口,通常在程序执行过程中弹出来告诉用户一些提示信息,需要用户选择做出下一步行动,有一个交互的过程。对话框出现后,对应的线程会被阻塞,直到用户回应。messagebox模块不同类型的消息对话框有如下相同的语法格式:

```
messagebox.对话框类型(title=value,message=value , ...)
```

参数说明如下。

title:设置消息对话框的标题。

message:设置消息对话框显示的消息。

value:为参数设置的值。

messagebox模块提供了8种不同类型的消息对话框,可以应用在不同场合,具体的消息对话框类型如下。

showinfo():提示消息对话框。

showwarning():警告消息对话框。

showerror():错误消息对话框。

askquestion():询问确认对话框,打开一个"是/否"的对话框。

askokcancel():确认/取消对话框。

askyesno():"是/否"对话框。

askretrycancel():"重试/取消"对话框。

askyesnocancel():"是/否/取消"对话框。

【例10-11】 showwarning()显示警告消息对话框和showerror()显示错误消息对话框举例。

```
import tkinter as tk
from tkinter import messagebox

class StudentManagementSystem:
    def __init__(self, root):
        self.root = root
        self.root.title("学生信息管理系统")

        #学生信息存储列表
        self.students = []

        #标签
        self.label_name = tk.Label(root, text="姓名:")
        self.label_age = tk.Label(root, text="年龄:")

        #文本框
        self.entry_name = tk.Entry(root)
```

```
        self.entry_age = tk.Entry(root)

        #按钮
        self.button_add = tk.Button(root, text="添加学生", command=self.add_
        student)
        self.button_display = tk.Button(root, text="显示学生信息", command=
        self.display_students)

        #布局
        self.label_name.grid(row=0, column=0, padx=10, pady=10)
        self.entry_name.grid(row=0, column=1, padx=10, pady=10)
        self.label_age.grid(row=1, column=0, padx=10, pady=10)
        self.entry_age.grid(row=1, column=1, padx=10, pady=10)
        self.button_add.grid(row=2, column=0, columnspan=2, pady=10)
        self.button_display.grid(row=3, column=0, columnspan=2, pady=10)

    def add_student(self):
        name = self.entry_name.get()
        age = self.entry_age.get()

        if name and age:
            student = {"Name": name, "Age": age}
            self.students.append(student)
            messagebox.showinfo(title="成功", message="学生添加成功!")
            self.clear_entries()
        else:
            messagebox.showerror(title="错误", message="请输入姓名和年龄!")

    def display_students(self):
        if self.students:
            display_text = "\n".join([f"{student['Name']}, {student['Age']}
            岁" for student in self.students])
            messagebox.showinfo(title="学生信息", message=display_text)
        else:
            messagebox.showwarning(title="学生信息", message="没有学生信息。")

    def clear_entries(self):
        self.entry_name.delete(0, tk.END)
        self.entry_age.delete(0, tk.END)

if __name__ == "__main__":
    root = tk.Tk()
    app = StudentManagementSystem(root)
    root.mainloop()
```

运行上述程序代码,得到的输出结果如图 10-12 所示。

在图 10-12 所示的界面中输入姓名和年龄,单击“添加学生”按钮添加学生信息,这里添加“王芳 19”和“李雪 21”两名学生,然后单击“显示学生信息”按钮得到的输出结果如图 10-13 所示。

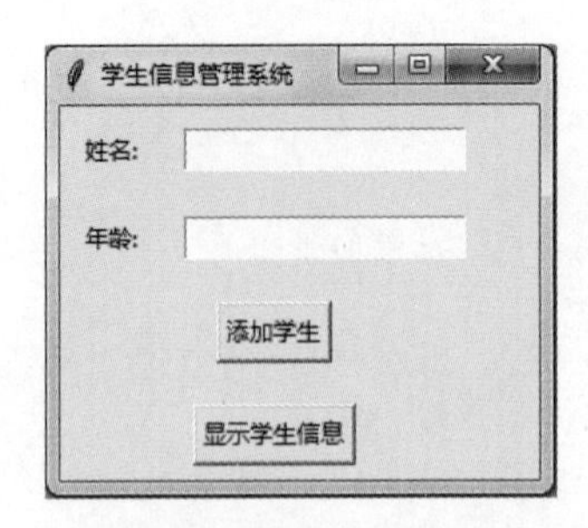

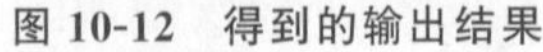
图 10-12　得到的输出结果

图 10-13　添加信息后得到的输出结果

【例 10-12】　askquestion()询问确认对话框举例。

```
from tkinter import *
import tkinter.messagebox as messagebox
def myMessage():
    msg = messagebox.askyesno("是否对话框","今天是星期一吗?")
    if msg:
        print("你单击的是'是(Y)'按钮")
    else:
        print("你单击的是'否(N)'按钮")
window=Tk()
Button(window,text="是否对话框",command=myMessage).pack()
window.mainloop()
```

执行例 10-12 程序代码得到的输出结果如图 10-14 所示。

在图 10-14 中,单击"是否对话框"按钮弹出如图 10-15 所示的是否对话框,单击"是"按钮返回 True,在屏幕上输出"你单击的是'是(Y)'按钮";单击"否"按钮返回 False,在屏幕上输出"你单击的是'否(N)'按钮"。

图 10-14　执行例 10-12 程序代码得到的输出结果

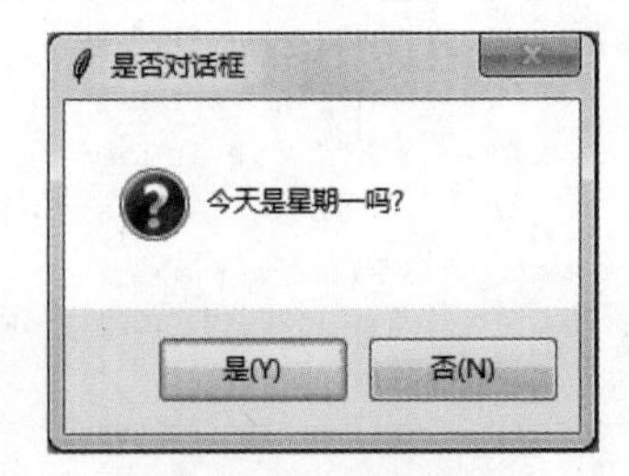

图 10-15　是否对话框

此外,askyesnocancel()弹出的"是/否/取消"对话框有三种选择按钮,单击"是"按钮返回 True,单击"否(N)"按钮返回 False,单击"取消"按钮返回 None。askretrycancel()弹出"重试/取消"对话框有两种选择按钮,单击"重试"按钮返回 True,单击"取消"按钮返回 False。

10.6.3　文件对话框

文件对话框 filedialog 是桌面应用里经常使用的功能,用于文件浏览,如想从本地选择一个文件或想将一个文件保存起来,都需要使用 filedialog 提供的函数。

filedialog 提供的 4 个最常用的函数如下。

filedialog.askopenfilename()：自动打开选取窗口，手动选择一个文件，返回文件路径，类型为字符串；单击窗口中的取消按钮，返回值是空字符串。

filedialog.askopenfilenames()：自动打开选取窗口，可同时选择多个文件，返回一个元组，包括所有选择文件的路径。

filedialog.asksaveasfile()：选择以什么文件名保存，创建文件并返回保存文件的路径。

filedialog.askdirectory()：提示用户选择一个目录，返回目录名路径。

上述 4 个函数常用的参数及用途如下。

title：设置文件对话框的标题，用于选择文件时进行提示。

defaultextension：可选参数，默认的扩展名，用于加到文件名后面，如 defaultextension=".jpg"，那么当用户输入一个文件名"Python"的时候，文件名会自动添加后缀"Python.jpg"。

注意：如果用户输入文件名包含后缀，那么该选项不生效。

filetypes：可选参数，指定筛选文件类型的下拉菜单选项，该选项的值是由二元组构成的列表，每个二元组由(类型名，后缀)构成，例如 filetypes=[("文本",".txt"),("栅格",".tif"),("动图",".gif")]。

initialdir：可选参数，设置对话框的启动目录，用于指定打开/保存文件的默认路径，默认路径是当前文件夹。

multiple：可选参数，控制是否可以多选，为 True 则表示可以多选。

【例 10-13】 filedialog 使用举例。

```
import tkinter as tk
from tkinter.filedialog import *
root = tk.Tk()
root.title("filedialog 使用举例")
filename = tk.StringVar()
dirpath = tk.StringVar()
filenewname = tk.StringVar()

def openFile():
    filepath = askopenfilename()            #选择打开的文件,返回文件名
    if filepath.strip() != '':
        filename.set(filepath)              #设置变量 filename 的值
    else:
        print("您还没有选择文件!")

def openDir():
    fileDir = askdirectory()                #选择打开的目录,返回目录名
    if fileDir.strip()!= '':
        dirpath.set(fileDir)                #设置变量 dirpath 的值
    else:
        print("您还没选择目录!")

def fileSave():
```

```
    filetypes = [("文本文件", "*.txt"), ('Python源文件', '*.py')]
    #打开当前程序工作目录
    filenewpath = asksaveasfilename(title='保存文件',filetypes=filetypes,
    initialdir='./',defaultextension='.txt')
    #选择保存文件名,并返回文件名,指定文件名默认后缀为.txt
    if filenewpath.strip()!= '':
        filenewname.set(filenewpath)  #设置变量 filenewname 的值
    else:
        print("您还没有选择要保存的文件名!")

#打开文件
tk.Label(root, text='选择文件').grid(row=1, column=0, padx=5, pady=5)
#创建标签提示这是选择文件
tk.Entry(root, textvariable=filename).grid(row=1, column=1, padx=5, pady=5)
tk.Button(root, text='打开文件', command=openFile).grid(row=1, column=2,
padx=5, pady=5)

#选择目录
tk.Label(root, text='选择目录').grid(row=2, column=0, padx=5, pady=5)
#创建标签提示这是选择目录
tk.Entry(root, textvariable=dirpath).grid(row=2, column=1, padx=5, pady=5)
#创建Entry,显示选择的目录
tk.Button(root, text='打开目录', command=openDir).grid(row=2, column=2, padx=5,
pady=5) #创建一个Button,单击弹出打开目录窗口

#保存文件
tk.Label(root, text='保存文件').grid(row=3, column=0, padx=5, pady=5)
tk.Entry(root, textvariable=filenewname).grid(row=3, column=1, padx=5, pady=5)
tk.Button(root, text='单击保存', command=fileSave).grid(row=3, column=2,
padx=5, pady=5)

root.mainloop()
```

运行上述程序代码,在窗口中执行相关操作后,得到的输出结果如图10-16所示。

图10-16 运行上述程序代码得到的输出结果

10.7 选择组件

10.7.1 单选按钮

单选按钮Radiobutton是一种可在预先定义的一组选项中选择一项的Tkinter组

件，单选按钮通常都是成组出现的，用户只能选择其中的一个单选按钮，每当选中组内的一个单选按钮时，组内的其他单选按钮自动改为非选中态。单选按钮的提示信息可以是文字或者图像，可以将一个事件处理函数与单选按钮关联起来，当单选选项被选择时，该函数将被调用。一组单选按钮和同一个 Tkinter 变量联系，每个单选按钮代表这个变量可能取值中的一个。单选按钮组件类 Radiobutton 实例化单选按钮的语法格式如下：

```
Radiobutton(master, parameter=value, ...)
```

参数说明如下。

master：单选按钮的父容器。

parameter：单选按钮的参数。

value：为参数设置的值。

Radiobutton 的参数选项和 Button 的参数选项类似，Radiobutton 需要注意的参数选项如表 10-11 所示。

表 10-11 Radiobutton 需要注意的参数选项

选　项	描　述
command	单选按钮选中时执行的函数
variable	与单选按钮相关联的变量，通常是 tk.StringVar() 对象。当用户选择某个单选按钮时，该变量的值将被设置为相应单选按钮的值
value	单选按钮的值。当用户选择该单选按钮时，与 variable 相关联的变量将被设置为这个值
selectcolor	选中状态时按钮的颜色
textvariable	与按钮相关的 Tk 变量(通常是一个字符串变量)。如果这个变量的值改变，那么按钮上的文本相应更新

Radiobutton 组件的常用方法如下所示。

deselect()：取消该按钮的选中状态。

select()：将 Radiobutton 组件设置为选中状态。

【例 10-14】 单选按钮举例。

```
import tkinter as tk
def show_selection():
    selected_value = var.get()
    label_result.config(text=f"你选择的按钮的值是:{selected_value}")

root = tk.Tk()
root.title("单选按钮举例")
#创建一个变量,用于保存选中的值
var = tk.StringVar()
#创建三个单选按钮
tk.Radiobutton(root, text="优秀", variable=var, value="95", command= show_
selection).pack()
```

```
tk.Radiobutton(root, text="良好", variable=var, value="85", command= show_
selection).pack()
tk.Radiobutton(root, text="中等", variable=var, value="75", command= show_
selection).pack()
#设置默认选中的单选按钮
var.set("95")
#创建标签,用于显示选择结果
label_result = tk.Label(root, text="你选择的是优秀")
label_result.pack(pady=10)

root.mainloop()
```

执行例10-14程序代码得到的输出结果如图10-17所示。

在图10-17中,选择良好单选按钮显示的结果如图10-18所示。

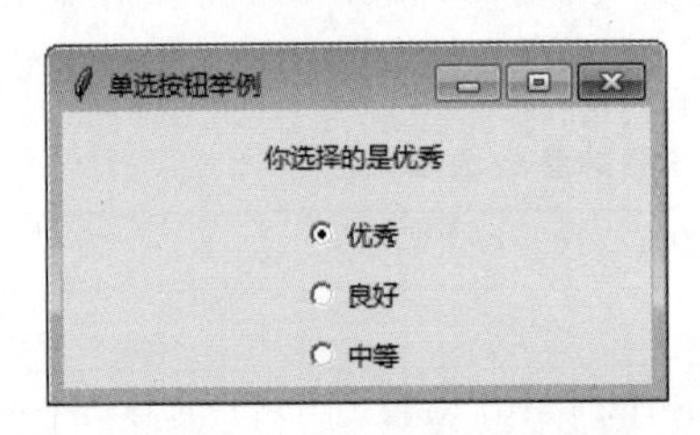

图10-17　执行例10-14程序代码得到的输出结果

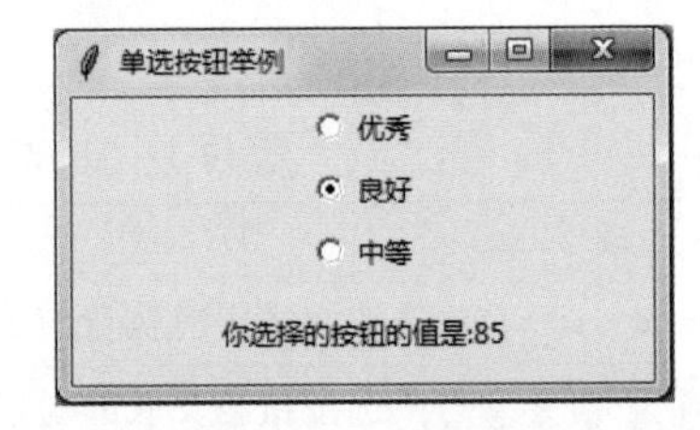

图10-18　选择良好单选按钮显示的结果

由上面示例可知,如果将多个单选按钮绑定到同一个由variable设置的变量,则这些单选按钮组件属于一个组。此外,需要使用value选项设置每个单选按钮被选中时变量的值,改变变量的值就会改变选择的单选按钮。variable绑定的变量的主要类型如下。

```
x = tk.StringVar()        #创建一个StringVar类型的变量x,默认值为""
x = tk.IntVar()           #创建一个IntVar类型的变量x,默认值为0
x = tk.BooleanVar()       #创建一个BooleanVar类型的变量x,默认值为False
```

操作上述不同类型变量的两个方法如下。

x.set():设置变量x的值。

x.get():获取变量x的值。

10.7.2 复选框

复选框Checkbutton用来选取我们需要的选项,复选框表现为正方形的方框,单击方框则选中,然后方框中会出现一个对号,可以通过再次单击来取消选中。复选框不仅允许用户选择一项,还允许用户同时选择多项,各个选项之间属于并列的关系。复选框有许多适用场景,比如选择兴趣爱好、选择选修课,以及购买多个物品等。实例化复选框组件的语法格式如下:

```
Checkbutton (master, parameter=value, ...)
```

参数说明如下。

master:复选框的父容器。

parameter：复选框的参数。

value：为参数设置的值。

Checkbutton 的参数选项和 Radiobutton 的参数选项类似，Checkbutton 需要注意的参数选项如表 10-12 所示。

表 10-12 Checkbutton 需要注意的参数选项

选 项	描 述
text	复选框旁边显示的文本标签
command	指定当复选框被选中或取消选中时调用的函数
variable	设置与复选框相关联的变量，通常是 tk.StringVar()类型。当用户选择或取消选择复选框时，该变量的值将被设置为相应的 onvalue 或 offvalue
onvalue	设置复选框选中时关联变量的值
offvalue	设置复选框未选中时关联变量的值
textvariable	与复选框相关的 Tk 变量，通常是一个 StringVar 型变量，如果这个变量的值改变，那么复选框旁边的文本相应更新
anchor	指定文本在复选框区域中的位置

复选框对象的常用方法如表 10-13 所示。

表 10-13 复选框对象的常用方法

方 法	描 述
deselect()	取消复选框的选中状态，即设置 variable 关联变量的值为 offvalue
invoke()	执行 command 属性所定义的函数
select()	设置复选框为选中状态
toggle()	改变复选框的状态，如果复选框状态是 on，则改为 off，反之亦然

【例 10-15】 复选框举例。

```
from tkinter import *
win = Tk(className='复选框举例')
win.geometry('300x200')

#创建整型变量,用于保存选中的值
CheckVar1 = StringVar()
CheckVar2 = StringVar()
CheckVar3 = StringVar()
#设置三个复选框,使用 variable 参数来接收变量
check_button1 = Checkbutton (win, text="Python 语言", font=('kaiti', 10),
variable = CheckVar1,onvalue="Python 语言",offvalue="")
check_button2 = Checkbutton(win, text="C 语言",font=('kaiti', 10),variable =
CheckVar2,onvalue="C 语言",offvalue="")
check_button3 = Checkbutton (win, text="Java 语言", font=('kaiti', 10),
variable = CheckVar3,onvalue="Java 语言",offvalue="")

check_button1.grid(row=0,column=0,sticky=W)
```

```
check_button2.grid(row=1,column=0,sticky=W)
check_button3.grid(row=2,column=0,sticky=W)
#定义事件处理函数
def show_selection():
    #没有选择任何复选框时
    if (CheckVar1.get() == "" and CheckVar2.get() == "" and CheckVar3.get() == ""):
        s = '您还没有选择'
    else:
        s1 = "Python 语言" if CheckVar1.get() == "Python 语言" else ""
        s2 = "C 语言" if CheckVar2.get() == "C 语言" else ""
        s3 = "Java 语言" if CheckVar3.get() == "Java 语言" else ""
        s = f"您选择了{s1} {s2} {s3}"
    #设置标签 label_result 显示的文本
    label_result.config(text=s)

btn = Button(win,text="选择完毕",command=show_selection)
btn.grid(row=3,column=0,sticky=W)
#创建标签,用于显示选择结果
label_result = Label(win,text='',bg ='white',fg="black",font=('kaiti', 12),
width = 40,height=2)
label_result.grid(row=4,column=0,sticky=E)

win.mainloop()
```

运行上述程序代码,得到的例 10-15 的输出结果如图 10-19 所示。

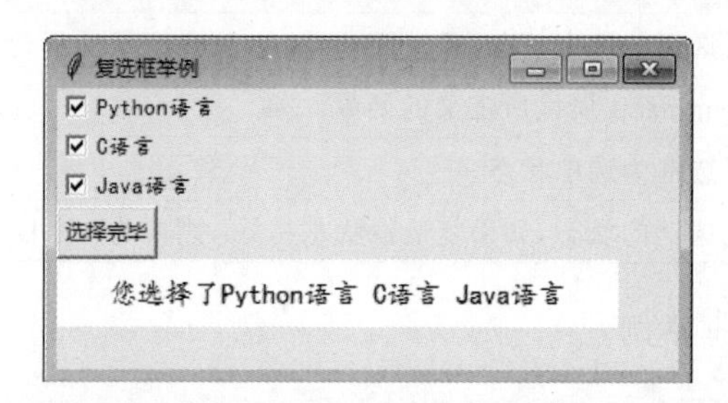

图 10-19　执行例 10-15 程序代码得到的输出结果

在图 10-19 中勾选各个编程语言复选框,勾选完毕后,单击"选择完毕"按钮,就会在下面的标签中显示勾选的结果。

10.7.3　列表框

列表框 Listbox 用于展示一个文本列表,供用户从中选择一行或多行。Listbox 类实例化列表框的语法格式如下:

```
Listbox (master, parameter=value, ...)
```

参数说明如下。

master:列表框的父容器。

parameter:列表框的参数。

value：为参数设置的值。

表 10-14 列出了 Listbox 需要注意的几个参数。

表 10-14 Listbox 需要注意的几个参数

参　数	描　述
setgrid	指定一个布尔值，决定是否启用网格控制，默认值是 False
selectmode	选择模式，可以是 "browse"(单选模式，默认)或 "multiple"(多选模式)等
listvariable	设置一个与列表框关联的 StringVar 类型的变量，用于设置或获取列表框的内容。给变量设置值时，用空格分隔每个文本选项，例如 var.set("文本选项 1 文本选项 2 文本选项 3")
activestyle	鼠标悬停时的外观风格，可以是"none""underline"或"dotbox"

Listbox 对象的常用方法如表 10-15 所示。

表 10-15 Listbox 对象的常用方法

方　法	描　述
insert(index,item)	在列表框中添加一个或多个项目 item 到 Listbox 中，index 指定插入文本项的索引位置，若为 END，则在尾部插入文本项；若为 ACTIVE，则在当前选中处插入文本项
delete(first,last)	删除列表框中参数 first 到 last 范围内(包含 first 和 last)的所有选项，如果忽略 last 参数，则表示删除 first 参数指定的选项
get(first,last)	获取列表框中参数 first 到 last 范围内(包含 first 和 last)的所有选项，如果忽略 last 参数，则表示获取 first 参数指定的选项
size()	返回列表框的选项数量
curselection()	返回列表框当前选中项的索引构成的元组

【例 10-16】 创建一个获取 Listbox 组件内容的程序。

```
from tkinter import *
window=Tk(className='Listbox使用举例')      #创建'Listbox使用举例'窗口
Str=StringVar()
lb = Listbox(window, selectmode = MULTIPLE, font=('楷体', 14),listvariable=
Str)
#属性 MULTIPLE 允许多选,依次单击 3 个 item,均显示为选中状态
for item in ['Python','Java','C语言']:
    lb.insert(END, item)
def callButton1():
    print(Str.get())
def callButton2():
    for i in lb.curselection():
        print(lb.get(i))
lb.pack()
Button(window,text='获取 Listbox 的所有内容',command=callButton1,width=20).
pack()
Button(window,text='获取 Listbox 的选中内容',command=callButton2,width=20).
pack()
window.mainloop()
```

执行例 10-16 程序代码得到的输出结果如图 10-20 所示。

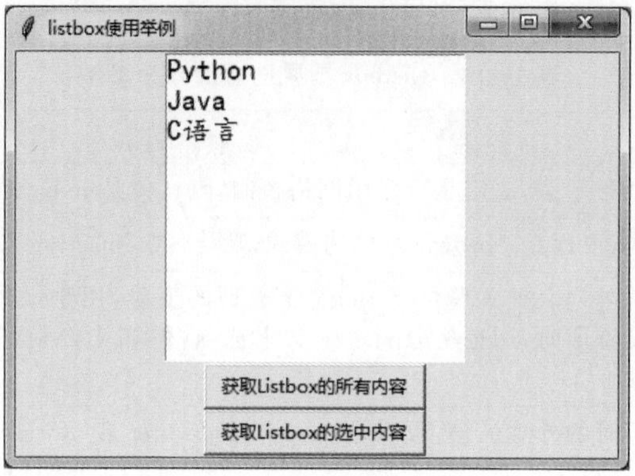

图 10-20　执行例 10-16 程序代码得到的输出结果

单击“获取 Listbox 的所有内容”按钮则输出：

```
('Python', 'Java', 'C 语言')
```

选中 Python 后，单击“获取 Listbox 的选中内容”按钮则输出：

```
Python
```

在选中 Java 后，单击“获取 Listbox 的选中内容”按钮则输出：

```
Python
Java
```

10.8　菜单与框架

10.8.1　菜单组件

菜单组件是 GUI 界面非常重要的一个组成部分，几乎所有的应用都会用到菜单组件。Tkinter 也有菜单组件，菜单组件是通过使用 Menu 类来创建的，菜单可用来展示可用的命令和功能。菜单以图标和文字的方式展示可用选项，用鼠标选择一个选项，程序的某个行为就会被触发。Tkinter 的菜单分为如下 3 种。

1. 顶层菜单

这种菜单是直接位于窗口标题下面的固定菜单，通过单击顶层菜单可下拉出子菜单，选择下拉菜单中的子菜单可触发相关的操作。顶层菜单也称作主菜单或菜单栏，是用户与应用程序进行交互的主要入口。

```
>>> import tkinter as tk
>>> root = tk.Tk()
>>> menubar = tk.Menu(root)     #创建菜单栏
```

2.下拉菜单

窗口的大小是有限的,不能把所有的菜单项都做成顶层菜单,这个时候就需要在菜单栏中添加下拉菜单,它可以在菜单栏下方弹出,显示更多的选项。

```
>>> file_menu = tk.Menu(menu_bar)
'''添加下拉菜单,label 用来指定下拉菜单的名称,menu 是下拉菜单的实例(包含菜单项的菜单)'''
>>> file_menu.add_cascade(label='Options', menu=sub_menu)
```

3. 弹出菜单

最常见的是通过鼠标右击某对象而弹出的菜单,一般为与该对象相关的常用菜单,如“剪切”“复制”“粘贴”等。

4. 菜单项

菜单项是菜单中的具体选项,例如“文件”菜单中的“保存”“打开”,或“编辑”菜单中的“复制”“粘贴”等。单击菜单项通常会触发相应的操作或打开子菜单。

Menu 类实例化菜单的语法格式如下:

```
Menu(master, parameter=value, ...)
```

参数说明如下。

master:菜单的父容器。

parameter:菜单的参数。

value:为参数设置的值。

在 Menu 中需要注意的参数如表 10-16 所示。

表 10-16 Menu 中需要注意的参数

选 项	描 述
postcommand	将此选项与一个函数相关联,当菜单被打开时该函数将自动被调用
activeborderwidth	用于指定当鼠标悬停在菜单项上方时的边框宽度。默认值为 1 像素
activebackground	用于指定当鼠标悬停在菜单项上方时的背景颜色
activeforeground	用于指定当鼠标悬停在菜单项上方时的前景颜色
tearoff	一个布尔值,用于指定是否允许菜单项独立于主窗口。如果设置为 True,则菜单项可以被“撕开”到一个独立的窗口中

创建菜单之后,可调用菜单的如下方法来添加菜单项。

(1) add_command():添加菜单项。

(2) add_checkbutton():添加一个多选按钮的菜单项。

(3) add_radiobutton():添加一个单选按钮的菜单项。

(4) add_separator():在菜单中添加分隔线。

(5) add_cascade():添加一个下拉菜单。

【例 10-17】 添加下拉菜单。

```
from tkinter import *
window = Tk(className='下拉菜单使用举例')
menubar = Menu(window)                  #窗口下创建一个主菜单(菜单栏)
submenu1 = Menu(menubar)                #在主菜单下创建子菜单 submenu1
#在子菜单 submenu1 下创建添加菜单项
for item in ['新建文件','打开文件','保存文件']:
    submenu1.add_command(label=item)
submenu1.add_separator()                #给菜单项添加分隔线
#继续在子菜单 submenu1 下创建菜单项
for item in ['关闭文件','退出文件']:
    submenu1.add_command(label=item)
submenu2 = Menu(menubar)                #在主菜单下创建子菜单 submenu2
#在子菜单 submenu2 下创建添加菜单项
for item in [ '复制' , '粘贴' , '剪切']:
    submenu2.add_command(label=item)
submenu3 = Menu(menubar)                #在主菜单下创建子菜单 submenu3
for item in ['版权信息' , '联系我们']:
    submenu3.add_command(label=item)
#为主菜单 menubar 添加 3 个下拉菜单'文件'、'编辑'、'关于'
menubar.add_cascade(label='文件',menu=submenu1)
                                        #submenu1 成为'文件'的下拉菜单
menubar.add_cascade(label='编辑',menu=submenu2)
menubar.add_cascade(label='关于',menu=submenu3)
#为窗口添加菜单栏 menubar,也可通过 window.config(menu=menubar)添加菜单栏
window['menu']= menubar
window.mainloop()
```

执行例 10-17 程序代码得到的输出结果如图 10-21 所示。

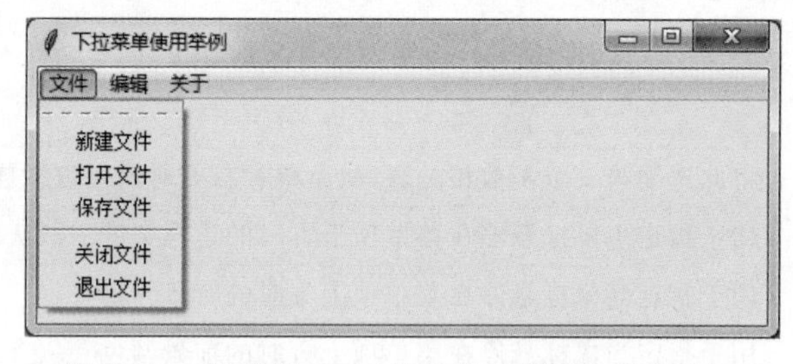

图 10-21 执行例 10-17 程序代码得到的输出结果

在执行程序出现的图形界面中单击"文件""编辑""关于"菜单,就会在这些菜单下出现下拉菜单。

10.8.2 框架组件

Frame 类生成的框架组件实例在屏幕上表现为一块矩形区域,多用来作为容器。

Frame 类实例化框架组件的语法格式如下:

```
Frame(master, option, ...)
```

参数说明如下。

master：指定拟要创建的框架组件的父窗口。

option：创建框架组件时的参数选项列表，参数选项以键值对的形式出现，多个键值对之间用逗号隔开。

【例 10-18】 Frame 框架组件使用举例。

```
from tkinter import *
root = Tk()
#以不同的颜色区别各个 frame
for fm in ['red','blue','yellow','green','white','grey']:
    Frame(root,height = 20,width = 100,bg = fm).pack()
    Label(root,text=fm,fg='purple').pack()
root.mainloop()
```

执行例 10-18 程序代码得到的输出结果如图 10-22 所示。

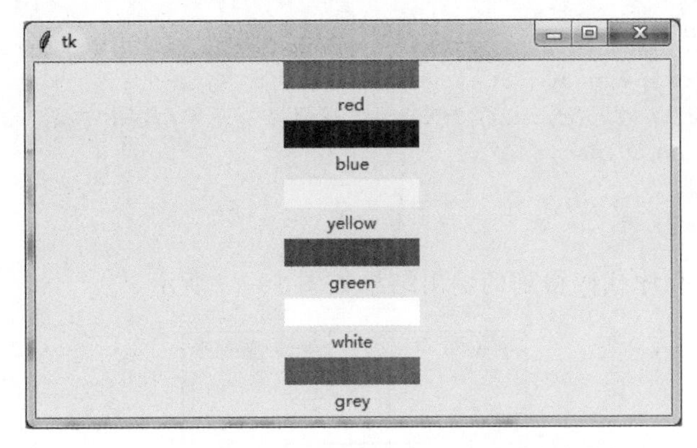

图 10-22 执行例 10-18 程序代码得到的输出结果

10.9 tkinter 的子模块 ttk

引入 tkinter.ttk 的基本思想是尽可能将实现控件行为的代码与实现其外观的代码分开，这样，在一个程序文件中同样的样式只需要写一次，在创建控件时可以直接引用，所以当控件较多时，会极大地降低代码量。

ttk 模块有 18 个控件(组件)，其中 12 个已经存在于 tkinter 中：Button、Checkbutton、Entry、Frame、Label、LabelFrame、Menubutton、PanedWindow、Radiobutton、Scale、Scrollbar 和 Spinbox。此外，还增加了 6 个 ttk 独有的组件：Combobox、Notebook、Progressbar、Separator、Sizegrip 和 Treeview。它们全都是 ttk.Widget 的子类。

使用 ttk 之前，首先要导入模块。

```
>>> from tkinter import *
>>> from tkinter.ttk import *      #为了覆盖基础的 Tk 控件，应该在 Tk 之后进行导入
```

这段代码会让以下几个 tkinter. ttk 控件(Button，Checkbutton，Entry，Frame，Label，LabelFrame，Menubutton，PanedWindow，Radiobutton，Scale 和 Scrollbar)自动替

换掉 Tk 的对应控件。

新旧控件并不完全兼容,主要区别在于 ttk 组件不再包含"fg""bg"等与组件样式相关的属性。而是通过 ttk.Style 类的实例化来定义更美观的样式效果。

【例 10-19】 创建一个 ttk 标签和按钮。

```
from tkinter import *
from tkinter import ttk
root = Tk()
style_1 = ttk.Style()                                   #创建 Style 类型的对象
style_1.configure("TLabel",foreground="orange",background="white")
label = ttk.Label(root,text="tkinter 标签",style="TLabel")
label.pack(padx=50,pady=10)

style_2 = ttk.Style()                                   #创建 Style 类型的对象
style_2.configure("TButton",background='blue',foreground='red',font=('黑
体',12))
btn1 = ttk.Button(root,text="tkinter 按钮 1")      #使用"TButton"的样式
btn1.pack(padx=50,pady=10)
btn2 = ttk.Button(root,text="tkinter 按钮 2")      #使用"TButton"的样式
btn2.pack(padx=50,pady=10)

root.mainloop()
```

运行例 10-19 程序代码得到的输出结果如图 10-23 所示。

图 10-23　运行例 10-19 程序代码得到的输出结果

Style 对象设置样式的方法如下:

```
Style 对象实例.configure('ttk 样式名', 样式参数......)
```

ttk 样式名是有强制规定的,为所有组件设置样式,系统已经强制 ttk 样式名为'.'。如:

```
Style 对象实例. configure('.', foreground="orange",background="white")
```

为某类组件设置,系统也有强制 ttk 样式名:大部分样式名都在组件类名的前面加大写的 T,如"TLabel"、"TButton"等。

按钮样式设置成功后,窗体上所有的按钮都被设置为蓝色背景色,红色前景色,其他的组件,如标签,是不会受到影响的。

也可为窗体上某一个单独的组件设置,其他同类的组件不受影响,这需要为这个单独设置的组件起一个样式名,样式名的格式是"自取的名字.组件类的强制名",如"my.TButton"。

10.10 习　　题

1. 基于 Tkinter 模块创建的图形用户界面主要包括几部分？

2. Tkinter 提供了几种几何布局管理类？简述其特点。

3. 使用 Tkinter 创建一个简单的图形用户界面，包含一个按钮。当用户单击按钮时，显示一条简单的提示信息。

4. 设计一个包含单选框和复选框的界面，用户可以从几个选项中选择一个，或者选择多个。单击按钮后，显示用户所选择的选项。

5. 设计一个简单的计算器界面，包含数字按钮、运算符按钮和显示屏。用户可以通过按钮输入数字和进行基本的加减乘除运算，单击等号按钮后，显示计算结果。

第 11 章 chapter 11

数据可视化

通过对数据集进行可视化，不仅能让数据更加生动、形象，也便于用户发现数据中隐含的规律与知识，有助于帮助用户理解大数据技术的价值。本章主要介绍：matplotlib 绘图流程，绘图属性设置，绘制线形图和散点图，绘制直方图和条形图，绘制饼图、极坐标图和雷达图，绘制箱形图和 3D 效果图，绘制动画图，图像载入与展示。

matplotlib
绘图流程

11.1 matplotlib 绘图流程

matplotlib 是建立在 NumPy 数组基础上的多平台数据可视化程序库。使用 matplotlib 库之前，需要通过“pip install matplotlib”命令安装该库。

使用 matplotlib 库绘图，主要使用 matplotlib 库的 pyplot 子库绘图，该子库提供了丰富的绘图 API，方便用户快速绘制 2D 图表，并设置图表的各种细节。

matplotlib 绘图的一般流程如下。

(1) 创建一个画布(Figure 对象)。

(2) 在画布中创建绘图区(Axes 对象)。

(3) 在绘图区中绘制图表。

11.1.1 创建画布

pyplot 子库下的 figure()函数用来创建画布(图形窗口)，subplot()函数用来在画布中创建绘图区。

figure()函数的语法格式如下：

```
pyplot.figure(num=None, figsize=None, dpi=None, facecolor=None, edgecolor=
None)
```

函数功能：用于创建新的 Figure 对象，或激活已存在的 Figure 对象。

参数说明如下。

num：整数或者字符串，默认值是 None，表示 Figure 对象的 id。如果没有指定 num，那么会创建新的 Figure，id(也就是数量)会递增，这个 id 存在 Figure 对象的成员变量 number 中；如果指定了 num 值，那么检查 id 为 num 的 Figure 是否已经存在，存在的话直接返回，否则创建 id 为 num 的 figure 对象，如果 num 是字符串类型，Figure 对象所在的窗口的标题会设置成 num。

figsize：画布的尺寸，整数元组。表示宽、高的 inches(1 英寸相当于 2.54 厘米)数。

dpi：Figure 对象的分辨率，即每英寸的像素数。

facecolor：画布的背景颜色。

edgecolor：画布的边框颜色。

Figure 对象都有多个属性，通过设置这些属性的值可控制 Figure 对象显示效果，这些属性如下。

(1) patch：Figure 的背景矩形对象。

(2) axes：绘图区列表。

(3) images：Figure 的 Images patch 列表。

(4) legends：Figure 的 Legend 实例列表。

(5) lines：Figure 的 Line2D 实例列表。

(6) texts：Figure 的 Text 实例列表。

(7) alpha：透明度，值在 0 到 1 之间，0 为完全透明，1 为完全不透明。

(8) label：文本标签。

(9) visible：是否可见。

一个 Figure 对象可调用 get_*()和 set_*()方法进行属性的读写。

```
>>> import matplotlib.pyplot as plt
>>> fig = plt.figure()            #创建一个画布
>>> fig.set_alpha(0.5)            #设置画布的透明度属性值
>>> fig.get_alpha()               #返回画布的透明度属性值
0.5
```

当调用 Figure 对象的 add_axes()或者 add_subplot()方法往 Figure 对象中添加坐标系(也称坐标轴、绘图区)时，这些轴都将添加到 Figure 的 axes 属性中。

11.1.2 创建绘图区

一个 Figure 对象可以包含多个绘图区，可以使用 Figure 对象的 subplot()方法来在 Figure 对象中创建绘图区(Axes 对象)，subplot()的语法格式如下：

```
pyplot.subplot(numRows, numCols, plotNum)
```

参数说明：numRows、numCols 两个参数确定画布的划分，numRows、numCols 会将整个画布划分成 numRows * numCols 个方格，按照从左到右，从上到下的顺序对每个方格进行编号，左上的方格的编号为 1；第三个参数 plotNum (取值范围是[1，numRows * numCols]) 表示在第 plotNum 个方格创建绘图区。如果 numRows，numCols 和 plotNum 这三个数都小于 10 的话，可以把它们缩写为一个整数，例如 subplot(323) 和 subplot(3,2,3) 是相同的。

如果 numRows=2，numCols=3，整个画布被分成 2×3 个方格，用坐标表示为：

```
(1, 1), (1, 2), (1, 3)
(2, 1), (2, 2), (2, 3)
```

若 plotNum＝3，则表示 subplot()函数将在方格(1,3) 内创建绘图区。

绘图区对象的主要属性如下。

(1) edgecolor：轴边缘颜色。

(2) facecolor：背景色。

(3) labelcolor：标题颜色。

(4) grid：是否显示网格，取值 False 时不显示网格，取值 True 时显示网格。

(5) titlecolor：标题颜色。

(6) titlelocation：标题位置，取值 left 时在左边，取值 right 时在右边，取值 center 时在中间。

(7) titlesize：标题字体大小。

(8) titleweight：标题字体粗细，normal 为正常粗细，bold 为粗体，light 为细体。

(9) patch：作为 Axes 背景的 Patch 对象，可以是 Rectangle 或者 Circle。

(10) legends：图例对象列表。

(11) texts：Text 实例。

(12) xaxis：X 轴对象。

(13) yaxis：Y 轴对象。

一个绘图区对象可调用 get_ * ()和 set_ * ()方法进行属性的读写。

【例 11-1】 创建一个画布，并在画布中创建 4 个绘图区。

```
import matplotlib.pyplot as plt
import numpy as np
fig = plt.figure()                    #创建 Figure 对象，即创建画布
x = np.linspace(0, 10)                #生成 0~10 的均匀间隔的 50 个数
y = np.sin(x)
#创建绘图区，前两个参数 22 确定画布的划分，22 会将整个画布划分成 2 * 2 个方格
#第三个参数 1(取值范围是[1, 2 * 2])表示在第 1 个方格创建绘图区，并用 ax1 表示
ax1 = fig.add_subplot(221)
#设置绘图区的名称，X 轴以及 Y 轴的取值范围和标签
ax1.set(xlim=[1, 4], ylim=[-2, 2], title='One Axes', ylabel='Y-Axis', xlabel
='X-Axis')
plt.plot(x,y)                         #在绘图区上绘制线型图
ax2 = fig.add_subplot(222)
plt.plot(x,y)
ax3 = fig.add_subplot(223)
plt.plot(x,y)
ax4 = fig.add_subplot(224)
plt.plot(x,y)
plt.show()                            #显示绘制的图表
```

绘制的图表如图 11-1 所示。

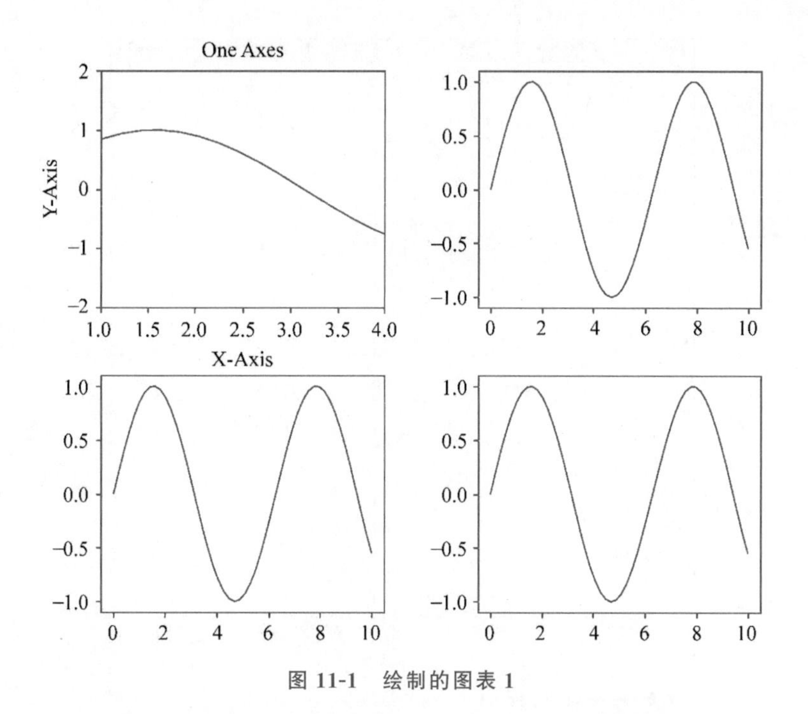

图 11-1 绘制的图表 1

fig.add_subplot()一次只能向画布 fig 添加一个绘图区,下面的方式可一次性创建所有绘图区 Axes。

【例 11-2】 一次性创建所有绘图区 Axes。

```
import matplotlib.pyplot as plt
fig, axes = plt.subplots(nrows=2, ncols=2)
#fig表示画布,axes表示四个绘图区的二维数组
axes[0,0].set(title='Axes1')
axes[0,1].set(title='Axes2')
axes[1,0].set(title='Axes3')
axes[1,1].set(title='Axes4')
plt.show()              #显示绘制的图表
```

绘制的图表如图 11-2 所示。

【例 11-3】 通过 Axes 对象的 set_*()方法设置 Axes 对象的属性的值。

```
import matplotlib.pyplot as plt
x = [0,1,2,3,4]
y = [2,-1,-2,3,1]
fig, axes = plt.subplots(nrows=1, ncols=2)
#fig表示画布,axes表示两个绘图区的一维数组
axes[0].set(title='Axes1')
axes[1].set(title='Axes2')
vert_bars = axes[0].bar(x, y, color='red', align='center')
#在绘图区绘制垂直条形图
horiz_bars = axes[1].barh(x, y, color='white', align='center')
#在绘图区绘制水平条形图
```

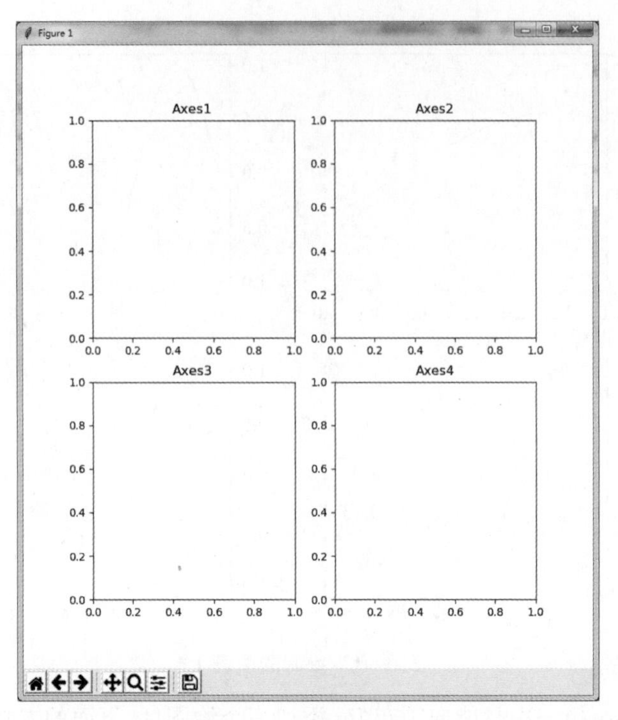

图 11-2 绘制的图表 2

```
#在水平或者垂直方向上画线
axes[0].axhline(0, color='lightgrey', linewidth=2)
axes[1].axvline(0, color='white', linewidth=2)
axes[1].set_facecolor("lightgrey")        #设置绘图区的背景色 facecolor 为 grey
plt.show()                                #显示绘制的图表
```

绘制的图表如图 11-3 所示。

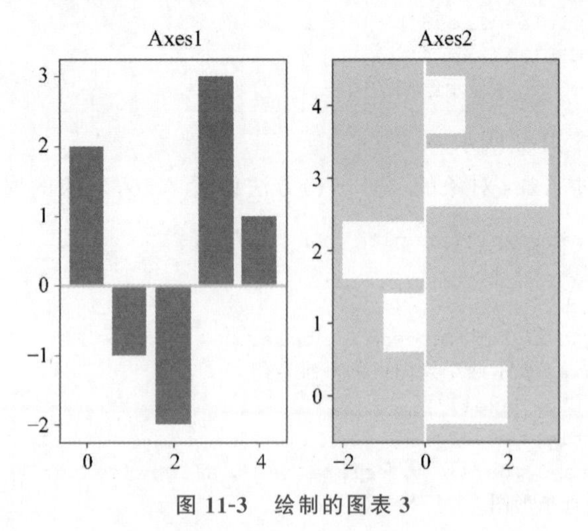

图 11-3 绘制的图表 3

plt 中其他常用的函数如下。

plt.xticks(list,x_label)：可以自定义绘图区 x 轴的内容，list 传入一个列表，x_label

传入自定义内容。

plt.yticks(list,y_label)：同 xticks。

plt.xlabel("自定义 x 轴文本标签")：给 x 坐标轴加上轴文本标签。

plt.ylabel("自定义 y 轴文本标签")：给 y 坐标轴加上轴文本标签。

plt.axis([－1,10,0,6])：设置绘图区 x 轴起始于－1,终止于 10;y 轴起始于 0,终止于 6。

plt.xlim(xmin,xmax)和 plt.ylim(ymin,ymax)：用来调整 x,y 轴的取值范围。

plt.grid(linestype＝"－.",alpha＝0.5)：可以自定义绘图区的网格,其中 linestyle 为线条类型,alpha 为透明度。

plt.title("自定义绘图区的标题")：可以自定义绘图区的标题。

plt.text(x,y,str)：在绘图区某一位置添加文本。

plt.legend()：显示图例。

plt.annotate()：在绘图区某位置加上注解。

plt.savefig("abc.png")：可以将图表保存为图像到本地。

plt.show()：可以显示图像 Figure 对象。

11.1.3 绘制图表

Axes 绘图区对象调用 plot()方法、scatter()方法、bar()方法、histogram()方法、pie()方法等根据数据在绘图区绘制出具体图表。

11.2 绘图属性设置

11.2.1 颜色、标记和线型

绘图中用到的线的属性包括：

(1) LineStyle：线形。

(2) LineWidth：线宽。

(3) Color：颜色。

(4) Marker：标记点的形状。

(5) label：用于标记线的图例标签。

【例 11-4】 绘制正余弦曲线。

```
import matplotlib.pyplot as plt
import numpy as np
def cossin():
    """绘制正余弦曲线"""
    import numpy as np
    import matplotlib.pyplot as plt
    x = np.arange(-6,6,0.2)
```

```
    plt.figure()                                 #创建画布,即图形窗口
    #markersize点大小
    plt.plot(x,np.cos(x),color='red',linestyle="-",marker='o',markersize=5,
    alpha=0.5, label='cos line')                 #alpha透明度
    plt.plot(x,np.sin(x),color='blue',linestyle=":", linewidth=2.0, marker=
    '<', markersize=5,alpha=0.5, label='sin line')
    plt.legend(fontsize=18,
            loc='center',                        #居中
            ncol=2,                              #显示成几列
                                                 #bbox_to_anchor = [x, y, width, height]
            bbox_to_anchor=[0, 0.8, 1, 0.2]            #图例的具体位置
            )
    plt.show()
cossin()                                         #调用函数
```

运行上述程序代码,绘制的正余弦曲线如图11-4所示。

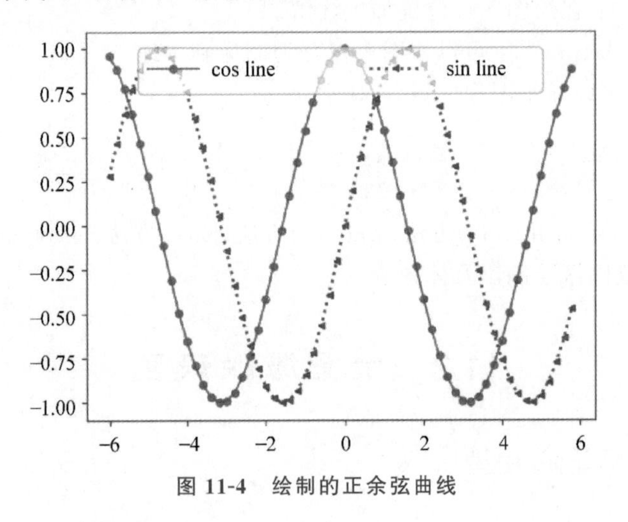

图 11-4 绘制的正余弦曲线

11.2.2 刻度、标题和标签

xlabel、ylabel:设置x轴、y轴标签。

title:设置绘图区的标题。

xlim、ylim:设置x轴、y轴的范围。

xticks、yticks:设置x轴、y轴的刻度。

gca:获取当前坐标轴信息,使用它的spines()方法设置绘图区边框,使用set_color设置边框颜色,默认黑色。

1. 使用xlabel()设置x轴标签

```
plt.xlabel(xlabel, fontdict=None, labelpad=None, *, loc=None, **kwargs)
```

返回值为Text对象。

参数作用及取值如下。

xlabel：字符串类型，设置标签的文本。

fontdict：以字典的形式设置标签的属性，如{'family'：'serif'，'color'：'darkred'，'weight'：'normal'，'size'：16，'style'：'italic'}。

labelpad：浮点数类型，默认值为 None，设置标签与坐标轴的距离。

loc：可取的值为{'left'，'center'，'right'}，设置标签的位置。

**kwargs：用于控制文本的外观属性，如字体、文本颜色等。

【例 11-5】 绘制各班级优秀人数。

```
import matplotlib.pyplot as plt
import matplotlib as mpl

def ticks_title_label_legend():
    """使用刻度、标题、标签和图例"""
    x1 = [1,2,3,4,5,6,7]
    y1 = [5,6,7,8,6,5,4]
    x2 = [1,2,3,4,5,6,7]
    y2 = [6,7,8,9,7,6,5]

    plt.plot(x1,y1,'ro--',label='22 级')    #设置线条标签
    plt.plot(x2,y2,'bp-',label='23 级')     #设置线条标签

    #设置绘图区的标题
    plt.title("每班优秀人数", size=18)

    #设置 x、y 轴标签
    plt.xlabel("class", size=25, family='Times New Roman')
    plt.ylabel("优秀人数/每班", size=18)

    #设置 x、y 轴范围
    plt.xlim(0,8)
    plt.ylim(0,10)

    #设置中文显示格式
    mpl.rcParams['font.sans-serif'] = ['SimHei']
    mpl.rcParams['axes.unicode_minus'] = False

    #设置 x、y 轴刻度
    plt.xticks([1,2,3,4,5,6,7],[str(i)+"班" for i in range(1,8)])
    plt.yticks(range(2,12,2),['2','4','6','8','10'])

    AX = plt.gca()                           #获取坐标轴信息
    #设置边框
    AX.spines['top'].set_color('blue')       #设置绘图区上边框颜色
    AX.spines['right'].set_color('red')      #设置绘图区右边框颜色
    plt.legend()                             #显示图例
    plt.show()

ticks_title_label_legend()
```

运行上述程序代码,得到的绘制各班级优秀人数如图 11-5 所示。

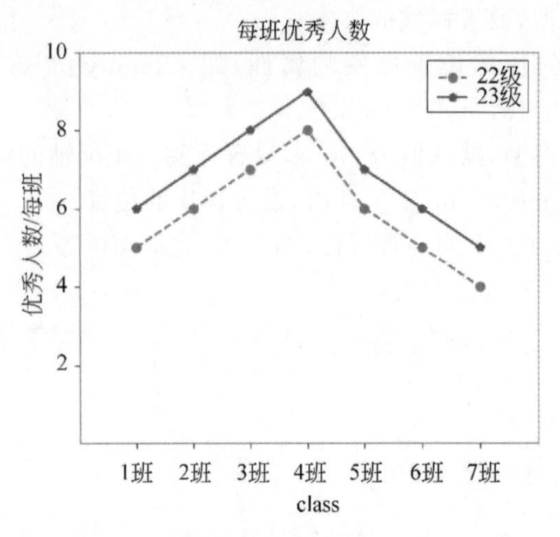

图 11-5 绘制各班级优秀人数

11.2.3 网格、文本和注释

plt.grid(linestype="-.",alpha=0.5):自定义网格。

plt.text():在绘图区任意位置添加文本。

plt.annotate():在绘图区任意位置添加注释。

【例 11-6】 网格、文本、注释和保存功能的用法示例。

```
import matplotlib.pyplot as plt
import numpy as np
import matplotlib as mpl

mpl.rcParams['font.family'] = 'KaiTi'        #设置中文字体显示格式为楷体
x = np.linspace(0, 10, 10)                     #生成 0 到 10 之间均匀间隔的 10 个数
y = np.array([60, 30, 20, 90, 40, 60, 50, 80, 70, 30])
plt.figure(figsize=(8, 5))
plt.plot(x, y, ls='--', marker='o')
#网格线
#ls: line style 网格线样式
#lw: line width  网格线宽度
#c: color 网格线颜色
#axis: 画哪个轴的网格线,默认 x 轴和 y 轴都画
plt.grid(ls='--', lw=0.5, c='gray', axis='y')
#画文本
for a, b in zip(x, y):
    plt.text(
            x=a+0.3,                           #x 坐标
            y=b+0.5,                           #y 坐标
            s=b,                               #文字内容
            ha='center',                       #水平居中
```

```
        va='center',              #垂直居中
        fontsize=14,              #文字大小
        color='r'                 #文字颜色
    )

#注释(标注)
plt.annotate(
    text='最高销量',                #注释的内容
    xy=(3, 90),                   #注释的坐标点
    xytext=(1, 80),               #注释的内容的坐标点
    #箭头
    arrowprops={
        'width': 2,               #箭头线的宽度
        'headwidth': 8,           #箭头头部的宽度
        'facecolor': 'blue'       #箭头的背景颜色
    }
)

plt.savefig('6.png')              #保存绘制的图像
plt.show()
```

运行上述程序代码,绘制的图如图 11-6 所示。

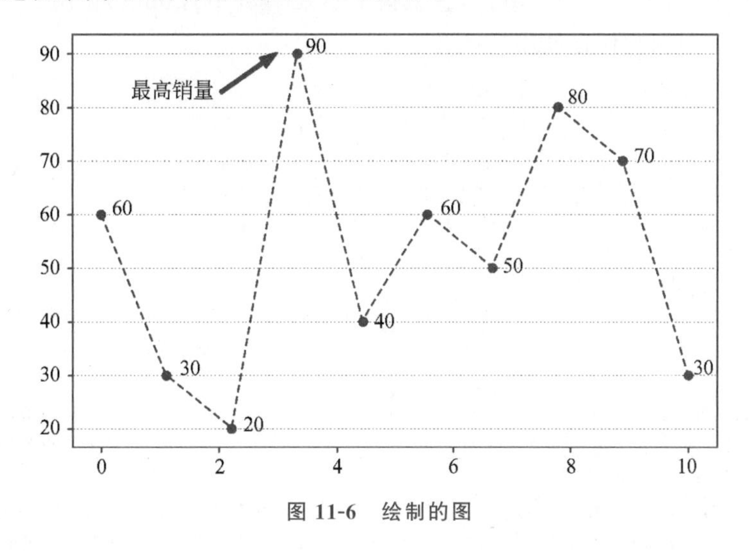

图 11-6　绘制的图

11.2.4　图例和保存

plt.savefig("abc.png"):将图像(Figure 对象)保存到本地。

显示图例的函数是 legend(),其语法格式如下:

```
legend(loc='lower right', fontsize=12, frameon=True, fancybox=True,
framealpha=0.2, borderpad=0.3, ncol=1, markerfirst=True, markerscale=1,
numpoints=1, handlelength=3.5)
```

参数说明如下。

loc：图例位置，可取的值有'best','upper right','upper left','lower left', 'lower right', 'right','center left','center right','lower center','upper center','center'。

fontsize：图例字体大小。

frameon：是否显示图例边框。

ncol：图例的列数量，一般为1。

title：为图例添加标题。

shadow：为图例边框添加阴影。

markerfirst：True表示图例标签在句柄右侧，False反之。

markerscale：图例标记为原图标记中大小的多少倍。

numpoints：图例中的句柄上的标记点的个数，一般为1。

fancybox：将图例框的边角设为圆形。

framealpha：控制图例框的透明度。

borderpad：图例框内边距。

labelspacing：图例中条目之间的距离。

handlelength：图例中的句柄的长度。

bbox_to_anchor：自定义图例位置或者将图例画在坐标外边，默认横向看右，纵向看下，比如bbox_to_anchor=(1.4,0.8)，一般搭配Axes.get_position()使用。

【例11-7】 图例和保存使用举例。

```
import matplotlib.pyplot as plt
import numpy as np

X = np.linspace(-2 * np.pi, 2 * np.pi, 256, endpoint=True)
C, S, T = np.cos(X), np.sin(X),np.tan(X)

#绘制x轴和y轴的标签
plt.xlabel('radian', size=15, family='Times New Roman')  #x轴和y轴
plt.ylabel('value', size=15, family='Times New Roman')

plt.xlim(-5.0, 5.0)                                       #x轴的范围
plt.ylim((-4, 4))                                         #y轴的范围

plt.plot(X, C, marker="^", linewidth=1, linestyle=":", color="#ff4683")
plt.plot(X, S, marker="o", linewidth=1, linestyle="--", color="#4e9dec")
plt.plot(X, T, marker="v", linewidth=1, linestyle="-.", color="orange")

#设置图例并设置图例的字体及大小
font = {'family': 'Times New Roman',                      #字体
        'weight': 'normal',
        'size': 12,                                       #字号
        }
#图例的具体内容
```

```
plt.legend(["${C_{1}}$", "${S_{1}}$", "${T_{1}}$"], #${S_{1}}$,
                                                    #下画线后面的内容会显示为下标
           loc="upper center",                      #显示位置
           prop=font)
#画网格(用虚线)
plt.grid(linestyle='--')

plt.savefig("绘制折线图.png" , dpi=300)     #保存图像,dpi 是存储图像的分辨率
plt.show()
```

运行上述程序代码,得到例 11-7 的绘图结果如图 11-7 所示。

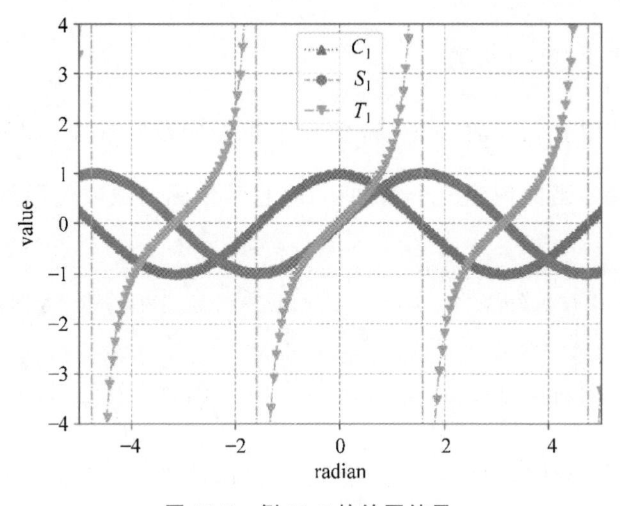

图 11-7 例 11-7 的绘图结果

11.3 绘制线形图和散点图

11.3.1 线形图概述

线形图是一种常见的数据可视化方式,用于显示连续变量随着另一个变量的变化而变化的趋势。它通常用于显示两个变量之间的关系,其中一个变量位于 x 轴,另一个变量位于 y 轴。线形图由一系列连接的数据点组成,这些数据点通过直线段连接在一起,从一个点到下一个点,以显示数据的趋势和变化。线形图可以包括一个或多个数据系列,每个数据系列用一条连接的折线表示。

线形图能够直观地传达数据的变化趋势,帮助观察者更好地理解数据,并从中获取信息和知识。线形图主要应用场景如下。

(1) 趋势分析。线形图用于观察和分析数据随时间变化的趋势。在金融领域,用于展示股票价格的变化趋势;在气象学中,用于显示气温、降水量等随时间的变化。

(2) 比较数据。多个数据系列的线形图能够方便地比较不同变量的变化趋势。在市场营销中,可以用于比较不同产品销售量的变化趋势。

(3) 季节性和周期性分析。线形图有助于分析数据中的季节性和周期性模式。这对于了解数据中的周期性波动非常有用,例如每周、每月或每年的商品销售趋势、客流量变化趋势等。

(4) 数据预测。线形图有助于理解数据的变化趋势和周期性,从而进行预测。在经济学领域,可用于预测商品未来的销售趋势。

(5) 相关性分析。线形图可用于显示两个或多个变量之间的关系。通过观察线形图,可以判断是否存在正向或负向的关联,以及关联的强度。

(6) 实验结果分析。科学实验的结果通常可以用线形图来可视化,以帮助研究人员理解实验结果和趋势。

11.3.2 绘制线形图的步骤

线形图通常使用 pyplot 的 plot()函数来绘制,绘制线形图的步骤如下。

1. 调用 figure()函数创建一个绘图窗口(也称绘图对象或绘图画布)

```
>>> import matplotlib.pyplot as plt #导入 pyplot 子库
>>> plt.figure(figsize=(8, 4))      #创建一个绘图窗口,指定绘图窗口的宽度和高度
<Figure size 800x400 with 0 Axes>
```

可以不创建绘图对象直接调用 pyplot 的 plot()函数进行绘图,matplotlib 会自动创建一个绘图对象。

如果同时绘制多幅图表的话,可以给 figure()函数传递一个整数参数指定图表的序号,如果所指定序号的绘图对象已经存在的话,将不创建新的对象,而只是让它成为当前绘图对象。

2. 调用 plot()函数绘制线形图

```
>>> plt.plot([1, 2, 3, 4], 'ko--')    #在绘图窗口中进行绘图
[<matplotlib.lines.Line2D object at 0x0000000048D6BF60>]
```

plt.plot()只有一个输入列表或数组时,参数被当作 y 轴,x 轴根据索引自动生成。此处设置 y 的坐标为[1,2,3,4],则 x 的坐标默认为[0,1,2,3],两轴的长度相同,x 轴默认从 0 开始。'ko--'为控制曲线的格式字符串,其中,k 表示线的颜色是黑色,o 表示数据点用实心圈标记,--表示线的形状类似破折线。

3. 设置绘图区的属性

```
>>> plt.ylabel("y-axis")              #给绘图区的 y 轴添加标签 y-axis
>>> plt.xlabel("x-axis")              #给绘图区的 x 轴添加标签 x-axis
>>> plt.title("hello")                #给绘图区添加标题 hello
>>> plt.show()                        #显示绘制的图表
```

绘制的图表如图 11-8 所示。

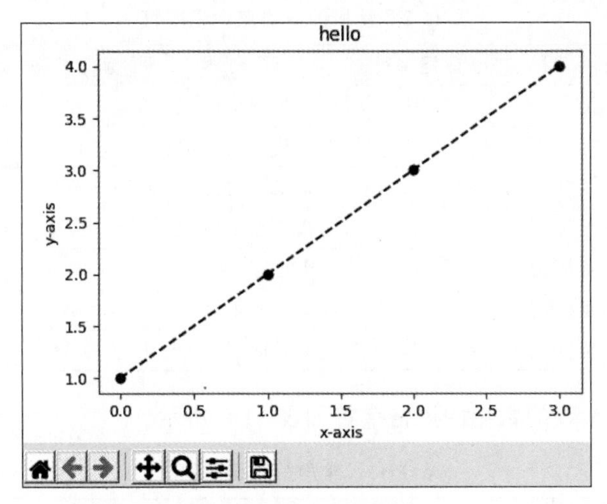

图 11-8 绘制的图表 4

在图 11-8 所示的绘图窗口中，窗口中间部分是绘制的图表，窗口底部是工具栏。

plt.plot()函数有两种调用方式：

```
plot([x], y, [fmt], data=None, **kwargs)                    #画一条线
plot([x], y, [fmt], [x2], y2, [fmt2], ..., **kwargs)        #多条线一起画
```

参数说明如下。

x：x 轴数据，可为列表或数组。

y：y 轴数据，可为列表或数组。

可选参数[fmt]：是用一个字符串来定义线的基本属性，如颜色(color)、点型(marker)、线型(linestyle)等，具体形式 fmt = '[color][marker][line]'，fmt 接收的是每个属性的单个字母缩写，如'bo-'；若属性用的是全名则不能用 fmt 参数来组合赋值，应该用关键字参数对单个属性赋值，如：

```
plot(x, y, color='green', marker='o', linestyle='dashed', linewidth=1,
markersize=6)
```

用于 color 参数的常用的曲线颜色字符如表 11-1 所示。

表 11-1 常用的曲线颜色字符

线条颜色字符	说 明	线条颜色字符	说 明
'b'	蓝色	'm'	洋红色
'g'	绿色	'y'	黄色
'r'	红色	'k'	黑色
'c'	青绿色	'w'	白色
'#008000'	RGB 某颜色	'0.8'	灰度值字符串

用于 marker 参数的常用的曲线点标记字符如表 11-2 所示。

表 11-2 常用的曲线点标记字符

标记字符	说　明	标记字符	说　明	标记字符	说　明
'.'	点标记	'1'	下花三角标记	'h'	竖六边形标记
','	像素标记	'2'	上花三角标记	'H'	横六边形标记
'o'	实心圈标记	'3'	左花三角标记	'+'	十字标记
'v'	倒三角标记	'4'	右花三角标记	'x'	x 标记
'^'	上三角标记	's'	实心方形标记	'D'	菱形标记
'>'	右三角标记	'p'	实心五角标记	'd'	瘦菱形标记
'<'	左三角标记	'*'	星形标记	'|'	垂直线标记

用于 linestyle 参数的常用的风格字符如表 11-3 所示。

表 11-3 常用的风格字符

风格字符	说明	风格字符	说明
'-'	实线	':'	虚线
'--'	破折线	""	无线条
'-.'	点画线		

11.3.3 支持中文字体的方式

pyplot 默认不支持中文显示，可采用如下两种方法显示中文字体。

1. 通过修改全局的字体进行实现

通过修改全局的字体进行实现，即通过 matplotlib 的 rcParams 修改字体实现。rcParams 的常用属性如表 11-4 所示。

表 11-4 rcParams 的常用属性

属　性	说　明
'font.family'	用于设置字体类型
'font.style'	用于设置字体风格(正常'normal'或斜体'italic')
'font.size'	用于设置字体的大小，整数字号或者'large''x-small'

常用的中文字体类型如表 11-5 所示。

表 11-5 常用的中文字体类型

中文字体	说　明	中文字体	说　明
'SimHei'	中文黑体	STXingkai	华文行楷
'KaiTi'	中文楷体	FZYaoti	方正姚体
'LiSu'	中文隶书	STXinwei	华文新魏
'FangSong'	中文仿宋	STLliti	华文隶书
'YouYuan'	中文幼圆	STKaiti	华文楷体
'STSong'	华文宋体	STXihei	华文细黑

【例 11-8】 使用 rcParams 实现中文字体显示。

```
import numpy as np
import matplotlib.pyplot as plt
import matplotlib
matplotlib.rcParams['font.family'] = 'KaiTi'  #设置中文字体显示格式为楷体
#创建一个 8 * 6 点的画布,并设置分辨率为 80
plt.figure(figsize=(8, 6), dpi=80)
#在画布的第 1 行第 1 列的第 1 个位置生成一个绘图区
plt.subplot(1, 1, 1)
#得到曲线的一组坐标点(x,y)坐标
X = np.linspace(-np.pi, np.pi, 256, endpoint=True)
C, S = np.cos(X), np.sin(X)
#绘制余弦曲线,使用蓝色的、连续的、宽度为 1 的线条
plt.plot(X, C, color='blue', linewidth=1, linestyle='-',label='余弦曲线')
#绘制正弦曲线,使用红色的、连续的、宽度为 2 的线条
plt.plot(X, S, color='red', linewidth=2.0, linestyle='-',label='正弦曲线')
#设置横轴的上下限
plt.xlim(-5.0, 5.0)
#设置横轴的刻度
plt.xticks([-np.pi, -np.pi/2, 0, np.pi/2, np.pi], [r'$-\pi$', r'$-\pi/2$', r'
$0$', r'$+\pi/2$', r'$+\pi$'])
#设置纵轴的刻度
plt.yticks([-1, 0, +1],[r'$-1$', r'$0$', r'$+1$'])
#设置横、纵坐标的名称以及对应的字体格式
font = {'family' : 'FangSong',
'weight' : 'normal',                                          #字体粗细
'size'   : 15,
}
#设置横轴标签
plt.xlabel('弧度', font)
#设置纵轴标签
plt.ylabel('函数值', font)
#设置图表标题
plt.title('正弦、余弦曲线', font)
plt.legend(loc='upper left')                                  #显示图例
#以分辨率 80 来保存图片
plt.savefig('demo.png', dpi=80)
plt.show()                                                    #在屏幕上显示绘制的图表
```

绘制的图表如图 11-9 所示。

2. 通过属性 fontproperties 实现

在有中文输出的地方,增加一个属性 fontproperties(仅修饰需要的地方,其他地方的

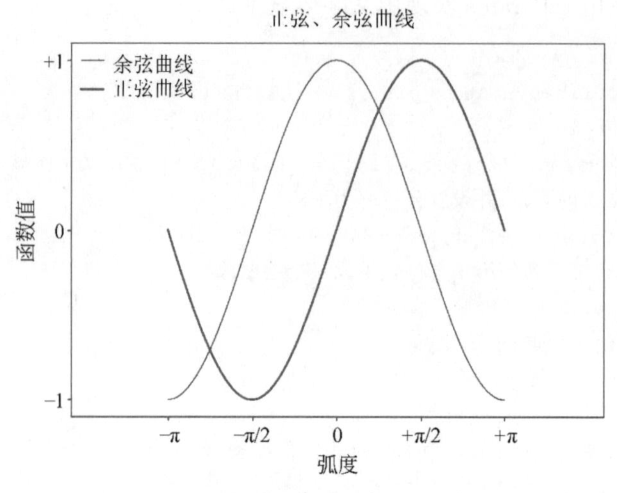

图 11-9　绘制的图表 5

字体不会跟随改变)。

【例 11-9】　在有中文输出的地方,使用属性 fontproperties 显示中文字体,在图表中添加带箭头的注解。

```
import matplotlib.pyplot as plt
import numpy as np
a = np.arange(0.0, 5.0, 0.02)
plt.plot(a, np.sin(2 * np.pi * a), 'k--')
#fontproperties也可用fontname代替
plt.ylabel('纵轴: 振幅', fontproperties='Kaiti', fontsize=20)
plt.xlabel('横轴: 时间', fontproperties='Kaiti', fontsize=20)
plt.title(r'正弦波实例: $y=sin(2\pi x)$', fontproperties='Kaiti', fontsize=20)
''' xy=(2.25, 1)指定箭头的位置,xytext=(3, 1.5)指定箭头的注解文本的位置,
facecolor='black'指定箭头填充的颜色,shrink=0.1指定箭头的长度,width=1指定箭头
的宽度'''
plt.annotate(r'$\mu=100$', fontsize=15, xy=(2.25, 1), xytext=(3, 1.5),
arrowprops=dict(facecolor='black', shrink=0.1, width=1))
#text()可以在图中的任意位置添加文字,(1, 1.5)为文本在图表中的坐标
plt.text(1,1.5,'正弦波曲线',fontproperties='Kaiti',fontsize=20)
#添加文本'正弦波曲线'
plt.axis([0, 5, -2, 2])        #指定x轴和y轴的取值范围
plt.grid(True)                 #在绘图区域添加网格线
plt.show()
```

运行上述程序代码,所生成的带箭头的注解图表如图 11-10 所示。

下面演示使用笛卡儿坐标轴显示绘图数据。具体做法是:首先用 gca()函数获取 Axes 对象,通过这个对象指定每条边的位置:上、下、左、右,可选择组成图表边框的每条边。使用 set_color()函数,把颜色设置为 none,删除图表边框的“右”边和“上”边。然后,用 set_position()函数移动剩下的边框,使其穿过原点(0,0)。

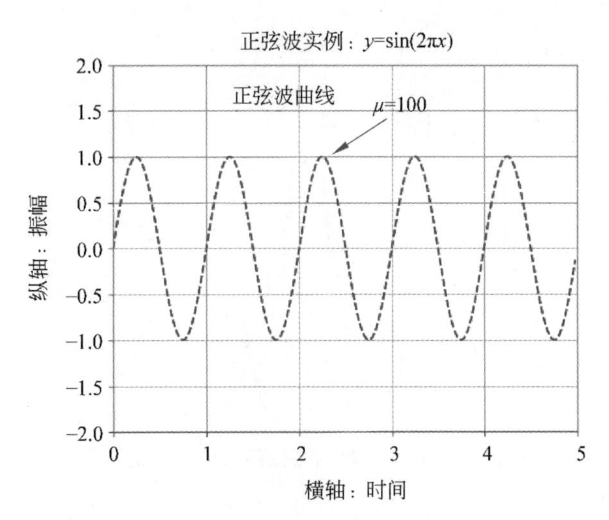

图 11-10 带箭头的注解图表

【例 11-10】 笛卡儿坐标轴使用举例。

```
import matplotlib.pyplot as plt
import numpy as np
x = np.arange(-2 * np.pi, 2 * np.pi, 0.01)
y1 = np.sin(2 * x)/x
y2 = np.sin(3 * x)/x
y3 = np.sin(4 * x)/x
plt.plot(x, y1, 'k--')
plt.plot(x, y2, 'k-.')
plt.plot(x, y3, 'k')
plt.xticks([-2 * np.pi,-np.pi,0,np.pi,2 * np.pi],[r'$-2\pi$',r'$-\pi$',r'$0$
',r'$+\pi$',r'$+2\pi$'])
#设置 y 轴范围及标注刻度值
plt.yticks([-1,0,1,2,3,4],[r'$-1$',r'$0$',r'$1$',r'$2$',r'$3$',r'$4$'])
ax = plt.gca()
ax.spines['right'].set_color('none')                #设置右边框的颜色为'none'
ax.spines['top'].set_color('none')
ax.xaxis.set_ticks_position('bottom')               #将底边框设为 x 轴
ax.spines['bottom'].set_position(('data',0))        #移动底边框
ax.yaxis.set_ticks_position('left')                 #将左边框设为 y 轴
ax.spines['left'].set_position(('data',0))          #移动左边框
plt.show()
```

笛卡儿坐标轴使用举例生成的图表如图 11-11 所示。

11.3.4 绘制散点图

散点图又称散点分布图，是以一个变量为横坐标，另一变量为纵坐标，利用散点（坐标点）的分布形态反映变量统计关系的一种图表。pyplot 下绘制散点图的 scatter()函数

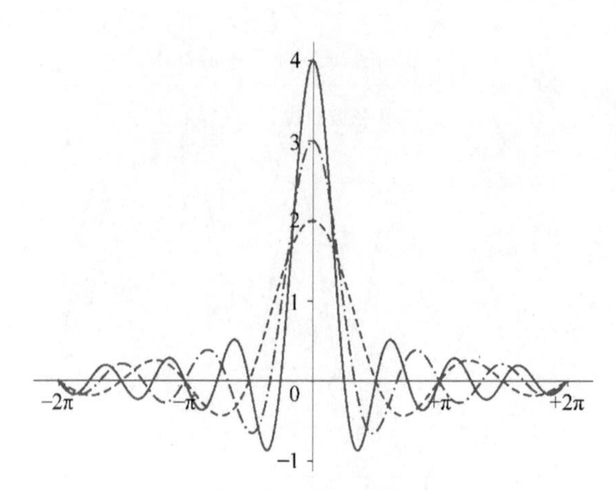

图 11-11 笛卡儿坐标轴使用举例生成的图表

的语法格式如下：

```
(x, y, s=None, c=None, marker=None, cmap=None, norm=None, vmin=None, vmax=
None, alpha=None, linewidths=None, edgecolors=None)
```

参数说明如下。

x：指定散点图中点的 x 轴数据。

y：指定散点图中点的 y 轴数据。

s：指定散点图点的大小，默认为 20。

c：指定散点图点的颜色，默认为蓝色，也可以是个 RGB 或 RGBA 二维行数组。

marker：指定散点图点的形状，默认为圆形。

cmap：调色板 colormap，默认为 None，标量或者是一个调色板的名字（如'viridis' 'viridis_r''winter''winter_r'等），只有 c 是一个浮点数的数组时才使用。

norm：亮度，数据亮度设置为 0～1，只有 c 是一个浮点数的数组时才使用。

vmin，vmax：亮度，在 norm 参数存在时会忽略。

alpha：透明度设置为 0～1，默认为 None，即不透明。

linewidths：表示数据点边缘的宽度。

edgecolors：设置散点边界线的颜色。

【例 11-11】 绘制散点图，图中的每个散点呈现不同的大小。

```
import matplotlib.pyplot as plt
import numpy as np
x = np.random.randn(50)                  #随机产生 50 个 x 坐标
y = np.random.randn(50)                  #随机产生 50 个 y 坐标
color = np.random.rand(50)               #随机产生用于映射颜色的数值
size = 500 * np.random.rand(50)          #随机产生散点大小的数值
plt.scatter(x, y, c=color, s = size, alpha=0.7,vmin=0.3,vmax=0.7,cmap='viridis')
plt.colorbar()                           #显示颜色条
plt.show()
```

上述绘制每个散点呈现不同的大小的散点图的程序代码的运行结果如图 11-12 所示，注意每次运行的图表结果都不一样。

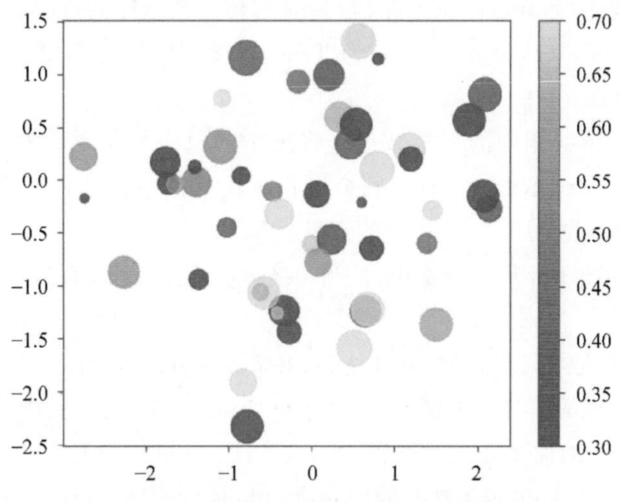

图 11-12 每个散点呈现不同的大小的散点图

11.4 绘制直方图和条形图

11.4.1 绘制直方图

直方图用一系列等宽不等高的长方形来表示数据，宽度表示数据范围的间隔，高度表示在给定间隔内数据出现的频数，矩形的高度跟落在间隔内的数据数量成正比，变化的高度形态反映了数据的分布情况。

直方图的作用如下。

(1) 显示各种数值出现的相对概率。

(2) 显示数据的中心、散布及形状。

(3) 快速阐明数据的潜在分布。

(4) 为预测过程提供有用的信息。

pyplot 用于绘制直方图的函数为 hist()，其语法格式如下：

```
hist(x, bins=None, range=None, density=False, weights=None, cumulative=
False, histtype='bar', align='mid', orientation='vertical', rwidth=None, log=
False, color=None, label=None, stacked=False)
```

各参数的含义如下。

x：要绘制直方图的数据，通常是一个数组或序列。

bins：整数值或数组序列，默认为 None。若为整数值，则为频数分布直方图的柱子个数，且柱宽 =(x.max() − x.min())/bins；若为数值序列，则该序列给出每个柱子的范围值，除最后一个柱子外，其他柱子的取值范围均为左闭右开，若数值序列的最大值小于原始数据的最大值,则存在数据丢失。

range:元组或 None。若为元组,则指定直方图数据的上下界,默认包含绘图数据的最大值和最小值;若为 None,则不剔除;若 bins 取值为数组序列,则 range 无效。

density:布尔值,默认为 False。若为 True,则绘制频率分布直方图;若为 False,则绘制频数分布直方图。

weights:与 x 形状相同的权重数组。将 x 中的每个元素乘以对应权重值再计数。如果 normed 或 density 取值为 True,则会对权重进行归一化处理。这个参数可用于绘制已合并数据的直方图。

cumulative:布尔值,默认为 False。当 density 为 True 时直方图显示累计频数或频率。

histtype:指定直方图的类型,可以是 'bar'(条形直方图,默认)'barstacked'(堆叠条形直方图)'step'(未填充的阶梯直方图,只有外边框)'stepfilled'(有填充的阶梯直方图)。

align:指定箱子的对齐方式,可以是 'left'(默认) 'mid' 或 'right'。'left'表示柱子的中心位于 bins 的左边缘,'mid'表示柱子的中心位于 bins 的中间,'right'表示柱子的中心位于 bins 的右边缘。

orientation:指定直方图的方向,可以是 'horizontal'(水平直方图)或 'vertical'(垂直直方图)。

rwidth:数值,默认为 None。表示柱子的宽度占 bins 对应宽的比例,比如取值为 0.9 时,柱子的宽度为 bins 对应宽乘以 0.9,柱子之间有空隙。

log:布尔值,默认为 False。若为 True,则纵坐标用科学记数法表示。

color:设置直方图的填充色。

label:设置直方图的标签。

stacked:默认为 False。当图中有多个数据集时使用该参数,若取值为 True,将直方图呈堆叠摆放,若取值为 False,则直方图水平摆放。

【例 11-12】 直方图举例。

```
import numpy as np
import matplotlib.pyplot as plt
y1 = np.arange(1,501)
y2 = np.random.choice(y1,size=300,replace=False) #无放回地从 y1 中抽取 200 个数
y3 = [y1,y2]
fig = plt.figure()                  #创建画布
ax = fig.add_subplot(111)           #创建绘图区
plt.hist(y3,bins=20,rwidth=0.7)
plt.show()
```

运行上述程序代码,得到的直方图如图 11-13 所示。

【例 11-13】 累计频率直方图举例。

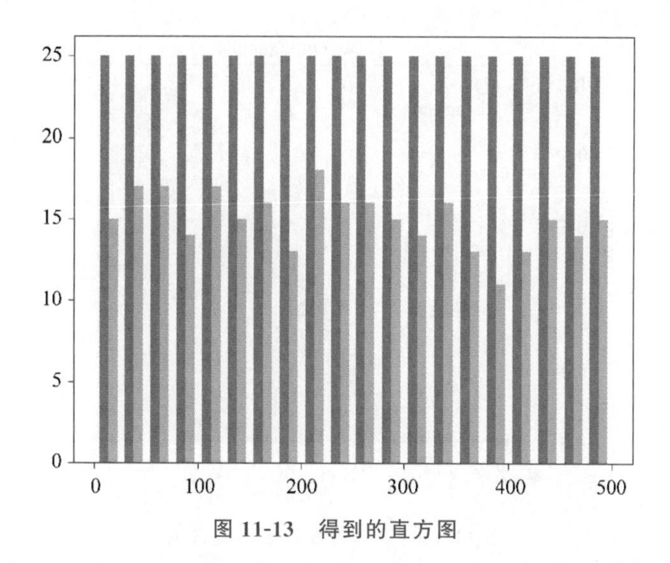

图 11-13 得到的直方图

```
import matplotlib.pyplot as plt
import numpy as np
from scipy.stats import norm

#生成随机数据
np.random.seed(0)
data = np.random.normal(0, 1, 1000)  #生成 1000 个服从标准正态分布的随机数

#创建直方图
plt.hist(data, bins=30, density=True, color='grey', alpha=0.7, cumulative=
True,edgecolor='black', label='Histogram')

#添加核密度估计
xmin, xmax = plt.xlim()
x = np.linspace(xmin, xmax, 100)
p = norm.pdf(x, np.mean(data), np.std(data))
plt.plot(x, p, 'r', linewidth=1, label='PDF')

#添加标题和标签
plt.title('Histogram Example')
plt.xlabel('Value')
plt.ylabel('Frequency')

#添加图例
plt.legend()
#显示图形
plt.show()
```

运行上述程序代码,得到的累计频率直方图如图 11-14 所示。

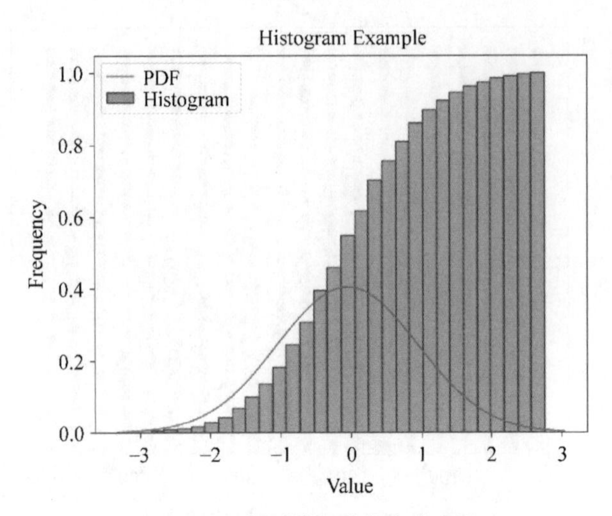

图 11-14 得到的累计频率直方图

11.4.2 绘制柱状图

柱状图常用于比较不同类别或组之间的数量关系,每个类别对应一个柱子,柱子的高度表示该类别的数量或数值。在统计学中,柱状图用于展示不同数值或范围的频率分布,每个柱子代表一个数值范围,柱子的高度表示该范围内的观测频率。柱状图可以用于对比不同组别的数量,例如不同产品的销售量、不同地区的销售额等,这有助于快速识别哪些组别表现良好,哪些表现较差。柱状图还可用于显示数据随时间变化的趋势。

pyplot 用于绘制柱状图的函数为 bar(),其语法格式如下:

```
bar(x, height, width=0.8, bottom=None, align='center', data=None, color,
orientation,hatch)
```

参数说明如下。

x:一个数组或序列,表示柱子的横坐标位置。

height:一个数组或序列,表示柱子的高度。

width(可选):一个标量或数组,表示柱子的宽度,默认值为 0.8。

bottom(可选):一个标量或数组,表示柱子的底部位置,默认值为 None,表示柱子从 0 开始。

align(可选):柱子在 x 轴上的对齐方式,可取的值为'center'(默认值,x 位于柱子的中心位置)或'edge'(x 位于柱子的左侧)。

data(可选):用于传递数据的可迭代对象,如果提供了此参数,则不需要提供 x 和 height。

color:柱状图的填充颜色,只给出一个值表示全部使用该颜色,若是颜色列表则会逐一染色。

hatch:柱子填充符号,取值范围为{'/','\','|','-','+','x','o','O','.','*'},符号可以组合,例如'/+',多个重复符号可增加填充的密度。

绘制水平方向的柱状图用 barh()函数实现。bar()函数的参数和关键字参数对该函数依然有效。需要注意的是用 barh()函数绘制水平柱状图时，两条轴的用途跟垂直条形图刚好相反，类别分布在 y 轴上，数值显示在 x 轴。barh()函数的语法格式如下：

```
barh(y, width, height=0.8)
```

参数说明如下。

y：一个数组或序列，表示柱子的纵坐标位置。

width：柱子的宽度，与 bar()函数的 height 的功能相同，类型为数组或列表。

height：柱子的高度，默认值为 0.8，与 bar()函数的 width 的功能相同。

【例 11-14】 绘制垂直柱状图和水平柱状图。

```
import matplotlib.pyplot as plt
import numpy as np
plt.figure(figsize=(13,9))
plt.rcParams['font.family']='SimHei'

plt.subplot(131)
x=['红','绿','蓝']
color=['red','green','lightblue']
hight=[5,6,7]
width=[0.3,0.3,0.5]
plt.bar(x,hight,color=color,width=width)
#设置网格刻度
plt.grid(True,linestyle=':',color='r',alpha=0.6)
plt.title('红绿蓝自定义宽度')

#分组柱状图绘制
plt.subplot(132)
#数据
categories = ['河南', '湖北', '重庆']
values1 = [7.26, 6.17, 5]
values2 = [6, 5.68, 5]
bar_width = 0.3                                    #设置柱子的宽度
#设置柱子的位置
index = np.arange(0,len(categories),1)             #创建等差数列的数组,步长为 1

#绘制分组柱状图
plt.bar(index - bar_width/2, values1, bar_width, label='学校 1', color=
'lightblue', hatch="/")
plt.bar(index + bar_width/2, values2, bar_width, label='学校 2',color='orange',
hatch="|")

#为每个柱状图添加数值标签
for x1,y1 in enumerate(values1):
    plt.text(x1-bar_width/2, y1+0.05, y1,ha='center',fontsize=10)
for x2,y2 in enumerate(values2):
    plt.text(x2+bar_width/2,y2+0.05,y2,ha='center',fontsize=10)
#设置图例、标签等
plt.xlabel('省(区、市)')
plt.ylabel('在校人数')
plt.xticks(index, categories)
plt.legend()
```

```
plt.title('在校生最多的两个学校')

#绘制水平分组柱状图,三部电影三天的票房
plt.subplot(133)
movie = ['电影 1', '电影 2', '电影 3']
day1 = np.array([4.053, 3.548, 2.543])              #第 1 天
day2 = np.array([5.640, 5.013, 5.421])              #第 2 天
day3 = np.array([6.080, 5.673, 4.342])              #第 3 天
y = np.arange(len(movie))                           #设置柱子的位置
height = 0.2                                        #设置柱子的高度
#设置每个柱子在 y 轴的位置
movie1_y = y                                        #第 1 个电影不变
movie2_y = y + height                               #第 2 个电影加上 1 倍的 height
movie3_y = y + 2 * height                           #第 3 个电影加上 2 倍的 height

#绘制水平分组柱状图
plt.barh(movie1_y, day1, height=height)             #第 1 天的图形
plt.barh(movie2_y, day2, height=height)             #第 2 天的图形
plt.barh(movie3_y, day3, height=height)             #第 3 天的图形

#设置 y 轴显示的数据
plt.yticks(y + height, movie)
#为每个柱状图添加数值标签
for i in range(len(movie)):
    plt.text(day1[i], movie1_y[i], day1[i], va="center", ha="left")
    plt.text(day2[i], movie2_y[i], day2[i], va="center", ha="left")
    plt.text(day3[i], movie3_y[i], day3[i], va="center", ha="left")

plt.xlim(0, 7)
plt.title('三部电影三天的票房')
plt.show()
```

运行上述代码,例 11-14 绘制的图形如图 11-15 所示。

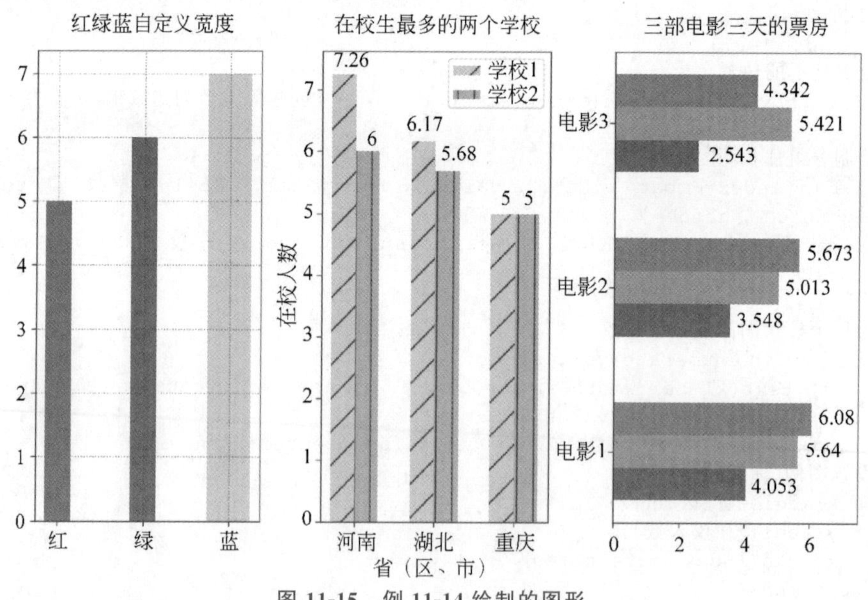

图 11-15　例 11-14 绘制的图形

11.5 绘制饼图、极坐标图和雷达图

11.5.1 绘制饼图

饼图显示一个数据系列中各项的大小与各项总和的比例。pyplot 使用 pie()来绘制饼图,其语法格式如下:

```
pie (sizes, explode = None, labels = None, colors = None, autopct = None,
pctdistance=0.6,shadow=False, labeldistance=1.1, startangle=None, radius=
None)
```

参数说明如下。

sizes:饼图中每一块的比例,如果 sum(sizes)>1 会使用 sum(sizes)归一化。

explode:指定饼图中每块离中心的距离。

labels:为饼图添加标签说明,类似图例说明。

colors:指定饼图的填充色。

autopct:设置饼图内每块百分比的显示样式,可以使用 format 字符串或者格式化函数'%width. precisionf%%'指定饼图内百分比的数字显示宽度和小数的位数。

startangle:起始绘制角度,默认图是从 x 轴正方向按逆时针画起,如设定角度为 90 则从 y 轴正方向按逆时针画起。

shadow:是否有阴影。

labeldistance:每块旁边的文本标签的位置离饼图的中心点的距离,1.1 指 1.1 倍半径的位置。

pctdistance:每块的百分比标签离饼图的中心点的距离。

radius:设置饼图的半径大小。

【例 11-15】 绘制"三山六水一分田"的地球山、水、田占比的饼图。

```
from matplotlib import pyplot as plt
import matplotlib
matplotlib.rcParams['font.family'] = 'FangSong' #显示 FangSong 中文仿宋字体
matplotlib.rcParams['font.size'] = '12'          #设置字体大小
plt.figure(figsize=(7,7))      #创建一个绘图对象(窗口),指定绘图对象的宽度和高度
#定义饼图每块旁边的标签
labels = ('六分水','三分山','一分田')
#定义饼图中每块的大小
sizes = (6,3,1)
colors = ['red','yellowgreen','lightskyblue']
explode = (0,0,0.05)             #0.05 表示'一分田'这一块离中心的距离
plt.pie(sizes, explode=explode, labels=labels, colors=colors, labeldistance =
1.1,autopct = '%4.2f%%',shadow = True,startangle = 90,pctdistance = 0.5)
#labeldistance,文本的位置离饼图的中心点的距离,1.1 指 1.1 倍半径的位置
#autopct,圆里面的文本格式,%4.2f%%表示数字显示的宽度有 4 位,小数点后有 2 位
```

```
#shadow,饼图是否有阴影,取 False 没有阴影,取 True 有阴影
#startangle,饼图的起始绘制角度,一般选择从 90 度开始
#pctdistance,百分比的 text 离圆心的距离,0.5 指 0.5 倍半径的位置
plt.legend(loc="best")  #为饼图添加图例,loc="best"用来设置图例的位置
plt.show()
```

上述绘制“三山六水一分田”的地球山、水、田占比的饼图的程序代码运行的结果如图 11-16 所示。

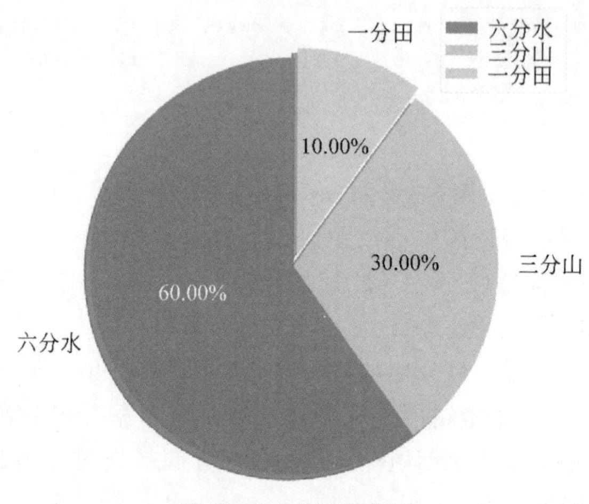

图 11-16 绘制的饼图

pyplot 子库下的设置图例的 legend()函数的语法格式如下所示：

```
legend(loc, fontsize,frameon, edgecolor, facecolor, title)
```

参数说明如下。

loc：图例在窗口中的位置，可以是表示位置的元组或位置字符串，如 pyplot.legend(loc='lower left')，常用的位置字符串如下：0：'best'，4：'lower right'，8：'lower center'，1：'upper right'，5：'right'，9：'upper center'，2：'upper left'，6：'center left'，10：'center'，3：'lower left'，7：'center right'。

fontsize：设置图例的字体大小。

frameon：设置图例边框，frameon= False 时去掉图例边框。

edgecolor：设置图例的边框颜色。

facecolor：设置图例的背景颜色，若无边框，则参数无效。

title：设置图例的标题。

11.5.2 绘制极坐标图

极坐标是指在平面内取一个定点 O，叫作极点，引一条射线 Ox，叫作极轴，再选定一个长度单位和角度的正方向(通常取逆时针方向)。对于平面内任何一点 M，用 ρ 表示线段 OM 的长度，θ 表示从 Ox 到 OM 的角度，ρ 叫作点 M 的极径，θ 叫作点 M 的极角，有序

数对 (ρ,θ)就叫作点 M 的极坐标。

matplotlib 的 pyplot 子库提供了绘制极坐标图的方法，在调用 subplot()创建子图时通过设置 projection='polar'，便可创建一个极坐标子图，然后调用 plot()在极坐标子图中绘图。

【例 11-16】 绘制极坐标图。

```
import matplotlib.pyplot as plt
import numpy as np
theta=np.linspace(0,2 * np.pi,20,endpoint=False)        #20个角度数据，均分
                                                         #2 * np.pi 角度
radii=10 * np.random.rand(20)                            #20个随机极径数据
width=np.pi/4 * np.random.rand(20)                       #20个随机极区宽度
ax=plt.subplot(111,projection='polar')                   #创建一个极坐标子图
#指定绘制极坐标饼图的起始角度、长度、扇形角度以及距离圆心的距离
bars=ax.bar(theta,radii,width=width,bottom=0.0)
#使用自定义颜色和不透明度
for r,bar in zip(radii,bars):
    bar.set_facecolor(plt.cm.viridis(r/10.0))
    bar.set_alpha(0.6)
plt.title('极坐标图', fontproperties='KaiTi', fontsize=15)
plt.show()
```

上述绘制极坐标图的程序代码的运行结果如图 11-17 所示。

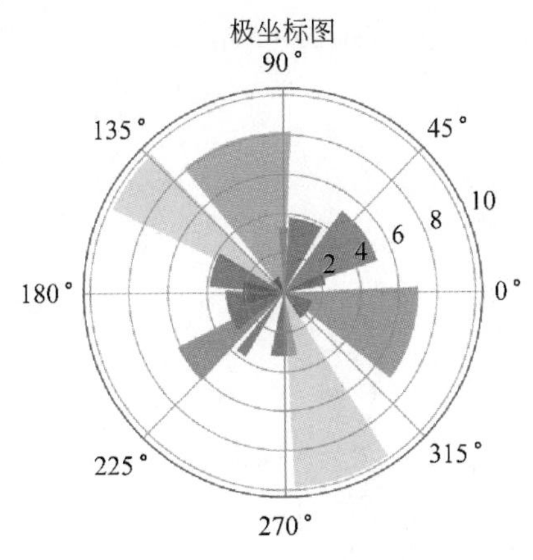

图 11-17 绘制的极坐标图

11.5.3 绘制雷达图

雷达图(Radar Chart)又被叫作蜘蛛网图，适用于显示三个或更多维度的变量。雷达图是以在同一点开始的轴上显示的三个或更多个变量的二维图表的形式来显示多元数据的方法，其中轴的相对位置和角度通常是无意义的。

雷达图主要应用于企业经营状况——收益性、生产性、流动性、安全性和成长性的评价。

【例 11-17】 绘制雷达图。

```
import numpy as np
import matplotlib.pyplot as plt
import matplotlib
matplotlib.rcParams['font.family'] = 'FangSong'  #中文字体显示为 FangSong 格式
lables = np.array(['C语言','Python','Java','Scala','C++','C#'])
scores = np.array([8, 8.5, 8, 6, 8, 9])
scoresLenth = scores.size                          #courses 中的数据个数
angles = np.linspace(0, 2*np.pi, scoresLenth, endpoint=False)
#分割圆周长
scores = np.concatenate((scores, [scores[0]]))    #scores 数据闭合
angles = np.concatenate((angles, [angles[0]]))    #angles 数据闭合
lables = np.concatenate((lables, [lables[0]]))    #lables 数据闭合
#fig = plt.figure(facecolor="white")
#plt.subplot(111, polar=True)
plt.polar(angles, scores, 'bo-', color = 'r', linewidth = 1)   #作极坐标系
plt.fill(angles, scores, facecolor = 'grey', alpha = 0.25)     #填充颜色
plt.thetagrids(angles*180/np.pi, lables)           #为每个数据点添加标签
plt.ylim(0, 10)                                    #设置纵轴的上下限
plt.title('编程能力值雷达图')
plt.savefig('编程能力值雷达图.JPG')                  #保存绘制的图表
plt.show()                                         #显示绘制的雷达图
```

绘制的雷达图如图 11-18 所示。

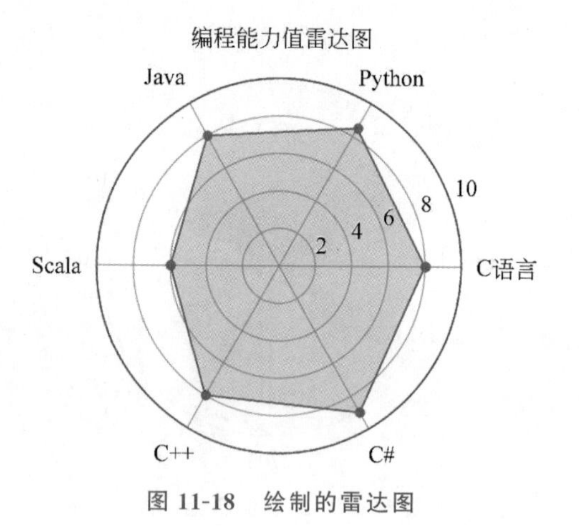

图 11-18 绘制的雷达图

11.6 绘制 3D 效果图

3D 图表在数据分析、数据建模等领域中都有着广泛的应用。在 Python 中，主要使用 mpl_toolkits.mplot3d 模块下的 Axes3D 类进行三维坐标轴对象的创建。

创建三维坐标轴对象 Axes3D 主要有两种方式，一种是利用关键字 projection='3d'l 来实现，另一种则是通过从 mpl_toolkits.mplot3d 导入对象 Axes3D 来实现，目的都是生

成三维坐标轴对象 Axes3D。

11.6.1 绘制三维曲线图

【例 11-18】 绘制三维曲线图。

```
from mpl_toolkits.mplot3d import Axes3D
import matplotlib
import numpy as np
import matplotlib.pyplot as plt
plt.rcParams['font.sans-serif'] = ['Microsoft YaHei']   #定义全局字体
fig = plt.figure()
ax = fig.add_subplot(111, projection='3d')
theta = np.linspace(-4 * np.pi, 4 * np.pi, 100)
z = np.linspace(-2, 2, 100)
r = 1
x = r * np.cos(theta)
y = r * np.sin(theta)
ax.plot(x, y, z, label='三维曲线')                          #绘制三维曲线
ax.legend()
plt.show()                                                  #显示绘制的三维曲线
```

绘制的三维曲线如图 11-19 所示。

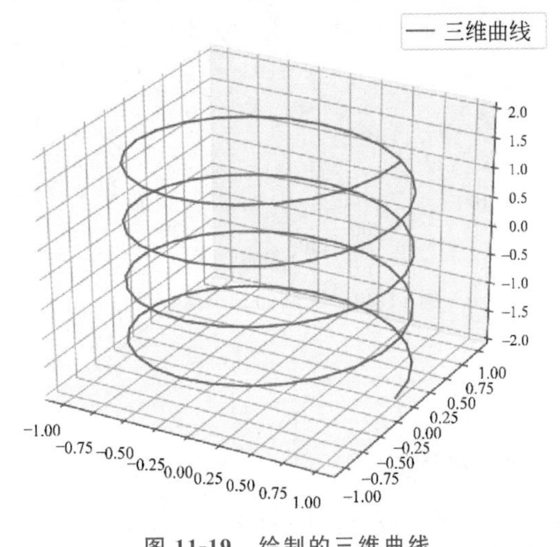

图 11-19 绘制的三维曲线

11.6.2 绘制三维散点图

【例 11-19】 绘制三维散点图。

```
from mpl_toolkits.mplot3d import Axes3D
import random
import matplotlib.pyplot as plt
fig = plt.figure()
```

```
ax = Axes3D(fig)
x = list(range(0, 300))
y = list(range(0, 300))
z = list(range(0, 300))
random.shuffle(x)
random.shuffle(y)
random.shuffle(z)
#点为红色实心五角形,s=70指定标记大小
ax.scatter(x, y, z, c = 'r',s=70,marker='p')
ax.set_xlabel('X')
ax.set_ylabel('Y')
ax.set_zlabel('Z')
plt.show()            #显示绘制的三维散点图
```

绘制的三维散点图如图 11-20 所示。

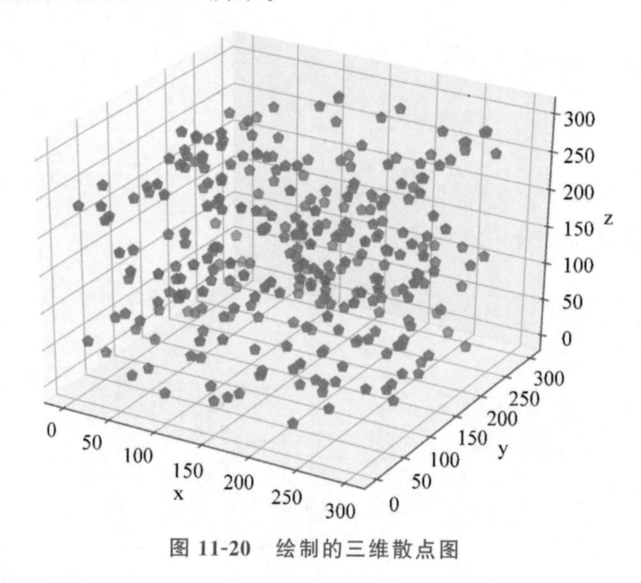

图 11-20　绘制的三维散点图

11.6.3　绘制三维柱状图

【例 11-20】　绘制三维柱状图。

```
from mpl_toolkits.mplot3d import Axes3D
import matplotlib.pyplot as plt
import numpy as np
#设置 x 轴刻度值
xedges =np.arange(10,80, step=10)
#设置 y 轴刻度值
yedges =np.arange(10,80, step=10)
#设置 x,y 对应点的值
z =np.random.rand(6,6)
#生成图表对象
fig = plt.figure()
```

```
#生成子图对象,类型为 3d
ax = fig.add_subplot(111,projection='3d')
#设置作图点的坐标
xpos, ypos = np.meshgrid(xedges[:-1]-2.5 , yedges[:-1]-2.5)      #网格化坐标
xpos = xpos.flatten()          #将多维数组转换为一维数组,x 坐标
ypos = ypos.flatten()          #y 坐标
zpos = np.zeros_like(xpos)     #输出为形状和 xpos 一致的矩阵,其元素全部为(0,z)坐标
                               #设置柱形图大小
dx = 5 * np.ones_like(zpos)    #返回一个用 1 填充的跟 zpos 形状和类型一致的数组
dy = 5 * np.ones_like(zpos)
dz = z.flatten()
#设置坐标轴标签
ax.set_xlabel('X')
ax.set_ylabel('Y')
ax.set_zlabel('Z')
#color 柱条的颜色
ax.bar3d(xpos, ypos, zpos, dx, dy, dz,color='b',zsort='average')
plt.show()                     #显示绘制的三维柱状图
```

绘制的三维柱状图如图 11-21 所示。

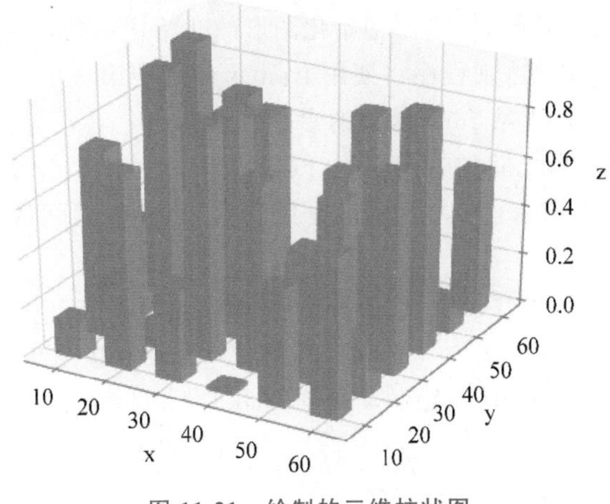

图 11-21　绘制的三维柱状图

11.7　绘制动画图

在 Matplotlib 库的子库 animation 提供了多种用于绘制动态效果图的类,其中的 Animation 类是 animation 模块中所有动画类的父类,Animation 子类集成关系如图 11-22 所示。

最常用的方法是使用 FuncAnimation 类绘制动画。

FuncAnimation 是基于函数的动画类,它通过重复调用同一函数来制作动画。FuncAnimation 类的构造方法的语法格式如下所示:

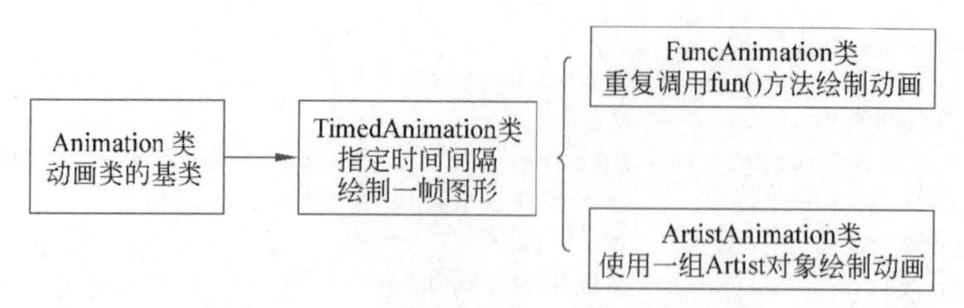

图 11-22 AnimationAnimation 子类集成关系

```
FuncAnimation(fig, func, frames=None, init_func=None, fargs=None, interval
=200,blit=True, repeat=True, repeat_delayint=0)
```

各参数的含义如下。

fig：用于显示动画的 figure 对象。

func：用于更新每帧动画的函数。func 函数的第一个参数为帧序号。返回被更新后的图形对象列表。

frames：表示动画的长度(一次动画包含的帧数，帧序号组成的列表)，依次将列表中数值传入 func 函数。frames 是数值时，相当于 range(frames)；默认值为 itertools.count，即无限递归序列，从 0 开始，每次加 1。

init_func：自定义开始帧，即绘制初始化图形的初始化函数，它会在第一帧动画之前调用一次。若未设置该参数，则程序将使用 frames 序列中第一项的绘图效果。

fargs：额外的需要传递给 func 函数的参数。

interval：动画每一帧之间的时间间隔，以毫秒为单位，默认为 200。

blit：表示是否更新所有的点，还是仅更新产生变化的点，默认为 False，推荐将 blit 参数设为 True。

repeat：布尔值，默认为 True。是否为循环动画。

repeat_delayint：当 repeat 为 True 时，指定动画延迟多少毫秒再循环，默认为 0。

【例 11-21】 FuncAnimation 绘制动画举例 1。

```
import numpy as np
import matplotlib.pyplot as plt
from matplotlib.animation import FuncAnimation
#创建画布和坐标系
fig, ax = plt.subplots()
xdata, ydata = [], []
line, = plt.plot([], [], 'ro')              #创建一个红色的点

#初始化函数,用于创建一块画布,为后续绘图做准备
def init():
    ax.set_xlim(0, 15)                      #设置绘图范围
    ax.set_ylim(-1, 1)
    return line,

#更新函数,通过帧数来不断更新数值
def update(step):
```

```
    xdata.append(step)
    ydata.append(np.sin(step))
    line.set_data(xdata, ydata)
    return line,

#创建动画对象
ani = FuncAnimation(fig, update, frames=np.linspace(0, 4 * np.pi, 100),
                    init_func=init,interval=50)

#显示动画
plt.show()
```

运行上述代码,例 11-21 绘制的图如图 11-23 所示。

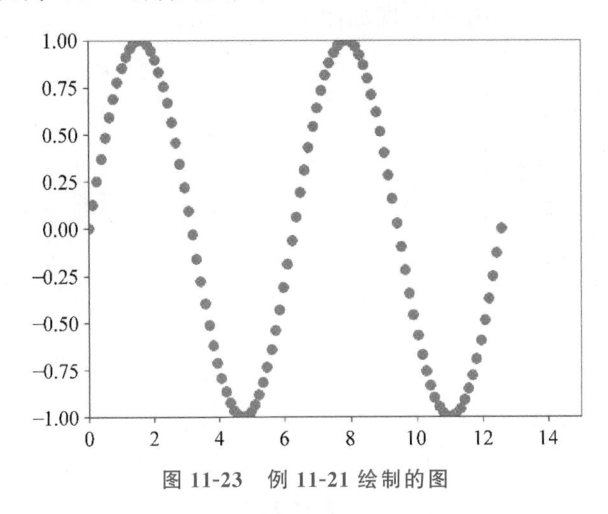

图 11-23 例 11-21 绘制的图

【例 11-22】 FuncAnimation 绘制动画举例 2。

```
import numpy as np
import matplotlib.pyplot as plt
import matplotlib.animation as animation
#准备余弦曲线数据
x = np.linspace(0,2 * np.pi, 100)
y = np.cos(x)
#创建画布和坐标系
fig = plt.figure()
ax = fig.add_subplot(111)
#绘制余弦曲线
ax.plot(x,y)
#动画设计
#创建一个红色圆点
moon,= ax.plot([],[], 'ro')
#创建文本显示红色圆点的坐标
bear = ax.text(2,0.6,'', fontsize=16)
#更新函数,用于更新圆点的位置
def update(i):                    #帧更新函数
```

```
    moon.set_data([x[i]], [y[i]])                          #更新点的位置
    bear.set_text("x=%.2f, y=%.2f"%(x[i],y[i]))  #更新点的坐标
    return moon,bear

#绘制动画
cosAni = animation.FuncAnimation(fig, update, frames=len(x), interval=50,
blit=True)
#frames 为余弦曲线的长度,更新频率为 50,blit=True 时更新所有的点
#将动画保存为 gif 格式图片
cosAni.save("cos.gif", writer = 'pillow')
#展示动画
plt.show()
```

运行上述代码,例 11-22 绘制的图如图 11-24 所示。

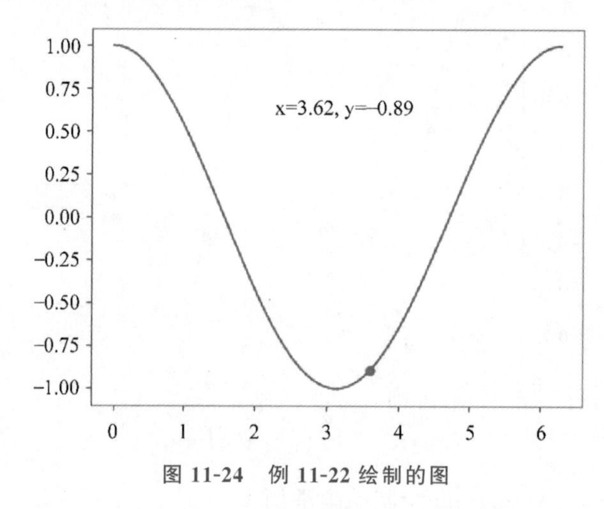

图 11-24 例 11-22 绘制的图

11.8 图像载入与展示

11.8.1 plt.imshow()展示图

matplotlib 库的 pyplot 模块中的 imshow()函数可用来显示图像、绘制热力图。热图绘制用来将数组的值以图片的形式展示出来,数组的值对应着像素(图像单元)值,表示颜色的深浅,而数值的索引(也称坐标)就是像素在图片中的位置,比如一个 5×5 的数组,图片里的点也就有 5×5 个。

imshow()函数的语法格式如下:

```
matplotlib. pyplot. imshow (X, cmap = None, norm = None, aspect = None,
interpolation=None, alpha=None, vmin=None, vmax=None, origin=None, extent=
None)
```

参数说明如下。

X: 图像数据,数据类型是数组或 PIL 图像,X 为(M,N),表示标量数据图像,使用

cmap 指定的方式将标量数据映射到彩色图；为(M,N,3) 时，表示 RGB 值(0～1 的浮点数或 0～255 的整数)的图像数据；为(M,N,4) 时表示 RGBA 值 (0～1 float or 0～255 int)的图像数据，包括透明度。超出范围的值将被视为界限值。

cmap：colormap 的简称，用于指定将标量数据映射到彩色图(指定渐变色)的方式，默认的值为 viridis(蓝-绿-黄)。此外，autumn 表示“红-橙-黄”，gray 表示“黑-白”，hsv 表示“红-黄-绿-青-蓝-洋红-红”。

aspect：aspect 用于指定绘制热图时的单元格的大小，默认值为 equal，此时单元格是一个方块，当设置为 auto 时，会根据画布的大小动态调整单元格的大小。

alpha：用于指定透明度，取值为 0～1，0 表示透明，1 表示不透明。

origin：指定绘制热图时的方向，默认值为 upper，此时热图的右上角为(0,0)，当设置为 lower 时，热图的左下角为(0,0)。

vmin 和 vmax：用于限定数值的范围，只将 vmin 和 vmax 之间的值进行映射。

对于热图而言，通常我们还需要画出对应的图例，图例通过 colorbar()方法来实现。

【例 11-23】 绘制热图举例。

```
import numpy as np
import matplotlib.pyplot as plt
courses = ["course1", "course2", "course3",
           "course4", "course5", "course6", "course7"]
students = ["student1", "student2", "student3",
           "student4", "student5", "student6", "student7"]
achievement = np.array([[0.8, 1.8, 2, 3, 0.5, 4, 0.2],
                        [2, 0.5, 3.0, 1.0, 2.5, 0.3, 0.2],
                        [1.1, 2.4, 0.8, 4.3, 1.9, 4.4, 0.2],
                        [0.6, 6.5, 0.3, 0.8, 3.1, 0.5, 0.2],
                        [0.8, 1.7, 0.6, 2.6, 2.2, 6.2, 0.2],
                        [1.2, 1, 0.5, 0.5, 0.5, 3.2, 3],
                        [0.1, 2.0, 7.0, 1.4, 0.0, 1.9, 4]])

fig, ax = plt.subplots()
im = ax.imshow(achievement)
#设置 x 轴和 y 轴标签
ax.set_xticks(np.arange(len(students)))
ax.set_yticks(np.arange(len(courses)))
ax.set_xticklabels(students)
ax.set_yticklabels(courses)
#旋转 x 轴标签并设置对齐方式
plt.setp(ax.get_xticklabels(), rotation=45, ha="right",
        rotation_mode="anchor")

#创建文本注释
for i in range(len(courses)):
    for j in range(len(students)):
        text = ax.text(j, i, achievement[i, j],
                       ha="center", va="center", color="w")
```

```
ax.set_title("Achievement of students")
fig.tight_layout()
plt.show()
```

运行上述程序代码,绘制的热图如图 11-25 所示。

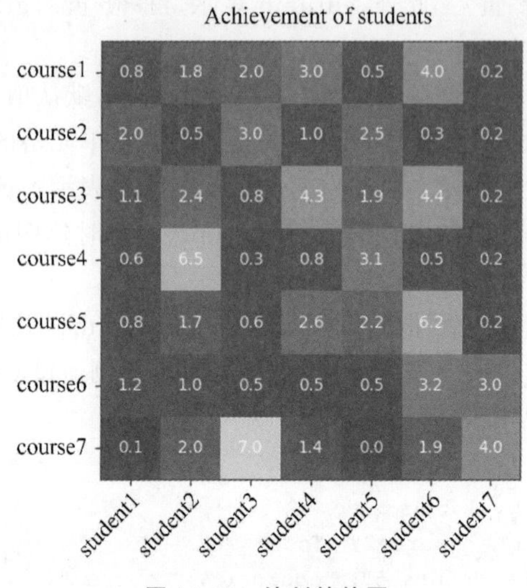

图 11-25　绘制的热图

11.8.2　plt.imread()载入图

matplotlib 库的 pyplot 模块中的 imread()函数用于将文件中的图像读取到数组中。

```
matplotlib.pyplot.imread(fname, format=None)
```

参数说明如下。

fname: str 数据类型,指定要读取的图像文件。

format: 可选,指定读取图像的格式,如果没有给出,则从文件名中推断格式。如果无法推导出任何结果,则尝试使用 png 格式读图像文件。

返回值: 返回的数组具有形状(m,n),用于灰度图像;返回数组(m,n,3),用于 RGB 图像;返回数组(m,n,4),用于 RGBA 图像。

```
import matplotlib.pyplot as plt
img = plt.imread("changcheng.jpg")
print("img 数组的形状:",img.shape)
print("img 中的数据类型",img.dtype)
plt.imshow(img)                    #显示的图像
plt.show()
```

显示的图像如图 11-26 所示。

运行上述代码,得到的输出结果如下。

```
img 数组的形状: (600, 900, 3)
img 中的数据类型 uint8
```

图 11-26 显示的图像

11.9 习　　题

1. 简要介绍 Matplotlib 库的作用和主要特点。

2. 一个班的及格、中、良好、优秀的学生人数分别为 20、26、30、24，据此绘制饼图，并设置图例。

3. 广东、江苏、山东，2021 年 GDP 分别达到 12.43 万亿元、11.63 万亿元和 8.3 万亿元。对于这样一组数据，使用条形图来展示各自的 GDP 水平。

4. 提出一个实际场景，要求使用 Matplotlib 创建一个图形来可视化相关数据，例如天气变化、销售趋势等。

第12章 chapter 12

数据库编程

应用程序往往使用数据库来存储大量的数据，Python 支持多种数据库，如 SQLite3、Access、MySQL 等。使用 Python 中相应的模块，可以连接到相应数据库，进行数据库表的查询、插入、更新和删除等操作。本章主要介绍：关系数据库，结构化查询语言 SQL，SQLite3 数据库，Navicat 操作 MySQL 数据库，Python 操作 MySQL 数据库。

12.1 关系数据库

12.1.1 关系数据库概述

数据库是长期存储在计算机内的、有组织的、可共享的大量数据的集合。数据库中的数据按一定的数据模型组织、描述和存储。

关系型数据库以行和列的形式存储数据，以便于用户理解，关系型数据库这一系列的行和列被称为表，一组表组成了数据库。关系模型可以简单理解为二维表格模型，而一个关系型数据库就是由二维表及其之间的关系组成的一个数据组织。

关系型数据库主要有 Oracle、DB2、Microsoft SQL Server、Microsoft Access、MySQL 等。

12.1.2 关系数据库访问

开放数据库连接(Open Database Connectivity，ODBC)是为解决异构数据库间的数据共享而产生的，现已成为 Windows 开放系统体系结构(The Windows Open System Architecture，WOSA)的主要部分和基于 Windows 环境的一种数据库访问接口标准。ODBC 为异构数据库访问提供统一接口，允许应用程序以 SQL 为数据存取标准，存取不同 DBMS(Database Management System，数据库管理系统)管理的数据；使应用程序直接操纵 DB(Database，数据库)中的数据。用 ODBC 可以访问各类计算机上的 DB 文件，甚至访问如 Excel 表和 ASCII 数据文件这类非数据库对象。

DBMS 是一种操纵和管理数据库的大型软件，用于建立、使用和维护数据库。它对数据库进行统一的管理和控制，以保证数据库的安全性和完整性。用户通过 DBMS 访问数据库中的数据,数据库管理员也通过 DBMS 进行数据库的维护工作。它可使多个应用程序和用户用不同的方法同时或不同时去建立、修改和询问数据库。大部分 DBMS 提供数据定义语言 DDL(Data Definition Language)和数据操作语言 DML(Data Manipulation Language)。

DDL 主要用于建立、修改数据库的库结构。DDL 所描述的库结构仅仅给出了数据库的框架,数据库的框架信息被存放在数据字典(Data Dictionary)中。

数据操作语言 DML 供用户实现对数据库的追加、删除、更新、查询数据等操作。

Python 提供了一些数据库访问模块,用户使用这些模块就可以访问相应的数据库,使用这些数据库的功能,Python 提供的常用数据库访问模块如表 12-1 所示。

表 12-1 Python 提供的常用数据库访问模块

数据库	Python 提供的数据库访问模块	数据库	Python 提供的数据库访问模块
MySQL	pymysql	SQL Server	pymssql
MongoDB	pymongo	SQLite3	sqlite3
Oracle	cx_Oracle		

MySQL 是最流行的关系数据库,其数据库访问模块 pymysql 适用于 Python 3 版本。

MongoDB 是一个介于关系数据库和非关系数据库之间的产品,是非关系数据库当中功能最丰富、最像关系数据库的。MongoDB 最大的特点是它支持的查询语言非常强大,其语法有点类似于面向对象的查询语言,几乎可以实现类似关系数据库单表查询的绝大部分功能。

12.2 结构化查询语言 SQL

虽然关系型数据库有很多,但大多数都遵循 SQL(结构化查询语言,Structured Query Language)标准。

12.2.1 建立和删除数据表

可以使用 CREATE TABLE 语句创建表,其语法格式为:

```
CREATE TABLE 表名
CREATE TABLE table_name
(
列名 1 数据类型(列的最大长度),
列名 2 数据类型(列的最大长度),
列名 3 数据类型(列的最大长度),
....
);
```

【例 12-1】 创建一个名为 Students 的表,包含 stuID、stuName、sex、score、city

字段。

使用下面的 CREATE TABLE 语句创建 Students 表。

```
CREATE TABLE Students
(
stuID integer(5),
stuName varchar(255),
sex varchar(2),
score integer(4),
city varchar(255)
);
```

“DROP TABLE table_name;”语句用于删除表 table_name。

【例 12-2】 删除 Students 表。

```
DROP TABLE Students;
```

12.2.2 查询语句

常见的查询语句如下。

查询语句：SELECT column FROM table_name WHERE condition，该语句可以理解为从 table 中查询出满足 condition 条件的字段 column。

去重查询：SELECT DISTINCT column FROM table_name WHERE condition，该语句可以理解为从表 table 中查询出满足条件 condition 的字段 column，但是 column 中重复的值只能出现一次。

排序查询：SELECT column FROM table_name WHERE condition ORDER BY column1，该语句可以理解为从表 table 中查询出满足 condition 条件的字段 column，并且按照字段 column1 升序的顺序进行排序。

12.2.3 添加、更新和删除语句

1. 添加语句

INSERT INTO 语句用于向表中插入(添加)新记录(行)，它有两种实现方式。

(1) 无须指定要插入数据的列名，只需提供被插入的值即可。

```
INSERT INTO table_name VALUES (value1,value2,value3,...);
```

上述语句可以理解为向表 table_name 的各个字段中分别插入值 value1，value2，value3，...

(2) 需要指定列名(字段)及被插入的值。

```
INSERT INTO table_name (column1,column2,column3,...)
VALUES (value1,value2,value3,...);
```

上述语句可以理解为向表 table_name 中字段 column1，column2，column3，...中分别插入值 value1，value2，value3，...

2. 更新语句

UPDATE 语句用于更新表中已存在的记录,其语法格式如下:

```
UPDATE table_name
SET column1 = value1, column2 = value2
WHERE condition;
```

上述语句可以理解为将表 table_name 中满足 condition 条件的记录的字段 column1 的值更新为值 value1、字段 column2 的值更新为值 value2。

3. 删除语句

DELETE 语句用于删除表中的行,其语法格式如下:

```
DELETE FROM table_name
WHERE condition;
```

上述语句可以理解为将表 table_name 中满足 condition 条件的行全部删除。

12.3 SQLite3 数据库

SQLite3 是内嵌在 Python 中的轻量级、基于磁盘文件的关系数据库,支持使用 SQL 语句来操作数据库。SQLite3 数据库就是一个文件,它使用一个文件存储整个数据库。Python 使用 SQLite3 数据库访问模块与 SQLite3 数据库进行交互。

一个数据库里面通常都包含多个表,比如学生的表,班级的表,学校的表等。表和表之间通过外键关联。

要操作数据库,首先需要连接到数据库,建立数据库连接,即创建一个数据库连接对象 Connection;连接到数据库后,需要打开游标,称之为 cursor,通过 cursor 执行 SQL 语句,并获得执行结果。

Python 操作数据库都有统一的模式,假设数据库访问模块名为 db,统一的操作流程如下:

(1) 导入数据库访问模块 db。

(2) 首先用 db.connect()创建数据库连接对象,假设用 conn 引用该数据库连接对象。

(3) 如果该数据库操作不需要返回查询结果,就直接使用 conn.execute()查询。

(4) 如果需要返回查询结果则先用 conn.cursor()创建游标对象 cur,然后通过 cur.execute()进行数据库查询。若是修改了数据库,需要执行 conn.commit()才能将修改真正地保存到数据库中。

(5) 最后用 conn.close()关闭数据库连接。

12.3.1 创建与 SQLite3 数据库的连接

访问和操作 SQLite3 数据库时,需要先导入 sqlite3 模块。sqlite3 是内置模块,所以

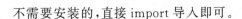

不需要安装的,直接 import 导入即可。

```
>>> import sqlite3
```

使用数据库之前,需要先创建一个数据库的连接对象,使用 sqlite3.connect()函数连接数据库,返回一个数据库的连接对象,我们就是通过这个对象与数据库进行交互的。数据库文件的格式是 filename.db,如果该数据库文件不存在,那么 sqlite3.connect()函数就会自动创建该数据库文件。该数据库文件是放在电脑硬盘里的,可以自定义数据库文件的路径,后续操作产生的所有数据都会保存在该文件中。

sqlite3.connect()函数的语法格式如下:

```
conn = sqlite3.connect(database_name , timeout, 其他可选参数)
```

函数功能:打开到 SQLite3 数据库 database_name 的连接,如果成功打开该数据库,则返回一个数据库连接对象给 conn。调用 connect()函数的时候,如果指定的数据库 database_name 存在,就直接打开这个数据库,如果不存在数据库 database_name,就新创建一个以 database_name 命名的数据库再打开。当一个数据库被多个连接访问,且其中一个修改了数据库,此时 SQLite3 数据库被锁定,直到事务提交后解锁,即执行 conn.commit()后解锁。

参数说明如下。

database_name:数据库文件的路径。

timeout:设置连接等待锁定数据库的持续时间,直到发生异常断开连接,timeout 参数默认是 5.0(5 秒)。

```
#为数据库 sudent.db 创建一个连接对象 conn
>>> conn = sqlite3.connect(r'D:\mypython\sudent.db')
```

数据库连接对象 conn 的主要方法如表 12-2 所示。

表 12-2 数据库连接对象 conn 的主要方法

方 法	说 明
conn.cursor()	创建一个游标
conn.execute(sql)	执行一条 SQL 语句
conn.executemany(sql)	执行多条 SQL 语句
conn.total_changes()	返回自数据库连接打开以来被修改、插入或删除的总行数
conn.commit()	提交当前事务,如果不提交,上次调用 commit()方法之后的所有修改都不会真正保存到数据库中
conn.rollback()	回滚自上一次调用 commit()以来对数据库所做的更改
conn.close()	关闭数据库连接。注意,该方法不会自动调用 commit()。如果之前未调用 commit()方法,就直接关闭数据库连接,之前所做的所有更改将全部丢失

数据库使用流程如图 12-1 所示。

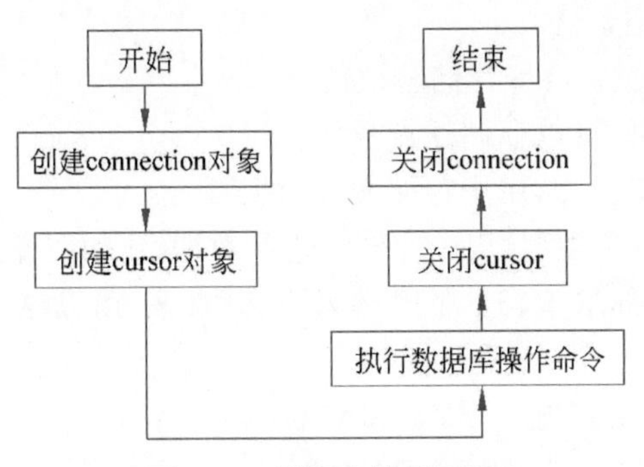

图 12-1 数据库使用流程

12.3.2 在 SQLite 数据库中创建和删除表

建立与数据库的连接后，需要创建一个游标 cursor 对象，该对象的.execute()方法可以执行 SQL 命令，让我们能够进行数据表操作。有了数据库连接对象 conn，就能调用它的 cursor()方法创建游标对象了。

```
>>> cur = conn.cursor()  #创建一个游标对象
```

我们将在整个数据库编程中使用该游标对象 cur，游标对象 cur 提供了一些操作数据表的方法，如表 12-3 所示。

表 12-3 游标对象 cur 提供的操作数据库的方法

方　法	说　明
cur.execute(sql[,parameters])	在数据库上执行 SQL 语句，parameters 是一个序列或映射，用于为 SQL 语句中的变量赋值。sqlite3 模块支持两种类型的占位符：问号和命名占位符。例如：cur.execute("insert into people values (?,?)",(who,age))
cur.executemany(sql, seq_of_parameters)	对 seq_of_parameters 中的所有参数映射执行 SQL 语句
cur.executescript(sql_script)	以脚本的形式一次执行多个 SQL 命令。脚本中的所有 SQL 语句之间用分号";"分隔
cur.fetchall()	获取查询结果集中所有(剩余)的记录，返回一个列表，其每个元素都是一个元组，对应一条记录。当没有可用的记录时，则返回一个空的列表
cur.fetchone()	该方法获取查询结果集中的下一条记录，当没有更多可用的数据时，则返回 None
cur.fetchmany([size = cursor.arraysize])	获取查询结果集中的下一记录组，返回一个列表。当没有更多可用的记录时，则返回一个空的列表。size 指定要获取的记录数。该方法尝试获取由 size 参数指定的尽可能多的记录

在 SQLite3 中，数据类型用于定义每个列可以存储的数据的性质，SQLite3 支持的常见数据类型如下。

NULL：表示一个空值。

INTEGER：整数类型，可以存储整数值。

REAL：浮点数类型，可以存储浮点数值。

TEXT：文本字符串类型，用于存储文本数据。

BLOB：二进制大对象类型，用于存储二进制数据，比如图像或文件。

BOOLEAN：存储布尔值，通常用整数类型来表示，0 表示假(false)，1 表示真(true)。

DATE：存储日期，格式为 'YYYY-MM-DD'。

TIME：存储时间，格式为 'HH:MM:SS'。

DATETIME：存储日期和时间，格式为 'YYYY-MM-DD HH:MM:SS'。

NUMERIC：通用数值类型，可以存储整数或浮点数。

有了游标对象 cur，就可以使用游标对象 cur 在数据库中创建表了，这里创建 user 表。

```
#执行 SQL 语句创建表
>>> cur.execute('''create table user (id integer primary key autoincrement
not null, name text not null, Python integer)''')
<sqlite3.Cursor object at 0x0000000002EC6180>
```

SQLite 的 DROP TABLE 语句用来删除表，使用此命令时要特别注意，表一旦被删除，表中所有信息将永远丢失。DROP TABLE 的语法格式如下：

```
>>> DROP TABLE table_name     #删除当前数据库中的表 table_name
```

12.3.3 向表中插入数据

建完表 user 之后，只有表的骨架，这时候需要使用游标对象 cur 向表中插入数据：

```
#插入一条 id=1、name='LiLi'、Python=85 的记录
>>> cur.execute('''insert into user (id,name,Python) values (1,'LiLi',85)''')
<sqlite3.Cursor object at 0x0000000002EC6180>
#插入一条 id=2、name='LiMing'、Python=88 的记录
>>> cur.execute('''insert into user(id,name,Python) values(2,'LiMing',88)''')
<sqlite3.Cursor object at 0x0000000002EC6180>
#调用 executemany()方法一次插入多条数据
>>> cur.executemany('insert into user values (?, ?, ?)', ((3, '张龙',89), (4,
'赵虎',90), (5, '王朝',91), (6, '马汉',92)))
<sqlite3.Cursor object at 0x0000000002EC6180>
#通过 rowcount 获取被修改的记录条数
>>> print('修改的记录条数: ', cur.rowcount)
修改的记录条数: 4
'''前面的修改只是将数据缓存在内存中并没有真正地写入数据库，需要提交事务才能将数据
写入数据库，操作完后要确保打开的连接对象和游标对象都正确地被关闭'''
>>> conn.commit()     #提交事务
>>> cur.close()       #关闭游标
>>> conn.close()      #关闭连接
```

12.3.4 查询、修改和删除表中数据

1. 查询(select)表中数据

SQLite 的 select 语句用于从 SQLite 数据库表中获取数据，以表的形式返回查询结果。

```
>>> import sqlite3
>>> conn = sqlite3.connect(r'D:\mypython\sudent.db')
>>> cur = conn.cursor()  #创建一个游标对象
#执行 select 语句查询 sudent.db 数据库的 user 表的数据
>>> cur.execute('select * from user')
<sqlite3.Cursor object at 0x0000000002EC6D50>
#获取查询结果
>>> cur.fetchall()
[(1, 'LiLi', 85), (2, 'LiMing', 88), (3, '张龙', 89), (4, '赵虎', 90), (5, '王朝', 91), (6, '马汉', 92)]
```

2. 修改(update)表中数据

SQLite 的 update 语句用于修改表中已有的记录。

```
#修改 id=1 记录中的 name 为 LiHua
>>> cur.execute('''update user set name='LiHua' where id=1''')
<sqlite3.Cursor object at 0x0000000002EC6D50>
#通过 rowcount 获得影响的行数
>>> print("影响的行数: ",cur.rowcount)
影响的行数:  1
>>> cur.execute('select * from user')                        #执行查询
<sqlite3.Cursor object at 0x0000000002EC6D50>
>>> print('cur.fetchall()获取查询结果: \n',cur.fetchall())    #获取查询结果
cur.fetchall()获取查询结果:
[(1, 'LiHua', 85), (2, 'LiMing', 88), (3, '张龙', 89), (4, '赵虎', 90), (5, '王朝', 91), (6, '马汉', 92)]
```

3. 删除(delete)表中数据

SQLite 的 delete 用于删除表中已有的记录。

```
>>> cur.execute('''delete from user where id=1''')   #删除 id=1 的记录
>>> cur.execute('select * from user')   #执行查询
<sqlite3.Cursor object at 0x0000000002EC6D50>
>>> print('cur.fetchall()获取查询结果: \n',cur.fetchall())
cur.fetchall()获取查询结果:
[(2, 'LiMing', 88), (3, '张龙', 89), (4, '赵虎', 90), (5, '王朝', 91), (6, '马汉', 92)]
>>> conn.commit()                       #提交事务
>>> cur.close()                         #关闭游标
>>> conn.close()                        #关闭连接
```

12.4 Navicat 操作 MySQL 数据库

MySQL 是一种流行的开源关系数据库管理系统，将数据保存在不同的表中。MySQL 广泛用于支持各种 Web 应用程序，包括电子商务网站、博客平台、社交媒体、在线论坛等，作为后端数据库存储和管理网站的数据。

MySQL 支持的数据类型非常多，选择正确的数据类型对于获得高性能至关重要，常用的数据类型如下。

(1) 整数类型。整数类型有 TINYINT、SMALLINT、MEDIUMINT、INT 和 BIGINT 这几种，用于存储整数，每种类型的存储空间和值的范围不一样，需要根据实际情况选择合适的类型。

(2) 实数类型。实数类型有 FLOAT 和 DOUBLE 类型。

(3) 字符串类型。可变长字符串类型 VARCHAR，定长字符串的类型 CHAR，大文本字符串类型 TEXT。

(4) 日期和时间类型。DATE 日期类型，格式为'YYYY-MM-DD'。TIME 时间类型，格式为 'HH:MM:SS'。DATETIME 日期和时间类型，格式为'YYYY-MM-DD HH:MM:SS'。

(5) 布尔数据类型。布尔数据类型 BOOLEAN 用于存储布尔值，通常用 0 表示假(false)，1 表示真(true)。

12.4.1 Navicat 概述

Navicat 是一款专门为 MySQL 设计的可视化数据库 GUI 管理工具，我们可以在自己的计算机上，使用图形化界面远程管理 MySQL 数据库。Navicat 可以用来对本机或远程的 MySQL、SQL Server、SQLite、Oracle 及 PostgreSQL 数据库进行管理及开发。可运行在 Windows 、macOS、Linux 三种操作系统中，可提供数据传输、数据同步、结构同步、导入、导出、备份、还原、报表创建工具及计划以协助管理数据等功能。

12.4.2 Navicat 连接 MySQL 数据库

(1) 首先我们计算机中必须安装了 MySQL 的数据库。(如果不清楚自己是否已经安装成功 MySQL，可以在“开始菜单”输入“mysql”，进行搜索)，如果出现 mysql.exe 说明已经安装 MySQL 数据库。

(2) 单击 Navicat for MySQL 打开 Navicat 工具，如图 12-2 所示。

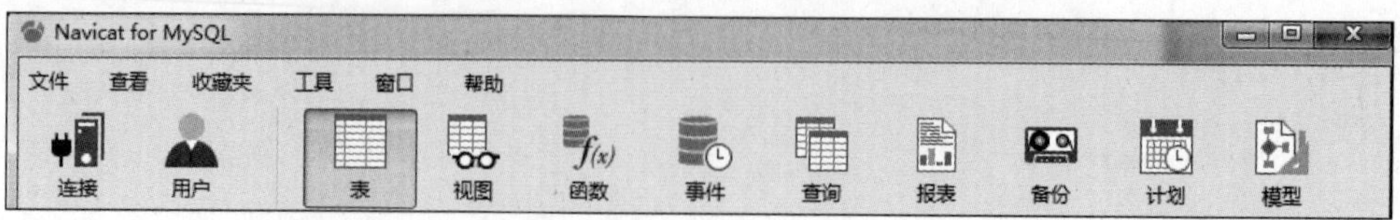

图 12-2　打开 Navicat 工具

在图 12-2 的左上角单击“连接”按钮打开“新建连接”对话框，如图 12-3 所示。

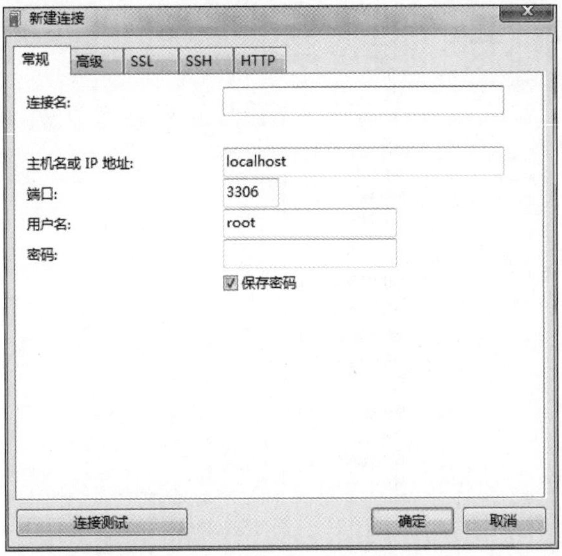

图 12-3 “新建连接”对话框

图 12-3 各输入框的含义如下。

连接名右面的输入框中需要输入新建的连接的名字，由用户自己指定。

主机名或 IP 地址右面的输入框中需要输入本机的 IP 地址或者直接输入‘localhost’，这里我们选择第二种。

端口右面的输入框中输入安装 MySQL 数据库时候的端口号，一般为默认的 3306。

用户名右面的输入框中输入数据库名用户名，默认 root 用户名。

密码右面的输入框中输入数据库名用户名对应的密码。

(3) 完成上面步骤，然后单击左下角的连接测试按钮如果弹出连接成功窗口，关闭弹出窗口，这时单击图 12-3 界面右下角的确定按钮就可以连接 MySQL 数据库了。

12.4.3 Navicat 创建 MySQL 数据库

右击已经连接上的连接名，在弹出的菜单中单击“新建数据库”菜单项，如图 12-4 所示。打开“新建数据库”对话框如图 12-5 所示。

在“新建数据库”对话框里，填写相应的信息后，单击“确定”按钮，即可快速创建 MySQL 数据库。

此外，也可以打开 Navicat 的查询控制台输入如下 SQL 语句创建数据库：

```
create schema StudentManagement;
```

12.4.4 如何使用 Navicat 创建表

右击已创建的数据库名下的表，在弹出的菜单中单击“新建表”菜单项，如图 12-6 所示。弹出创建表的界面，如图 12-7 所示。

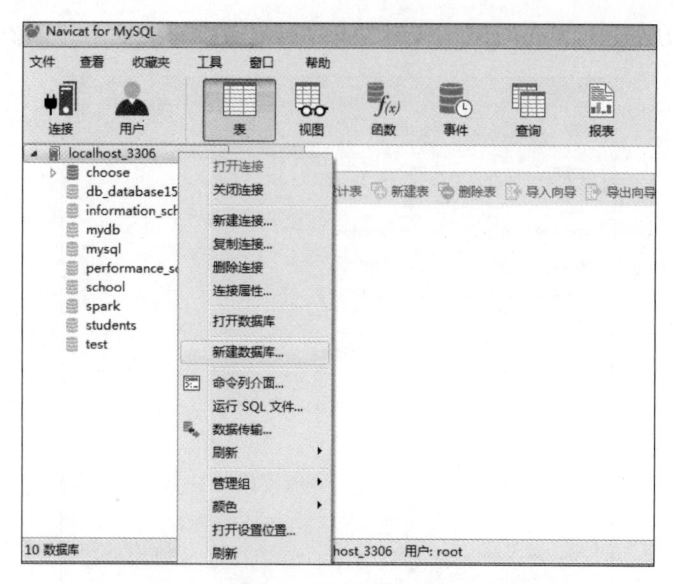

图 12-4　新建数据库

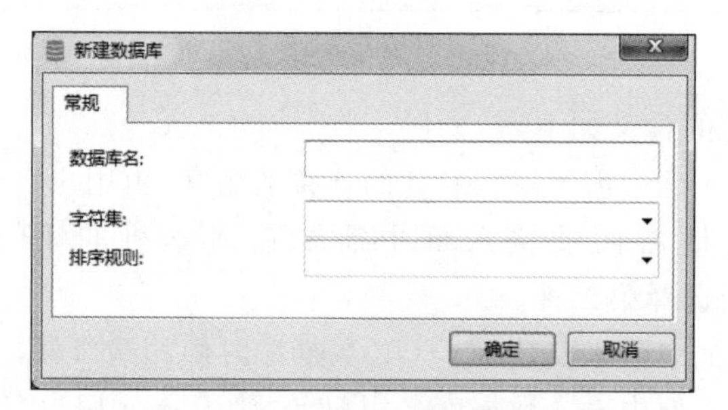

图 12-5　新建数据库界面

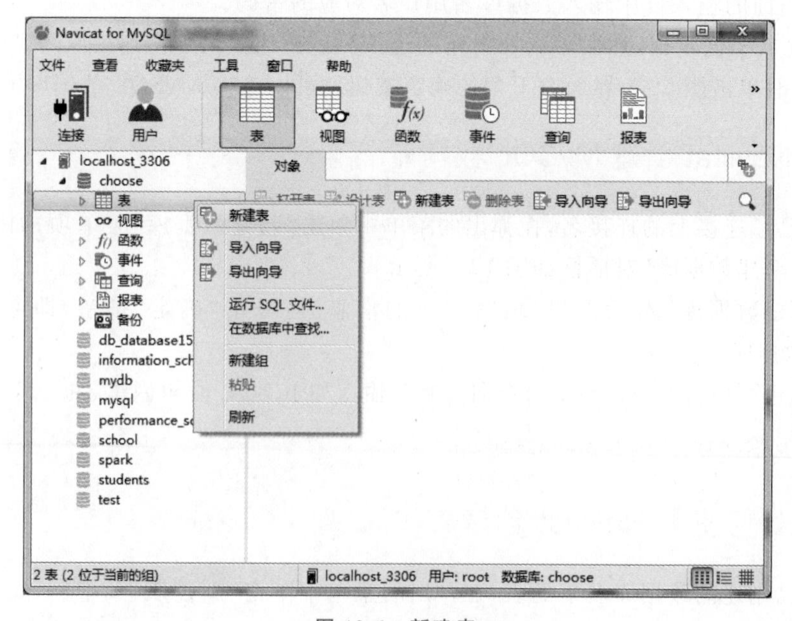

图 12-6　新建表

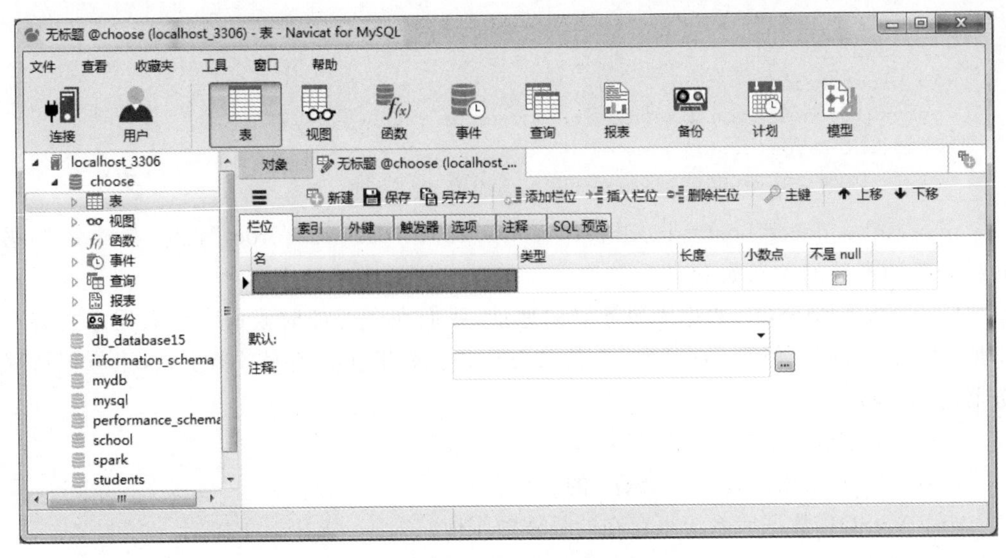

图 12-7 创建表的界面

在图 12-7 中输入各个栏位及其类型、长度等，然后单击上方的"保存"按钮，在弹出的界面中输入表名，最后单击确定按钮完成表的创建。

此外，也可以打开 Navicat 的查询控制台输入如下 SQL 语句创建数据表：

```
create table teacher
(
  t_id int not null primary key auto_increment,
  t_name varchar(20) not null,
  t_tel int,
  t_username varchar(20) not null unique,
  t_password varchar(20) not null
);
```

12.5 Python 操作 MySQL 数据库

Python 操作 MySQL 数据库

用 Python 操作 MySQL 数据库之前，需要先安装 pymysql 库，它是 Python 编程语言中的一个第三方模块，它可以让 Python 程序连接到 MySQL 数据库并进行数据操作。在 Python 安装目录的 Scripts 目录下，通过如下命令安装 pymysql 库：

```
pip install pymysql
```

12.5.1 连接数据库

连接数据库前，要确保要连接的数据库已经存在。

```
>>> import pymysql
#为数据库"school"创建连接对象
```

```
>>> conn = pymysql.connect(host='localhost',user = "root",passwd = "root",
db = "school")
>>> print (conn)
<pymysql.connections.Connection object at 0x0000000002EF30C8>
>>> print (type(conn))
<class 'pymysql.connections.Connection'>
```

pymysql.connect(host='localhost',user="root",passwd="root",db="school")语句括号里的参数的含义如下。

host：指定 MySQL 数据库服务器的地址，我们在学习的时候通常将数据库安装在本地(本机)上，所以使用 localhost 或者 127.0.0.1。如果在其他服务器上，这里应填写服务器的 IP 地址。

user：指定登录数据库的用户名。

passwd：user 账户登录 MySQL 的密码。

db：MySQL 数据库系统里存在的具体数据库。

数据库连接对象 conn 的常用方法如表 12-4 所示。

表 12-4 数据库连接对象的常用方法

方　法	描　述
conn.close()	关闭连接
conn.commit()	提交数据库执行
conn.rollback()	回滚到错误的语句执行之前的状态
cur =conn.cursor()	返回游标对象，用于执行具体的 SQL 语句

12.5.2 创建游标对象

要想操作数据库，只连接数据库是不够的，必须建立操作数据库的游标对象，才能进行后续的数据处理操作，比如创建数据表、读取数据、添加数据等。通过调用数据库连接对象 conn 的 cursor()方法来创建数据库的游标对象。

```
>>> cur = conn.cursor()  #接着上一节的数据库连接对象创建游标对象
>>> print(cur)
<pymysql.cursors.Cursor object at 0x0000000002ED4B08>
```

有了游标对象 cur，就可以使用游标对象执行具体的 SQL 语句。游标对象 cur 的常用方法如表 12-5 所示。

表 12-5 游标对象的常用方法

方　法	描　述
cur.execute(sql,data)	执行单条 SQL 语句，data 是一个用于放入 SQL 语句的实际数据的元组，操作结果存入游标对象 cur 中
cur.executemany(sql,data)	批量执行 SQL 语句

续表

方　法	描　述
cur.close()	关闭游标对象
cur.fetchone()	获取查询结果集的第一条数据
cur.fetchmany(n)	获取 n 条数据
cur.fetchall()	获取所有记录
cur.rowcount	返回查询结果记录数

【例 12-3】 cur.execute(sql,data)和 executemany(sql,data)用法示例。

```
#插入数据的 SQL 语句
insert_data = "INSERT INTO table_name (name, age) VALUES (%s, %s)"
#数据
data = ("王芳", 23)
#执行 SQL 语句插入数据,cur 是一个游标对象
cur.execute(insert_data_query, data)
#多个数据集
data_sets = [
    ("李元芳", 30),
    ("木婉清", 25),
    ("王语嫣", 22)
]
#批量执行 SQL 语句插入数据,cur 是一个游标对象
cursor.executemany(insert_data, data_sets)
```

12.5.3 创建数据库

可以使用游标对象执行 SQL 语句创建数据库,具体示例如下。

```
#创建连接 MySQL 数据库的连接对象,但不连接到具体的数据库
>>> conn = pymysql.connect(host='localhost',user = "root",passwd = "root")
>>> cur = conn.cursor()     #创建游标对象
#创建数据库 students
>>> cur.execute('create database if not exists students')
1
>>> cur.close()             #关闭游标
>>> conn.close()            #关闭数据库连接
```

这样在数据库系统里就成功创建了 students 数据库,如图 12-8 所示。

12.5.4 创建数据表

如果数据库连接成功,创建游标对象后,可以使用 execute()方法来为数据库创建表,如下所示为 students 数据库创建表 user:

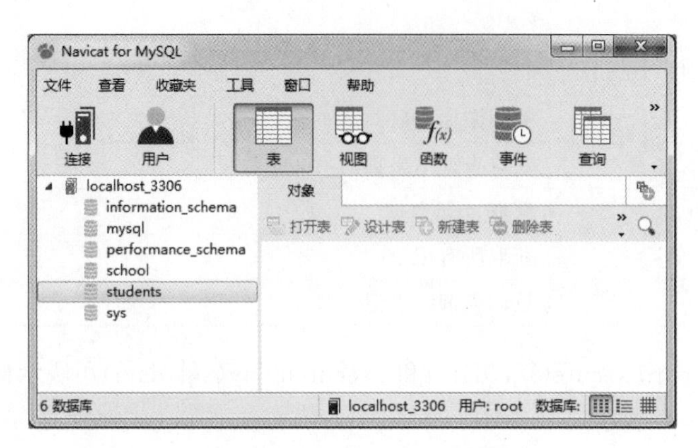

图 12-8 创建的 students 数据库

```
>>> import pymysql
#创建数据库连接对象
>>> conn = pymysql.connect(host='localhost',user = "root", passwd = "root",
db = "students")
>>> cur = conn.cursor()              #创建游标对象
#在 students 数据库中创建 user 表,如果该表存在则先将其删除
>>> cur.execute('drop table if exists user')
0
#创建表的 SQL 语句
>>> sql = """create table `user` (`ID` INT(8),`name` varchar(255),`income`
FLOAT) ENGINE=InnoDB  DEFAULT CHARSET=utf8 AUTO_INCREMENT=0"""
>>> cur.execute(sql)                 #执行创建表的 SQL 语句
0
>>> cur.close()                      #关闭游标
>>> conn.close()                     #关闭数据库连接
```

执行上述代码后,就会在 students 数据库里创建 user 数据表,如图 12-9 所示。

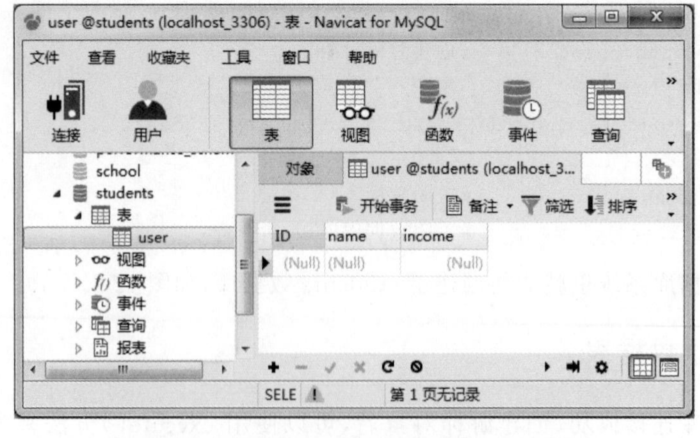

图 12-9 在 students 数据库里创建的 user 数据表

12.5.5 插入数据

以下实例使用 SQL 语句 insert into 向表 user 插入记录。

```
>>> import pymysql
#创建数据库连接对象
>>> conn = pymysql.connect(host='localhost',user = "root", passwd = "root",
db = "students")
>>> cur = conn.cursor()                #创建游标对象
#插入一条 ID=1、name='李元芳'、income=10000 的记录
>>> insert=cur.execute('''insert into user (ID,name,income) values (1,'李元
芳',10000)''')
>>> print('添加语句受影响的行数: ', insert)
添加语句受影响的行数: 1
#另一种插入记录的方式
>>> sql="insert into user values (%s,%s,%s)"
>>> cur.execute(sql,(2,'木婉清',12000))
1
#调用 executemany()方法批量执行 SQL 语句插入数据
>>> cur.executemany('insert into user values (%s,%s,%s)', ((3, '王语嫣',
15000), (4, '李秋水',16000), (5, '程青霜',18000)))
3
#通过 rowcount 获取被修改的记录条数
>>> print('批量插入受影响的行数: ', cur.rowcount)
批量插入受影响的行数: 3
>>> conn.commit()                      #提交事务,必须要执行,否则数据不会被真正插入
>>> cur.close()                        #关闭游标
>>> conn.close()                       #关闭数据库连接
```

上述向 user 表添加记录后的结果如图 12-10 所示。

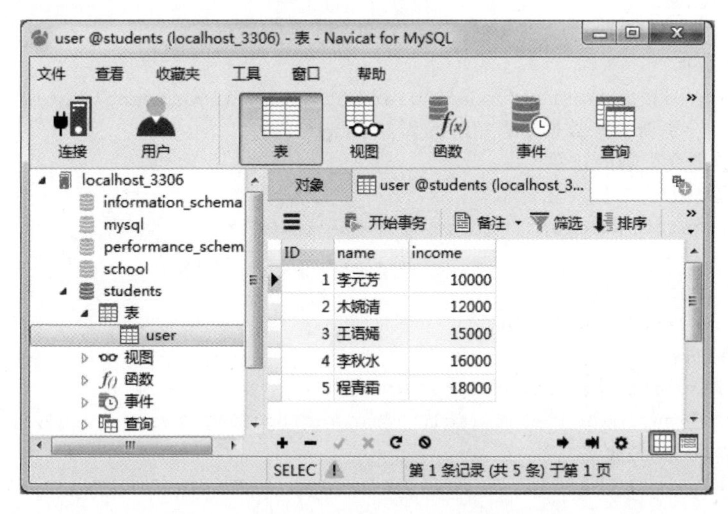

图 12-10 向 user 表添加记录后的结果

12.5.6 查询数据

游标对象还提供了3种提取查询数据的方法：fetchone()、fetchmany()、fetchall()，每个方法都会导致游标移动。

```
>>> import pymysql
#创建连接mysql数据库的连接对象,但不连接到具体的数据库
>>> conn=pymysql.connect(host='localhost',user ='root',passwd = "root")
>>> conn.select_db('students')           #连接到具体的数据库
>>> cur = conn.cursor()                  #创建游标对象
>>> cur.execute("select * from user")
5
>>> cur.fetchone()
(1, '李元芳', 10000.0)
>>> cur.fetchmany(2)
((2, '木婉清', 12000.0), (3, '王语嫣', 15000.0))
>>> cur.fetchall()
((4, '李秋水', 16000.0), (5, '程青霜', 18000.0))
>>> conn.commit()
>>> cur.close()
>>> conn.close()
```

12.5.7 更新和删除数据

更新和删除数据示例如下。

```
>>> import pymysql
#创建数据库连接对象
>>> conn = pymysql.connect('localhost',user = "root",passwd = "123456",db
= "students")
>>> cur = conn.cursor()  #创建游标对象
#更新一条数据
>>> update=cur.execute("update user set name='liyuanfang' where ID=1")
>>> print('更新一条数据受影响的行数: ', update)
更新一条数据受影响的行数: 1
#查询一条数据
>>> cur.execute("select * from user where ID=1")
1
>>> cur.fetchone()
(1, 'liyuanfang', 10000.0)
#更新两条数据
>>> sql="update user set name=%s where ID=%s"
>>> update=cur.executemany(sql,[('muwanqing',2),('wangyuyan',3)])
#查询更新的两条数据
>>> cur.execute("select * from user where name in ('muwanqing','wangyuyan
')")
2
#查询更新的两条数据
```

```
>>> cur.fetchall()
((2, 'muwanqing', 12000.0), (3, 'wangyuyan', 15000.0))
#删除一条数据
>>> cur.execute("delete from user where ID=1")
1
>>> conn.commit()
>>> cur.close()
>>> conn.close()
```

运行上述更新和删除数据的代码后,得到 user 表如图 12-11 所示。

图 12-11　更新和删除数据后的 user 表

12.6 习　　题

1. 列举 Python 提供的常用的数据库访问模块。
2. 简单介绍 SQLite3 数据库。
3. 叙述使用 Python 操作 MySQL 数据库的步骤。

参考文献

[1] 梁勇. Python 语言程序设计[M]. 李娜,译. 北京:机械工业出版社,2016.

[2] 董付国. Python 程序设计基础与应用[M]. 北京:机械工业出版社,2022.

[3] 江红,余青松. Python 程序设计与算法基础教程[M]. 北京:清华大学出版社,2023.

[4] 严蔚敏,李冬梅,吴伟民. 数据结构(C 语言版)[M]. 北京:人民邮电出版社,2021.

[5] 曹洁. Python 程序设计与项目实践教程[M]. 北京:机械工业出版社,2023.

[6] 曹洁,邓璐娟. Python 数据挖掘技术及应用[M]. 北京:清华大学出版社,2021.